바이오공정기능사 필기·실기
핵심정리 및 예상문제집

CONTENTS

PART 01 바이오공정기능사 필기

- 01 바이오 기초 지식 — 6
  - 핵심유형익히기 — 22
- 02 생산 세포 준비 — 37
  - 핵심유형익히기 — 55
- 03 세척·멸균 — 72
  - 핵심유형익히기 — 97
- 04 배양 기초 — 126
  - 핵심유형익히기 — 158
- 05 분리·정제 준비 — 177
  - 핵심유형익히기 — 194
- 06 품질시험 — 216
  - 핵심유형익히기 — 237
- 07 제조용수·가스 시험 — 256
  - 핵심유형익히기 — 262
- 08 환경 모니터링 시험 — 275
  - 핵심유형익히기 — 281

PART 02 바이오공정기능사 실기

- 01 생산·준비 및 멸균 관리 — 296
- 02 배양·정제 및 품질·환경 관리 — 299

DO IT

- 보관 · 출하 관리 : 적정 조건에서 보관 후 QA 승인에 따라 출하됨.
- 문서 관리 : 제조 · 시험 · 출하 기록이 즉시 · 정확하게 문서화되어 추적 가능성이 확보됨.

◎ 제도의 국내외 운영
- KGMP : 국내 의약품 제조업체 품질관리 기준으로 운영됨.
- CGMP : 건강기능식품 제조 · 품질관리 기준으로 2008년부터 의무화됨.
- 국제 조화 : PIC/S 가입에 따라 해외 규제기관 기준과 상호 연계됨.

ⓑ 관련 법령
- 약사법, 의료기기법, 건강기능식품에 관한 법률, 식품위생법이 준거로 적용됨.
- 산업안전보건법이 작업자 안전 · 유해물질 관리 기준을 병행 규정함.

② 물질안전보건자료(MSDS)
ㄱ 정의
- MSDS(Material Safety Data Sheet)는 화학물질의 안전한 사용을 위해 제공되는 법정 자료로 규정됨.
- 물리 · 화학적 특성, 인체 · 환경 유해성, 취급 · 저장 · 운반 유의사항이 포함됨.
- 제조자 · 수입자가 작성 · 비치 · 제공 의무를 이행함.

ㄴ 목적
- 작업자에게 위험성을 고지하여 안전한 취급이 보장됨.
- 사고 · 노출 발생 시 응급조치 · 의료 대응에 활용됨.
- 법적 분쟁 시 안전조치 이행 여부 확인의 근거가 제공됨.
- 국제 무역에서 수출입 절차의 필수 문서로 활용됨.

ㄷ 주요 구성 항목
- 화학물질 · 회사 정보 : 물질명 · 화학식 · CAS No. · 공급자 정보가 명시됨.
- 유해성 · 위험성 : GHS 분류 · 표시 기준에 따른 건강 · 환경 위험이 기술됨.
- 성분 · 함유량 : 주성분, 불순물, 농도 범위가 기재됨(예: 0.1~1.0%).
- 응급조치 요령 : 흡입 · 피부 · 안구 · 섭취 시 대응 절차가 명시됨.
- 취급 · 저장 방법 : 안전 취급 절차, 저장 조건, 불활성화 조건이 안내됨.
- 노출방지 · 개인보호구 : 환기시설, 보안경 · 장갑 · 호흡보호구 착용 지침이 제시됨.
- 물리 · 화학적 특성 : 외관, 냄새, 끓는점, 인화점, 폭발한계가 기재됨.
- 안정성 · 반응성 : 위험 반응 조건, 회피 물질, 분해 생성물이 포함됨.
- 독성 정보 : 급성 · 만성 독성, 발암성, 생식독성 정보가 기록됨.
- 법적 규제 현황 : 산업안전보건법, 화학물질관리법, 화평법, 화관법 등 국내 법규와 OSHA, REACH 등 국제 규정이 병기됨.

ⓔ 관리
- 사업주는 모든 유해·위험 화학물질에 대한 MSDS를 비치해야 함.
- 작업자는 작업 전 MSDS를 확인하고 내용을 준수해야 함.
- MSDS는 최신 개정본을 유지해야 하며, 변경 시 즉시 업데이트됨.
- 위험물질 사용 현장은 MSDS를 작업장 내 눈에 띄는 위치에 게시해야 함.
- 전자 MSDS : 고용노동부 화학물질정보시스템에서 온라인 열람 가능.

ⓜ 관련 법규
- 산업안전보건법 제110조 : 모든 유해·위험 화학물질은 MSDS 작성·제공 의무가 규정됨.
- 화학물질관리법(화관법) : 수입·제조되는 모든 화학물질은 등록·평가와 함께 MSDS 구비가 의무화됨.
- 화학물질의 등록 및 평가 등에 관한 법률(화평법) : 신규 화학물질 등록 시 MSDS 제출이 요구됨.
- GHS 제도 : 국제화학물질분류·표시체계에 따라 MSDS 내용이 통일됨.
- REACH(EU), OSHA(미국) : 국제적으로 수출 시 각국 규정에 맞춘 MSDS 제출이 필수임.

③ 안전·환경 관리

㉠ 안전 관리의 기본 원칙
- 안전 관리는 작업자의 안전과 제품 품질을 동시에 확보하는 활동으로 규정됨.
- 모든 작업자는 안전 수칙을 준수하고, 작업 전후 위험 요인을 점검함.
- 안전 관리는 단순한 규정 준수가 아니라 사고 예방과 관리 체계 확립이 달성됨.
- 안전 문화는 경영진·관리자·작업자가 공동으로 형성하며, 정기적 교육·훈련이 포함됨.

㉡ 개인 보호구 관리
- 개인 보호구(PPE)는 실험복·보안경·마스크·장갑·보호신발 등으로 구분됨.
- 고온·고압 장치 취급 시 내열 장갑과 보호 안경이 필요함.
- 부식성 화학약품 취급 시 고무장갑·보안경·앞치마가 필수임.
- 생물학적 위험 취급 시 이중 장갑·N95 마스크·실험복 착용이 요구됨.
- 보호구는 사용 전후 상태를 확인하고 손상 시 즉시 교체되어야 함.
- 미착용은 안전사고의 직접 원인이 되므로 반드시 준수해야 함.

㉢ 화학물질 안전 관리
- 화학물질은 인화성·폭발성·부식성·독성 특성에 따라 분리 보관됨.
- 위험물은 지정 장소에서만 보관되며, 산·염기는 중화제가 비치된 장소에 보관됨.

- 화학물질 취급 시 MSDS 확인과 라벨·표지 준수가 필수임.
- 유출 시 흡착제·모래·중화제로 제거하고, 폐기물은 지정 용기에 보관됨.
- 작업자는 화학물질 위험성을 숙지하고 취급 전 교육을 이수해야 함.

ⓔ 생물학적 안전 관리
- **생물학적 위해요소** : 병원성 미생물, 유전자재조합생물체, 혈액·체액 포함됨.
- BSL-1 : 무해 미생물 취급, 기본 위생 준수.
- BSL-2 : 중등도 위험, 생물안전 캐비닛 사용, 오염 방지 절차 필요.
- BSL-3 : 고위험 병원체 취급, 밀폐 실험실·특수 환기 필요.
- BSL-4 : 치명적 병원체 취급, 전신 보호구·고도 격리 시설 필요.
- 오염 사고 시 즉시 격리·멸균 절차 수행 및 보고 체계에 따라 보고됨.
- 생산 현장에서도 동일하게 적용됨.

ⓜ 설비·시설 안전 관리
- 생산 설비는 점검·교정·세척이 정기적으로 수행됨.
- 고압가스·보일러·발효조·원심분리기는 안전밸브·자동제어장치가 구비됨.
- 청정구역은 차압·온습도·입자 수 기준이 유지됨.
- 공조·환기 시스템은 필터 교체·점검으로 오염 방지 성능이 유지됨.
- 전기·기계 설비는 LOTO 제도에 따라 작업 중임이 표시됨.

ⓗ 환경 관리
- 환경 관리는 폐수·폐기물·배출가스를 안전하게 처리하는 활동으로 규정됨.
- 폐수는 중화·멸균·여과 후 배출되며, 기준치를 초과하지 않도록 측정됨.
- 배출가스는 집진기·필터·활성탄 장치로 정화됨.
- 소음·진동은 방음·방진 시설로 억제됨.
- 환경오염 방지는 기업의 사회적 책임과 직결됨.

ⓢ 폐기물 관리
- 폐기물은 화학·생물·방사성·일반폐기물로 구분됨.
- **화학폐기물** : 중화·흡착 후 지정 용기에 보관됨.
- **생물폐기물** : 오토클레이브 멸균 후 폐기됨.
- **방사성폐기물** : 밀폐 용기와 전용 시설에서 관리됨.
- **일반폐기물** : 혼합되지 않도록 별도 수거됨.
- 관리대장은 작성·보관되어 추적 가능성이 확보됨.

ⓞ 교육·점검
- 모든 작업자는 정기적으로 안전·환경 교육을 이수해야 함.

- 교육 내용 : 화학물질 취급, 생물학적 안전, 설비 안전, 폐기물 처리, 응급 대응.
- 안전 점검은 월 1회 이상 실시되며 결과는 문서화되어 3년 이상 보관됨.
- 이상 발생 시 즉시 개선 조치가 시행됨.

ⓩ 법적 규제 · 국제 기준
- 산업안전보건법, 화학물질관리법, 폐기물관리법, 환경보전 관련 법규가 적용됨.
- ISO 14001(환경경영시스템), OHSAS 18001(안전보건경영시스템)과 연계됨.

2 생명과학 개론

① 세포 내 소기관

㉠ 세포의 기본 구조
- 세포는 생명 활동이 가능한 가장 작은 단위로 규정됨.
- 원핵세포는 핵과 막성 소기관이 없고, 진핵세포는 핵과 다양한 소기관이 존재함.
- 세포막은 인지질 이중층으로 형성되어 물질 출입이 선택적으로 조절됨.
- 세포질에는 효소 · 대사산물 · 소기관이 분포하여 생명 현상이 유지됨.
- 세포골격은 미세소관 · 미세섬유 · 중간섬유로 구성되어 세포 형태 유지 · 운동 · 내부 수송에 관여됨.

㉡ 핵(Nucleus)
- 핵은 세포 내 유전정보가 저장되는 중심 소기관으로 규정됨.
- 핵막은 이중막 구조로, 내부와 외부를 분리하며, 핵공을 통해 RNA와 단백질 교환이 이루어짐.
- 염색질은 DNA와 히스톤 단백질이 결합한 구조로 존재하며, 유전자 발현과 복제가 조절됨.
- 핵소체에서는 rRNA 합성과 리보솜 단위체 조립이 수행됨.
- 세포 분열 시 염색질이 응축되어 염색체로 형성되고, 유전 정보가 안정적으로 전달됨.

㉢ 미토콘드리아(Mitochondria)
- 미토콘드리아는 세포 호흡을 통해 ATP를 합성하는 에너지 생산 소기관으로 규정됨.
- 이중막 구조를 가지며, 내막은 크리스타 구조로 표면적이 확대되어 전자전달계 효율이 증가됨.
- 기질(Matrix)에는 TCA 회로 효소, DNA, 리보솜이 존재하여 단백질 일부를 자체 합성함.
- 해당과정 · TCA 회로 · 산화적 인산화가 연계되어 ATP 다량이 생산됨.

- 미토콘드리아는 세포 내 칼슘 저장과 세포자멸사 조절에도 관여함.

㉣ 엽록체(Chloroplast, 식물세포)
- 엽록체는 광합성을 수행하는 세포 소기관으로 규정됨.
- 이중막 구조이며 내부에 틸라코이드막과 그라나가 존재함.
- 틸라코이드막에는 엽록소와 광합성 색소가 분포하여 빛 에너지가 화학 에너지로 전환됨.
- 스트로마에는 광합성 효소, DNA, 리보솜이 존재하여 당 합성이 이루어짐.
- 엽록체는 독자적인 DNA와 리보솜을 지녀 반자율성이 유지됨.

㉤ 소포체(Endoplasmic Reticulum)
- 조면소포체(RER)는 리보솜이 부착되어 단백질 합성이 수행됨.
- 합성된 단백질은 내강에서 접힘·변형 과정을 거쳐 수송 소포로 이동됨.
- 활면소포체(SER)는 지질 합성·독성 물질 해독·칼슘 저장이 이루어짐.
- 소포체는 단백질·지질 합성과 가공·운반 경로 역할을 담당함.

㉥ 골지체(Golgi Apparatus)
- 골지체는 납작한 막이 층층이 쌓인 구조로 단백질·지질의 변형·분류·포장을 담당함.
- 단백질은 당화·인산화 과정을 거쳐 완성됨.
- 형성된 소포는 세포 내부로 이동하거나 세포막과 융합하여 외부로 분비됨.

㉦ 리소좀(Lysosome)
- 리소좀은 가수분해효소를 함유하여 세포 내 소화가 이루어짐.
- 노폐물·손상 소기관·불필요한 물질이 분해됨.
- 자가소화 작용(autophagy)을 통해 세포 항상성이 유지됨.
- 리소좀 효소 결핍은 특정 대사 질환을 유발함.

㉧ 과산화소체(Peroxisome)
- 과산화소체는 산화 효소와 카탈라아제를 함유하여 과산화수소(H_2O_2)를 분해함.
- 지방산의 β-산화, 독성 물질 해독, 활성산소 제거가 이루어짐.
- 미토콘드리아와 협력하여 대사 균형이 유지됨.

㉨ 리보솜(Ribosome)
- 리보솜은 rRNA와 단백질로 구성된 단백질 합성 소기관으로 규정됨.
- 자유 리보솜은 세포질 단백질을 합성하고, 소포체 부착 리보솜은 분비·막 단백질을 합성함.
- mRNA 염기서열 해독에 따라 아미노산이 결합하여 폴리펩타이드가 합성됨.

- ㊀ 중심체(Centrosome)
    - 중심체는 세포 분열 시 방추사가 형성되는 미세소관 조직소로 규정됨.
    - 중심립(centriole) 두 개가 직각 배열되어 미세소관이 조직됨.
    - 중심체는 세포 분열 · 세포골격 재편성 · 섬모 · 편모 형성에 관여함.
- ㊁ 액포(Vacuole, 식물세포)
    - 액포는 세포 내 물 · 영양분 · 노폐물을 저장함.
    - 용질 농도에 따른 삼투압 조절로 세포 팽압이 유지됨.
    - 안토시아닌 · 이차대사산물 저장에 관여함.
    - 노화 세포에서는 액포가 세포질 대부분을 차지함.
- ㊂ 세포막 · 세포벽 · 세포골격
    - 세포막은 인지질 이중층과 단백질로 구성되어 선택적 투과가 이루어짐.
    - 세포벽은 식물세포에서 셀룰로오스로 형성되어 기계적 지지를 제공함.
    - 세포골격은 미세소관 · 중간섬유 · 미세섬유로 구성되어 세포 형태 · 수송 · 운동에 기여함.

② 핵산(DNA, RNA)의 구조와 특성

- ㉠ 핵산의 개요
    - 핵산은 세포 내 유전 정보를 저장하고 전달하는 고분자 물질임.
    - 뉴클레오타이드가 중합되어 형성됨.
    - 뉴클레오타이드는 당(펜토스) · 인산 · 염기로 구성됨.
    - DNA와 RNA로 구분됨.
- ㉡ DNA의 구조
    - 디옥시리보스와 인산이 교대로 연결되어 사슬 구조가 형성됨.
    - 염기는 A · T · G · C로 구성됨.
    - A-T, G-C 상보적 결합으로 안정성이 유지됨.
    - 이중 나선 구조(double helix)로 배열됨.
    - 가닥은 역평행(5'→3', 3'→5') 배열을 이룸.
- ㉢ DNA의 특성
    - 자기복제가 가능하여 유전 정보가 전달됨.
    - 반보존적 복제로 부모 · 새 가닥이 조합됨.
    - DNA 중합효소 · 헬리케이스 등 효소가 관여됨.
    - 주로 핵 속에 존재하나 일부는 미토콘드리아 · 엽록체에도 존재함.
    - 손상 시 절제 복구 · 재조합 복구 메커니즘이 작동됨.

- ② RNA의 구조
    - 리보스-인산이 교대로 연결된 단일가닥 구조임.
    - 염기는 A · U · G · C로 구성됨.
    - 내부 상보 결합으로 이차구조(헤어핀 구조)를 형성함.
    - 핵 · 세포질 · 리보솜 등에서 발견됨.
- ⑩ RNA의 종류와 기능
    - mRNA : DNA 정보 전사 → 단백질 합성에 사용됨.
    - tRNA : 아미노산 운반, mRNA와 상보 결합함.
    - rRNA : 리보솜 구성 성분으로 촉매 역할을 수행함.
    - snRNA : 스플라이싱 과정에 관여함.
    - miRNA · siRNA : 유전자 발현 억제 · RNA 간섭에 관여함.
- ⑪ DNA와 RNA 비교
    - DNA는 디옥시리보스 · T 포함, 이중가닥 구조임.
    - RNA는 리보스 · U 포함, 단일가닥 구조임.
    - DNA는 주로 핵에, RNA는 핵 · 세포질에 분포함.
    - DNA는 정보 저장, RNA는 단백질 합성 · 조절을 담당함.
- ⊛ 핵산과 단백질 합성 연계
    - DNA는 전사를 통해 RNA로 전환됨.
    - RNA는 번역을 거쳐 단백질 합성이 이루어짐.
    - 전사 · 번역은 유전자 발현 조절의 핵심 단계임.
    - 오류 발생 시 단백질 이상으로 세포 기능 장애가 초래됨.

③ 단백질 합성과정
- ㉠ 개요
    - DNA 정보가 전사 · 번역을 거쳐 아미노산 서열로 변환됨.
    - 전사는 핵에서, 번역은 세포질 리보솜에서 수행됨.
    - 단백질 합성은 모든 생명 활동과 직결됨.
- ㉡ 전사
    - DNA 주형 가닥을 기반으로 RNA 중합효소가 RNA를 합성함.
    - 전사는 개시 · 신장 · 종결 단계로 이루어짐.
    - 전사체는 스플라이싱, 5' cap, poly-A tail 가공을 거쳐 성숙 mRNA가 됨.
- ㉢ 번역
    - 성숙 mRNA가 리보솜에 결합하여 합성이 시작됨.

- tRNA는 아미노산을 운반하고 안티코돈이 코돈과 결합함.
- rRNA는 펩타이드 결합을 촉매함.
- 개시코돈(AUG) → 신장 → 종결코돈(UAA, UAG, UGA) 순으로 진행됨.

ⓔ 단백질 접힘·가공
- 소포체 내에서 접힘이 이루어지고 샤페론 단백질이 보조함.
- 골지체에서 당화·인산화·절단 등 후가공이 수행됨.
- 잘못 접힌 단백질은 리소좀·프로테아좀에서 분해됨.

ⓜ 수송·분비
- 합성된 단백질은 소포체-골지체-분비 소포 경로를 따라 이동됨.
- 세포 외부로 방출되거나 세포막에 삽입됨.
- 표적 단백질에는 신호 서열이 부착되어 이동함.

ⓗ 합성과 질병 연관성
- 합성 오류 → 비정상 단백질 축적·세포 기능 장애 유발됨.
- 스플라이싱 이상 → 유전병 발생(지중해성 빈혈).
- 번역 조절 이상 → 암세포 증식과 연관됨.
- 샤페론 이상 → 단백질 접힘 질환(알츠하이머·프리온병) 발생.

④ 단백질 구조와 특성
㉠ 기본 구성
- 단백질은 아미노산이 펩타이드 결합으로 연결된 고분자임.
- 아미노산은 α-탄소에 아미노기·카복실기·수소·R기로 구성됨.
- 곁사슬 특성에 따라 구조와 기능이 달라짐.

㉡ 구조 수준
- 1차 구조 : 아미노산 서열이 연결됨.
- 2차 구조 : α-나선, β-병풍 구조가 형성됨.
- 3차 구조 : 이황화결합·소수성 상호작용 등으로 입체 구조가 형성됨.
- 4차 구조 : 여러 사슬이 결합해 복합체가 형성됨(예 헤모글로빈).

㉢ 안정화 요인
- 수소 결합, 소수성 상호작용, 이온 결합, 이황화 결합이 구조를 유지함.

㉣ 성질
- 효소·호르몬·수용체·구조 단백질 등으로 다양하게 기능함.
- pH·온도·염 농도 변화에 민감하게 반응함.
- 변성되면 기능을 상실하고, 샤페론 단백질에 의해 재 접힘 됨.

ⓜ 특수 기능
- **효소** : 반응 속도를 증가시킴.
- **수송 단백질** : 세포막 물질 이동을 조절함.
- **구조 단백질** : 형태 유지(콜라겐 · 케라틴).
- **방어 단백질** : 항체로서 면역 반응에 관여함.
- **신호 단백질** : 호르몬 · 수용체로 작용하여 신호전달을 조절함.

ⓗ 질환 연관성
- 단백질 접힘 이상 → 알츠하이머 · 파킨슨 · 프리온병 발생.
- 효소 결핍 → 대사성 유전 질환 발생.
- 변성 단백질 축적 → 세포 독성 유발됨.

ⓢ 분석 기법
- 전기영동(SDS-PAGE) → 단백질 크기 · 순도 분석됨.
- X선 결정학 · NMR → 단백질 입체 구조 규명됨.
- **정량** : BCA, Bradford assay 등 비색법 활용됨.
- **분리** : 크로마토그래피(이온교환 · 겔여과 · 친화성) 활용됨.

3 분석화학 기초 이론

① 물질의 상태와 변화
  ㉠ 물질의 구성과 분류
  - 물질은 원자와 분자로 이루어지며, 원자는 원자핵(양성자 · 중성자)과 전자로 구성됨.
  - 원소는 동일 원자로만 구성되고, 화합물은 서로 다른 원소가 화학 결합하여 형성됨.
  - 혼합물은 물리적 방법으로 분리 가능하며, 균일 혼합물(용액)과 불균일 혼합물(현탁액 · 콜로이드)로 구분됨.
  - 물리적 성질(밀도, 녹는점, 끓는점, 용해도)과 화학적 성질(산화성, 환원성, 반응성)로 특성이 구분됨.
  - 집약 특성(밀도 · 비열)과 광범위 특성(질량 · 부피)이 구별됨.

  ㉡ 물질의 상태
  - **고체** : 입자 간 거리가 짧고 배열이 규칙적이며, 부피 · 형태가 일정하게 유지됨(결정성 · 비정질로 구분됨).
  - **액체** : 입자 이동이 가능하여 부피는 일정하나 형태는 용기 형태에 따라 변함(점성 · 표면장력 · 모세관 현상이 관찰됨).
  - **기체** : 입자 간 거리가 매우 커 압축성 · 팽창성이 큼.

- 플라즈마 : 기체의 이온화 상태로 전도성이 높음.

ⓒ 상태 변화와 상평형
- 융해 · 응고 · 기화 · 액화 · 승화 과정에서 잠열 교환이 수반됨.
- 상평형도는 고체 · 액체 · 기체의 평형 조건을 제시함(삼중점 · 임계점 개념이 유지됨).
- 라울의 법칙과 증기압 개념이 끓는점 변화 설명에 적용됨.

㉢ 분자 운동과 기체 법칙
- 분자 운동론에 따라 압력은 입자-벽 충돌로 발생됨.
- 보일 법칙(PV=일정), 샤를 법칙(V/T=일정), 아보가드로 법칙(V/n=일정)이 성립됨.
- 이상기체식 PV=nRT가 적용되며, 고압 · 저온에서 반데르발스 방정식으로 보정됨.

㉤ 물질의 에너지 변화
- 발열 · 흡열 반응에서 열 에너지 교환이 발생됨.
- 엔탈피(ΔH), 엔트로피(ΔS), 자유에너지(ΔG) 관계로 자발성이 결정됨($\Delta G<0$이면 자발적).
- 생체계의 ATP 합성 · 세포호흡 · 광합성이 해당 개념으로 해석됨.

㉥ 생명과학적 연계
- ATP는 ADP+Pi → ATP 과정에서 에너지가 축적됨.
- 세포호흡에서 포도당 산화로 ATP 합성이 이루어짐.
- 광합성에서 CO_2가 환원되어 포도당 합성이 수행됨.
- 효소 활성은 온도 · pH에 민감하며, 최적 범위를 벗어나면 변성과 활성 저하가 발생됨.
- 세포막 유동성은 온도 · 지질 조성(불포화 · 포화 비율)에 의해 조절됨.

㉦ 응용과 측정
- 상태 변화는 TGA · DSC로 정량됨.
- 기체의 분자량은 확산 · 밀도 측정으로 산출됨(그레이엄 법칙 적용됨).
- 바이오공정에서 기체 용해도(예 O_2 용해도)가 배양 효율과 직결됨.

② 용액의 농도

㉠ 농도 개념
- 농도는 용액 내 용질의 양을 나타내는 값으로 규정됨.
- 목적에 따라 서로 다른 단위가 사용됨.

㉡ 퍼센트 농도
- w/w% : 용질 질량 ÷ 용액 질량 ×100으로 정의됨.
- v/v% : 용질 부피 ÷ 용액 부피 ×100으로 정의됨.
- w/v% : 용질 질량 ÷ 용액 부피 ×100으로 계산됨(예 0.9% NaCl).

ⓒ 몰농도(M)
- M = n/V(L)로 정의됨(1몰=6.02×10^{23}개).
- 반응식 계산 · 흡광도 정량 등에서 기본 단위로 활용됨.

ⓔ 몰랄농도(m)
- m = 용질 몰수 ÷ 용매 질량(kg)으로 정의됨.
- 온도 영향에서 자유로워 집합 성질 계산에 사용됨(끓는점 오름 · 어는점 내림).

ⓜ 노르말농도(N)
- N = 용질 당량수 ÷ 용액 부피(L)로 정의됨.
- 산 · 염기 · 산화환원 반응의 등가 개념으로 해석됨.

ⓗ 몰분율(χ)
- χ_i = n_i / $\sum n_j$ 로 정의됨($\sum \chi$=1이 성립됨).
- 부분압 · 증기압 내림 해석에 사용됨.

ⓢ ppm · ppb
- ppm은 mg/L 또는 mg/kg, ppb는 μg/L로 해석됨.
- 환경 · 미량 독성 분석에 활용됨.

ⓞ 희석 계산
- $C_1V_1=C_2V_2$ 관계로 계산됨(연속 희석에 직렬 적용됨).
- 멸균 증류수 · 정량 기구 사용으로 오차 · 오염이 억제됨.

ⓩ 용액의 추가 개념
- 이온강도 I=½$\sum c_i \cdot z_i^2$ 개념이 해석에 사용됨.
- 활동도 a=γc 개념이 고이온계 해석에 필요됨(γ는 활동도 계수로 정의됨).
- 밀도 · 온도 보정이 고농도 용액 환산에 적용됨.

ⓒ 생물학적 의의
- 삼투압 π=MRT로 설명됨.
- 등장액 · 저장액 · 고장액에서 세포 부피 변화가 관찰됨.
- Na^+ · K^+ · Ca^{2+} 농도 차가 신호전달 · 막전위 형성에 기여됨.

ⓚ 응용
- 분광광도법 A=εcl로 정량이 수행됨.
- 적정 · 전도도 · 환경 수질(ppm · ppb) 분석이 실행됨.
- 배지 성분(포도당 · 젖산 등) 모니터링으로 공정 품질이 유지됨.

③ pH 측정법
  ㉠ pH 개념
    - pH= $-\log[H^+]$로 정의됨(산성 pH<7, 염기성 pH>7, 중성 pH=7).
    - 세포질 pH는 약 7.2로 유지되며, 소기관별 pH 차이가 존재됨(예 리소좀 pH~5).
  ㉡ 산·염기 정의
    - 아레니우스 : 산은 H^+ 제공, 염기는 OH^- 제공으로 정의됨.
    - 브뢴스테드-로우리 : 산은 양성자 공여체, 염기는 양성자 수용체로 규정됨.
    - 루이스 : 산은 전자쌍 수용체, 염기는 전자쌍 공여체로 설명됨.
  ㉢ 지시약법
    - 리트머스, 페놀프탈레인, 브로모티몰 블루로 대략 pH가 판정됨.
    - 다색 지시약 용지는 신속 추정에 활용됨.
  ㉣ 전극법
    - 유리 전극-기준 전극 전위차 측정으로 pH가 산출됨.
    - 측정 전 표준 완충액(pH 4.01·7.00·10.01)으로 2·3점 보정이 수행됨.
    - 온도 보정(ATC) 적용 시 정확도가 향상됨.
  ㉤ 기타 기법
    - 전도도법·분광광도법·형광 센서법·미세전극법이 적용됨.
  ㉥ 유의 사항
    - 전극은 KCl 보관 용액에 보관되어 수화막이 유지됨.
    - 고염·단백질 용액은 막오염·접합부 전위로 오차가 발생됨.
    - 강산·강염기 용액에서는 산성·알칼리 오차가 발생됨.
    - 동일 온도·조건에서 반복 측정이 유지됨.
  ㉦ 생명과학적 의의
    - 효소는 최적 pH에서 활성이 최대가 됨(펩신 pH~2, 아밀라아제 pH~7).
    - 혈액 pH 7.35~7.45 범위 유지로 항상성이 보장됨.
    - H^+ 펌프·Na^+/H^+ 교환체가 세포내 pH를 조절함.
    - 배양액 pH 제어는 생산성과 직결됨.
  ㉧ 완충과 계산
    - 헨더슨-하셀발흐 $pH=pKa+\log([A^-]/[HA])$ 관계로 완충 설계가 수행됨.
    - 완충능 $\beta=\Delta n/\Delta pH$ 개념으로 교란 저항성이 평가됨.
    - 공정에서는 인라인 pH 센서·SIP/CIP 절차가 적용됨.

④ 바이오 분석장비 종류와 특성
  ㉠ 분광광도계
    • 빛의 흡수도를 측정하여 농도가 정량됨(A=εcl 성립됨).
    • DNA · RNA는 260 nm, 단백질은 280 nm에서 최대 흡광을 보임.
    • 마이크로볼륨(예 NanoDrop) 측정으로 수 μL 시료 분석이 가능함.
  ㉡ 형광 분광광도계
    • 형광 특성을 이용해 고감도 검출이 수행됨.
    • 핵산 염색(SYBR Green) · Ca^{2+} · pH 탐침 분석이 수행됨.
  ㉢ 원심분리기
    • 밀도 차에 따른 분획이 이루어짐(저속 · 고속 · 초원심으로 구분됨).
    • 소기관 분리 · 바이러스 농축 · 단백질 복합체 분리가 수행됨.
  ㉣ 크로마토그래피
    • 이동상/고정상 분배 차로 성분이 분리됨.
    • HPLC · GC · SEC · 이온교환 · 친화성 분리가 적용됨.
  ㉤ 전기영동 : 전하 · 크기에 따라 핵산 · 단백질이 분리됨(SDS-PAGE, 2D-PAGE 적용됨).
  ㉥ 질량분석 : m/z 측정으로 분자량 · 구조가 동정됨(ESI · MALDI가 사용됨).
  ㉦ NMR : 분자의 구조 · 동역학이 규명됨(비파괴 분석으로 수행됨).
  ㉧ 현미경 : 광학 · 형광 · 전자(SEM · TEM) · 공초점으로 세포 · 소기관 관찰이 수행됨.
  ㉨ 기타 장비
    • 플레이트 리더로 다중 샘플 흡광 · 형광이 고속 정량됨.
    • 모세관 전기영동(CE)로 고해상 분리가 수행됨.
    • SPR로 무표지 상호작용 분석이 수행됨.

⑤ 자외선 분광기 활용 농도계산
  ㉠ 원리
    • 200~400 nm 자외선이 전자 전이를 유발함.
    • 핵산 · 단백질 · 방향족 화합물이 특유 스펙트럼을 보임.
  ㉡ 비어-람베르트 법칙
    • A=εcl 관계가 성립됨(A: 흡광도, ε: 몰 흡광계수, c: 농도, l: 경로 길이).
    • 선형 범위 내에서 검량선으로 미지 농도가 산출됨.

- ⓒ 핵산 정량
  - A260=1.0에서 dsDNA~50 μg/mL, ssDNA~33 μg/mL, RNA~40 μg/mL로 환산됨.
  - A260/A280~1.8~2.0에서 순도가 양호함.
  - A230 상승은 페놀·염오염을 시사함.
- ② 단백질 정량
  - 280 nm 흡광으로 정량이 수행됨(ε는 서열에 의존됨).
  - 시약 무첨가·고속 측정이 가능하나 혼합물에서 한계가 존재됨.
- ⓜ 동시 스캔·마이크로볼륨
  - 230~320 nm 스캔으로 혼재 오염이 판별됨.
  - 마이크로볼륨 장치에서 l이 0.05~0.1 cm로 짧게 설정됨에 따라 환산이 필요됨.
- ⓗ 측정 품질
  - 블랭크 보정·기기 제로·광원 예열로 재현성이 확보됨.
  - 산란광·셀 스크래치가 저파장 왜곡을 유발함.
  - 선형성 초과 구간에서 희석 후 재측정이 요구됨.
- ⓢ 응용 계산
  - A260=0.5인 dsDNA는 25 μg/mL로 환산됨.
  - A260/A280=1.3이면 단백질 오염이 시사되어 재정제가 요구됨.
  - n배 희석 측정 시 원액 농도는 측정 농도×n으로 산출됨.

⑥ HPLC 측정 기초
- ㉠ 개요
  - HPLC는 고압 하에서 이동상과 고정상 상호작용 차로 성분이 분리·정량됨.
  - 높은 분리능·속도·정밀성이 확보됨.
- ㉡ 구성 요소
  - 고압 펌프·탈기기·주입기·가드 컬럼·분리 컬럼·검출기·데이터 시스템으로 구성됨.
  - 컬럼은 일반적으로 3~5 μm 실리카 기반 충전제가 사용됨.
- ㉢ 분리 원리
  - 정상상에서는 극성 고정상·비극성 이동상 조건에서 극성이 늦게 용출됨.
  - 역상(C18)에서는 비극성이 늦게 용출됨(가장 일반적 조건으로 적용됨).
  - 이동상 조성·유속·온도·입자 크기·pH가 분리에 영향을 미침.
  - 그라디언트·아이소크라틱 운전이 적용됨(도달 용적·지연 부피가 고려됨).

ⓔ 종류
- 정상상·역상·이온교환·크기배제(SEC)·친화성 HPLC가 사용됨.
- LC-MS 결합으로 고분해능 동정이 수행됨.

ⓜ 분석 과정
- 시료 전처리·여과(0.22 μm)로 컬럼 오염이 방지됨.
- 주입·분리 후 검출 신호에서 피크가 기록됨.
- 표준물질 검량선으로 정량이 수행됨(외부·내부표준법 적용됨).

ⓗ 검출기
- UV/Vis·형광·굴절률·MS 검출기가 사용됨.
- 이온성 분석에서 pH·이온쌍제 선택이 신호에 영향을 미침.

ⓢ 데이터 해석
- 피크 면적은 농도에 비례되고, 머무름 시간은 화학적 특성을 반영됨.
- 분리능(Rs)·이론단수(N)·테일링 팩터(T)·%RSD가 성능 지표로 활용됨.

ⓞ 장점·한계
- **장점** : 높은 분리능·정밀성·소량 시료 분석이 가능함.
- **한계** : 장비·용매 비용이 큼, 고비극성·고분자 분리에 제약이 존재됨.

ⓧ 공정·품질
- 이동상은 여과·탈기되어 기포·노이즈가 억제됨.
- 컬럼 온도·pH 관리로 수명과 재현성이 확보됨.
- 메서드 밸리데이션(정확성·정밀성·선형성·LOD/LOQ·강건성)이 ICH 지침에 따라 수행됨.
- 시스템 적합성 시험에서 Rs, T, %RSD(연속 6회 주입)가 확인됨.

ⓩ **생명과학적 응용** : 단백질·펩타이드 정제, 대사체 정량, 원료·완제 의약품 불순물 분석, 수질·식품 오염물 분석에 적용됨.

핵심유형익히기

01
GMP의 정의로 옳은 것은?
① 우연히 얻어진 품질 기준
② 의약품 · 바이오제품 제조 및 품질관리 기준
③ 단순한 생산 절차
④ 판매 허가 절차

> **GMP 정의**
> - GMP는 의약품 · 바이오제품 품질을 항상 안전하고 동일하게 유지하도록 규정됨
> - 품질은 체계적 관리와 표준 절차를 통해 확보됨
> - 설비 · 인력 · 위생 · 밸리데이션 등 전반적 시스템 요구사항을 포함함

02
GMP의 핵심 목적은?
① 가격 절감
② 디자인 향상
③ 안전성 · 유효성 · 균일성 보장
④ 유통망 확보

> **GMP 목적**
> - 생산 전 과정에서 안전성 · 유효성 · 균일성이 확보됨
> - 오염 · 혼입 · 오류를 예방하여 환자 안전을 보장함
> - 일관된 품질을 통해 허가 후 변경관리 및 시판 후 안전성과도 연결됨

03
GMP 적용 대상에 포함되지 않는 것은?
① 세포치료제 ② 백신
③ 정제 · 캡슐제 ④ 일반 식품

04
GMP 적용 범위
- 의약품 · 바이오의약품 · 일부 의료기기까지 적용됨
- 일반 식품은 HACCP 체계에서 관리됨
- 의약외품 · 원료의약품 등도 해당 국가 기준에 따라 GMP 대상이 됨

04
GMP 문서화 관리 원칙으로 가장 적절한 것은?
① 작업자는 필요한 경우만 기록함
② 기록하지 않은 것은 수행하지 않은 것과 동일하게 간주됨
③ 주요 결과만 기록하고 과정은 생략 가능함
④ 검사자 서명은 선택 사항임

> **문서화 원칙**
> - "기록하지 않은 것은 수행하지 않은 것과 같다"는 원칙이 적용됨
> - 제조 · 시험 과정은 문서화와 기록을 통해 관리됨
> - 데이터 무결성(ALCOA+) 원칙(추적성 · 정확성 등)을 충족해야 함

05
GMP 관리 문서에 포함되지 않는 것은?
① 제조기록서
② 시험기록서
③ 표준작업지침서
④ 광고 홍보자료

> **GMP 문서 종류**
> - 대표 문서는 제조기록서(MBR), 시험기록서, SOP임
> - 광고 자료는 GMP 문서에 해당하지 않음
> - 변경관리 · 일탈 · CAPA 기록 등 품질시스템 문서도 핵심임

정답 01 ② 02 ③ 03 ④ 04 ② 05 ④

06
국제 GMP 기준을 제시하는 기관이 아닌 것은?
① WHO ② PIC/S
③ ICH ④ WTO

GMP 관련 기구
- WHO, PIC/S, ICH가 GMP 국제 기준을 제시함
- WTO는 무역 기구로 GMP와 관련 없음
- PIC/S는 회원국 간 GMP 상호협력을 통한 검사 일관성을 목표로 함

07
MSDS의 항목에 해당하지 않는 것은?
① 제품명 · 회사명
② 응급조치 요령
③ 유해성 · 위험성 정보
④ 판매가격

MSDS 항목
- MSDS는 제품명 · 위험성 · 응급조치 등 16개 항목으로 구성됨
- 가격은 포함되지 않음
- 노출경로 · 취급저장 · 개인보호구 등 작업 안전지침도 포함됨

08
MSDS 응급조치 요령에 해당하지 않는 것은?
① 흡입 ② 피부 접촉
③ 눈 접촉 ④ 식사 방법

응급조치
- 노출 경로별 응급조치(흡입 · 피부 · 눈 · 섭취)가 제시됨
- 식사 방법은 포함되지 않음
- 필요 시 의료기관 연락 · 의사에게 MSDS 제공이 명시됨

09
GHS 그림문자에 해당하지 않는 것은?
① 해골 ② 불꽃
③ 부식 ④ 방패

그림문자
- GHS 그림문자는 해골, 불꽃, 부식, 환경 등이 있음
- 방패 표지는 사용되지 않음
- '감탄 부호', '가스통', '건강위험(사람 실루엣)' 등도 존재함

10
산업안전보건법의 목적은?
① 소비자 만족도 향상
② 근로자의 안전과 건강 보호
③ 생산 원가 절감
④ 품질 보증서 관리

법의 목적
- 근로자의 안전과 건강을 보호하기 위해 제정됨
- 작업재해 · 사고 예방이 핵심임
- 유해위험방지계획 · 보호구 · 교육 · 감독 등 제도를 통해 달성함

11
산업안전보건법상 근로자의 의무가 아닌 것은?
① 안전수칙 준수
② 보호구 착용
③ 이상 징후 보고
④ 생산량 목표 달성

근로자의 의무
- 안전수칙 준수 · 보호구 착용 · 이상 보고가 포함됨
- 생산 목표 달성은 법적 의무가 아님
- 안전 · 보건조치 협조 의무가 규정되어 있음

정답 06 ④ 07 ④ 08 ④ 09 ④ 10 ② 11 ④

12
위험성평가 절차에 포함되지 않는 것은?
① 위험요인 식별
② 저감 대책 수립
③ 공학적·행정적 통제
④ 제품 가격 결정

> **위험성평가**
> - 위험요인 평가 후 제거·대체·통제로 저감함
> - 가격 결정은 포함되지 않음
> - 잔여위험 평가 및 주기적 재평가가 뒤따름

13
BSL-1 단계의 특징은?
① 고위험 병원체 취급
② 기본 위생수칙 준수
③ HEPA 필터 필요
④ 전신 양압복 필요

> **BSL-1**
> - 위험도 낮은 미생물 취급 단계임
> - 기본 위생·표준 절차로 안전 확보 가능함
> - 전용 음압시설이나 특수 보호구는 요구되지 않음

14
BSL-2 단계에서 필요한 조건은?
① 양압복 착용
② 출입통제 및 안전작업대 사용
③ 일반 실험복만 착용
④ 밀폐 음압시설 운영

> **BSL-2**
> - 중등도 위험 병원체를 취급함
> - 출입통제, 노출관리, 안전작업대 사용이 요구됨
> - 기본 개인보호구(PPE) 착용 및 생물안전 교육이 필수임

15
BSL-3 단계의 핵심 시설 요건은?
① 음압실 운영
② 일반 환기 사용
③ 단순 환기창
④ 화학약품 보관

> **BSL-3**
> - 흡입 전파 위험 병원체 취급 단계임
> - 음압실·HEPA 여과·이중 출입구가 필수임
> - 실험실 내부 공기가 외부로 누출되지 않도록 차압 유지가 필요함

16
BSL-4 단계의 필수 사항은?
① 전신 양압복
② 일반 실험복
③ 마스크와 장갑
④ 표준 환기

> **BSL-4**
> - 치명적 병원체 취급 단계임
> - 전신 양압복·밀폐시설·전용 공조가 요구됨
> - 샤워 아웃, 폐기물·폐수 전처리 등 최고 수준의 격리가 필요함

17
청정구역 관리의 요소가 아닌 것은?
① HEPA 여과
② 차압 유지
③ 에어샤워
④ 광고 홍보

> **청정구역 관리**
> - HEPA 여과, 차압 유지, 에어샤워로 관리됨
> - 광고 홍보는 무관함
> - 입자수·미생물수 모니터링 및 주기적 밸리데이션이 수행됨

정답 12 ④ 13 ② 14 ② 15 ① 16 ① 17 ④

18
작업장 구역화(zoning)의 주된 목적은?
① 생산성 향상
② 교차 오염 방지
③ 원가 절감
④ 고객 유치

구역화 목적
- 작업장 구역 분리로 교차오염이 방지됨
- 원료 · 배양 · 포장 공정이 분리 관리됨
- 인원 · 물류 동선 분리 및 차압 전략과 연계됨

19
MSDS 교육의 올바른 활용으로 옳지 않은 것은?
① 신입 근로자 교육 실시
② 정기 재교육 시행
③ 작업 전 MSDS 확인
④ 비상대응과 무관

MSDS 교육
- 신입 · 협력사 인원은 MSDS 교육을 이수해야 함
- 비상대응 절차와 밀접히 연계됨
- 취급 · 보관 · 누출 대응 · 폐기 지침 숙지가 목적임

20
작업장 폐수 · 폐기물 관리에 해당하지 않는 것은?
① 감염성 폐기물 멸균 후 폐기
② 화학 폐액 분리 보관
③ 방사성 폐기물 전용 규정 준수
④ 일반 하수에 직접 배출

폐기물 관리
- 폐기물은 감염성 · 화학 · 방사성 등 특성별로 처리됨
- 일반 하수에 무단 배출하는 것은 법 위반임
- 분류 · 표지 · 보관 · 위탁처리 기록 등 추적성이 요구됨

21
핵의 주요 기능으로 옳은 것은?
① 에너지 합성
② 유전정보 저장 및 발현 조절
③ 단백질 분해
④ 지질 합성

핵 기능
- 핵은 DNA를 저장하고 유전정보 발현을 조절함
- 세포 성장 · 분화 · 대사의 지휘본부로 기능함
- 핵막과 핵공을 통해 단백질 · RNA 등의 선택적 이동이 이루어짐

22
핵 내부에서 rRNA 합성과 리보솜 소단위체 조립이 이루어지는 구조물은?
① 핵공 복합체   ② 뉴클레올러스
③ 소포체   ④ 미토콘드리아

뉴클레올러스
- rRNA 전사와 리보솜 소단위체 조립이 수행됨
- 단백질 합성의 준비 단계로 중요한 역할을 함
- 세포 분열 시 일시적으로 소실되었다가 인터페이즈에서 다시 형성됨

23
핵막의 특징으로 옳지 않은 것은?
① 이중막 구조
② 외막은 소포체와 연결
③ 모든 물질 자유 통과
④ 핵공 존재

핵막 구조
- 핵막은 이중막이며 외막은 소포체와 연결됨
- 물질은 핵공을 통해 선택적으로 이동함
- mRNA, 단백질 수송에는 에너지 의존적 기작이 필요함

정답 18 ②   19 ④   20 ④   21 ②   22 ②   23 ③

24
조면소포체(RER)의 주요 기능은?
① 단백질 합성
② 지질 합성
③ DNA 복제
④ ATP 합성

RER 기능
- 리보솜이 부착되어 단백질 합성이 수행됨
- 합성 단백질은 가공 후 골지체로 이동함
- 분비 단백질과 막 단백질 합성의 주된 장소임

25
활면소포체(SER)의 기능으로 알맞은 것은?
① 단백질 합성
② 지질 합성과 약물 해독
③ rRNA 합성
④ 광합성 수행

SER 기능
- 리보솜이 없으며 지질 합성과 약물 해독이 수행됨
- 칼슘 저장 기능도 있음
- 간세포에서 특히 발달하여 해독 기능을 담당함

26
골지체의 역할은?
① 단백질·지질의 가공·분류·포장
② ATP 합성
③ DNA 복제
④ 단백질 분해

골지체 기능
- 단백질·지질을 가공·분류·포장하여 세포 내외로 수송함
- 분비 소낭 형성의 중심 기관으로 기능함

27
리소좀의 주요 기능은?
① 유전정보 저장
② 불필요한 세포 성분 분해
③ ATP 합성
④ 단백질 합성

리소좀 기능
- 가수분해 효소로 세포 내 불필요한 물질을 분해·재활용함
- 세포 자가소화와 노화 과정에도 관여함

28
미토콘드리아의 특징으로 옳지 않은 것은?
① 세포 에너지 대사의 중심
② 이중막 구조
③ 독자적 DNA와 리보솜 보유
④ 광합성 수행

미토콘드리아 특징
- ATP 합성 장소이며 이중막과 DNA·리보솜을 보유함
- 광합성은 엽록체에서 수행됨
- 산화적 인산화가 주요 대사 경로임

29
엽록체의 틸라코이드 막에서 일어나는 것은?
① ATP·NADPH 합성
② DNA 복제
③ 단백질 분해
④ 지질 합성

틸라코이드 반응
- 빛 에너지가 화학 에너지로 전환됨
- ATP와 NADPH가 합성됨
- 이는 광합성의 명반응 단계에 해당함

정답 24 ① 25 ② 26 ① 27 ② 28 ④ 29 ①

30
미토콘드리아와 엽록체의 공통적 특징은?

① 독자적 DNA와 리보솜 보유
② 단백질 합성 장소
③ 단일막 구조
④ 핵 안에 존재

공통 특징
- 반자율적 소기관으로 독자적 DNA와 리보솜을 가짐
- 자체 단백질 합성과 증식이 가능함
- 세포 내 에너지 대사에 핵심적으로 기여함

31
뉴클레오타이드를 구성하는 성분이 아닌 것은?

① 당
② 인산
③ 염기
④ 지방산

뉴클레오타이드 구성
- 당·인산·염기로 이루어짐
- 지방산은 포함되지 않음
- 핵산의 기본 단위로 DNA·RNA 구조를 형성함

32
DNA에 존재하지 않는 염기는?

① 아데닌
② 구아닌
③ 티민
④ 우라실

DNA 염기
- DNA : A, G, C, T
- RNA : A, G, C, U
- 따라서 우라실(U)은 RNA에만 존재함

33
DNA 염기쌍 규칙으로 옳은 것은?

① A-C
② A-T
③ G-T
④ C-A

염기쌍
- A-T, G-C 상보적 염기쌍이 형성됨
- 이는 복제와 전사 정확성을 보장함

34
DNA 이중나선 안정화 요인은?

① 공유결합
② 수소결합
③ 이온결합
④ 금속결합

안정화 원인
- 상보적 염기쌍 사이의 수소결합이 구조 안정성을 유지함
- 염기쌍 간 염기쌓임(stack) 상호작용도 기여함

35
DNA 복제의 정확도를 높이는 기작은?

① 교정(proofreading) 기능
② 전사
③ 번역
④ 돌연변이

복제 정확성
- DNA 중합효소의 교정 기능이 복제 오류를 줄임
- 오류 발견 시 잘못된 염기를 절단 후 다시 합성함

36
DNA 복제에서 이중가닥을 푸는 효소는?

① DNA 중합효소
② 헬리케이스
③ 리가아제
④ 프라이메이스

헬리케이스
- 이중가닥을 풀어 주형 가닥을 노출시킴
- 복제 포크 형성에 핵심적임

정답 30 ① 31 ④ 32 ④ 33 ② 34 ② 35 ① 36 ②

37
RNA의 특징으로 옳지 않은 것은?
① 단일가닥 구조
② DNA보다 불안정
③ 우라실 포함
④ 티민 포함

RNA 특징
- RNA는 단일가닥이며 U를 포함함
- DNA는 T를 포함함
- 리보스 당을 가져 DNA보다 불안정함

38
전사 과정의 산물은?
① 단백질
② DNA
③ mRNA
④ 지방산

전사 산물
- DNA 정보를 기반으로 mRNA가 합성됨
- 이후 번역 단계에서 단백질로 전환됨

39
mRNA 가공에 포함되지 않는 것은?
① 5′ 캡 구조 부착
② 인트론 제거
③ 폴리A 꼬리 부착
④ DNA 절편 연결

mRNA 가공
- 캡핑 · 스플라이싱 · 폴리A 꼬리 부착이 포함됨
- DNA 절편 연결은 복제 과정임

40
번역 과정에서 아미노산을 운반하는 분자는?
① rRNA
② tRNA
③ mRNA
④ DNA

tRNA 기능
- tRNA는 특정 아미노산을 운반해 리보솜에서 mRNA와 결합함
- 안티코돈-코돈 상보 결합으로 정확성을 보장함

41
번역이 일어나는 세포 소기관은?
① 핵
② 리보솜
③ 미토콘드리아
④ 골지체

번역 장소
- 리보솜은 단백질 합성의 장소임
- 세포질 및 RER 표면에서 활발히 작동함

42
mRNA의 3염기 단위를 무엇이라 하는가?
① 코돈
② 안티코돈
③ 인트론
④ 엑손

코돈
- mRNA의 3염기가 한 아미노산에 대응됨
- 64개 코돈 중 61개는 아미노산을 지정하고 3개는 종결 신호임

43
아미노아실-tRNA 합성효소의 기능은?
① DNA 복제
② 특정 tRNA에 아미노산 결합
③ ATP 합성
④ 단백질 분해

효소 기능
- 각 tRNA에 정확한 아미노산을 결합시켜 번역 정확성을 유지함
- ATP를 이용한 활성화 반응을 거침

정답 37 ④ 38 ③ 39 ④ 40 ② 41 ② 42 ① 43 ②

44
리보솜의 두 소단위체가 조립되는 시점은?
① DNA 복제　② 전사
③ 번역 개시　④ 단백질 변성

리보솜 조립
- 번역 개시 시점에 소·대 단위체가 조립되어 기능함
- mRNA와 개시 tRNA 결합 후 조립이 시작됨

45
번역 종료의 신호는?
① 스타트 코돈　② 종결 코돈
③ 인트론　　　④ 프라이머

번역 종료
- UAA, UAG, UGA 코돈에서 번역이 종료됨
- 방출 인자가 결합하여 폴리펩타이드가 떨어짐

46
단백질 합성 후 접힘을 돕는 단백질은?
① 샤페론　② 효소
③ 리보솜　④ 프라이머

샤페론
- 샤페론은 새로 합성된 폴리펩타이드가 정상적으로 접히도록 돕는 단백질임
- 비정상적 응집을 방지함

47
번역 효율에 영향을 주는 요인이 아닌 것은?
① mRNA 안정성　② 리보솜 밀도
③ 세포 에너지 상태　④ DNA 염기쌍 규칙

번역 효율
- 효율은 mRNA 안정성·리보솜·에너지 상태에 좌우됨
- DNA 염기쌍 규칙은 복제와 관련됨

48
리보솜의 A 자리에서 일어나는 일은?
① 새로운 tRNA 결합
② 펩타이드 결합 형성
③ 방출 인자 작용
④ mRNA 가공

리보솜 자리
- A 자리 : 새로운 아미노아실-tRNA 결합
- P 자리 : 펩타이드 결합 형성
- E 자리 : tRNA 방출

49
리보솜의 P 자리에서 일어나는 일은?
① 새로운 tRNA 결합
② 펩타이드 결합 형성
③ mRNA 결합
④ DNA 합성

P 자리
- 아미노산 간 펩타이드 결합이 형성됨
- 성장하는 폴리펩타이드가 이 자리에서 연결됨

50
리보솜의 E 자리에서 일어나는 일은?
① 새로운 tRNA 결합
② 번역 종료
③ 사용된 tRNA 방출
④ 단백질 접힘

E 자리
- 번역 후 사용된 tRNA가 방출됨
- 재충전되어 다시 번역 과정에 참여함

정답 44 ③　45 ②　46 ①　47 ④　48 ①　49 ②　50 ③

51
단백질의 1차 구조는?
① 아미노산 서열
② α-나선
③ β-병풍 구조
④ 폴리펩타이드 복합체

1차 구조
- 아미노산이 펩타이드 결합으로 일렬 배열된 서열임
- 단백질의 고유 기능을 결정하는 기본 요소임

52
단백질의 2차 구조에 속하는 것은?
① α-나선과 β-병풍 구조
② 아미노산 서열
③ 이황화결합
④ 4차 복합체

2차 구조
- 국소적 규칙적 접힘으로 α-나선, β-병풍 구조가 대표적임
- 수소결합이 주요 안정화 요인임

53
단백질의 3차 구조 형성에 관여하지 않는 것은?
① 수소결합 ② 소수성 상호작용
③ 이황화결합 ④ 인산 결합

3차 구조
- 수소결합, 소수성 상호작용, 이황화결합 등이 관여함
- 인산 결합은 관련 없음
- 3차 구조는 단백질의 입체적 고유 형태를 형성함

54
4차 구조의 예로 옳은 것은?
① 헤모글로빈 ② α-나선
③ β-병풍 구조 ④ 단일 폴리펩타이드

4차 구조
- 여러 폴리펩타이드가 결합해 형성됨
- 헤모글로빈이 대표적임
- 기능적 복합체 단백질에서 흔히 나타남

55
단백질 변성의 원인으로 옳지 않은 것은?
① 열 ② pH 변화
③ 유기용매 ④ 아미노산 서열 변화

변성 원인
- 2~4차 구조 붕괴가 변성임
- 서열 자체 변화는 돌연변이임
- 변성은 가역적 또는 비가역적으로 나타날 수 있음

56
효소의 본질로 가장 옳은 것은?
① 무기 이온 ② 단백질
③ 다당류 ④ 지질

효소 본질
- 효소는 대부분 단백질이며 반응 촉매 역할을 수행함
- 일부 RNA 효소(리보자임)도 존재함

57
효소의 기질 특이성 설명으로 옳은 것은?
① 모든 반응에 작용함
② 활성 부위가 기질과 상보적 구조를 가짐
③ 무작위로 결합함
④ 고정된 반응 속도만 가짐

기질 특이성
- 효소 활성 부위는 기질과 상보적 구조를 가져 선택적으로 결합함
- '열쇠와 자물쇠 모델', '유도 적합 모델'로 설명됨

정답 51 ① 52 ① 53 ④ 54 ① 55 ④ 56 ② 57 ②

58
효소 억제제 중 기질과 경쟁하는 방식은?
① 경쟁적 억제 ② 비경쟁적 억제
③ 알로스테릭 억제 ④ 비가역적 억제

경쟁적 억제
- 기질과 같은 부위에 결합해 효소 작용을 방해함
- 농도 변화에 따라 억제 효과가 달라짐

59
효소 보조인자에 해당하지 않는 것은?
① 금속 이온 ② 비타민 유도체
③ 보결분자단 ④ 단백질

보조인자
- 금속 이온, 비타민, 보결분자단 등이 있음
- 단백질은 효소 자체 성분임

60
고체의 특징으로 옳지 않은 것은?
① 일정한 부피와 형태 유지
② 분자 간 거리가 멀고 자유 운동
③ 진동 운동만 가능
④ 규칙적 배열 가능

고체 성질
- 분자 간 거리가 가까워 형태·부피 일정함
- 자유 운동은 불가능하고 진동만 가능함
- 결정질 고체는 규칙적 배열, 비정질 고체는 불규칙 배열을 가짐

61
비정질 고체의 특징은?
① 녹는점 일정
② 분자 배열 불규칙
③ 장거리 규칙성 있음
④ 결정 구조 형성

비정질 고체
- 분자 배열이 불규칙해 장거리 규칙성이 없음
- 녹는점이 일정하지 않고 점차적으로 연화됨
- 유리, 고무 등이 대표적 예임

62
결정질 고체의 특징으로 옳은 것은?
① 배열 불규칙 ② 일정한 녹는점
③ 연화 범위가 넓음 ④ 구조가 무정형

결정질 고체
- 규칙적 배열을 가지며 녹는점이 일정함
- 염화나트륨, 수정이 대표적 예임
- 장거리 규칙성을 가지므로 X선 회절 패턴이 뚜렷함

63
액체의 성질로 옳지 않은 것은?
① 부피 일정
② 압축성 큼
③ 유동성 있음
④ 형태는 용기에 따라 변함

액체 성질
- 액체는 압축성이 작음
- 유동성이 있으며 형태는 용기에 따라 달라짐
- 분자 간 인력이 존재하여 표면장력이 나타남

64
기체의 성질로 알맞은 것은?
① 압축성 작음
② 부피 일정
③ 분자 간 거리가 멂
④ 고정된 형태 유지

기체 성질
- 기체는 분자 간 거리가 멀고 자유 운동이 가능함
- 압축성이 크고 부피·형태가 일정하지 않음
- 온도와 압력에 따라 부피 변화가 뚜렷함

정답 58 ① 59 ④ 60 ② 61 ② 62 ② 63 ② 64 ③

65
융해 과정은 어떤 상태 변화인가?
① 고체→액체　② 액체→고체
③ 액체→기체　④ 기체→액체

융해
- 고체가 열을 흡수해 액체로 변하는 과정임
- 흡열 반응에 해당함
- 융해 시 분자 간 결합이 부분적으로 끊어짐

66
액화 과정은 어떤 변화인가?
① 고체→액체　② 액체→고체
③ 기체→액체　④ 액체→기체

액화
- 기체가 열을 방출하여 액체로 변함
- 발열 반응에 해당함
- 온도·압력 조건에 따라 임계점이 존재함

67
승화에 해당하는 예는?
① 얼음이 녹아 물이 됨
② 드라이아이스가 기체 CO_2로 변함
③ 수증기가 응결해 물이 됨
④ 용액에서 고체가 석출됨

승화
- 고체가 액체 단계를 거치지 않고 기체로 직접 변함
- 드라이아이스, 나프탈렌이 대표적임
- 흡열 반응으로 주로 저압 조건에서 일어남

68
응고 과정의 특징은?
① 흡열 반응　② 발열 반응
③ 에너지 흡수　④ 자유 에너지 증가

응고
- 액체가 열을 방출해 고체로 변하는 과정임
- 발열 반응으로 분류됨
- 분자 배열이 규칙적 형태로 전환됨

69
동결건조에서 활용되는 원리는?
① 응고　② 융해
③ 승화　④ 액화

동결건조
- 냉동 후 물을 직접 승화시켜 건조하는 원리임
- 바이오제품 안정화에 널리 활용됨
- 단백질·백신 등 열에 민감한 시료 보존에 효과적임

70
농도의 정의로 알맞은 것은?
① 용액 부피 ÷ 용질 질량
② 용질 양 ÷ 용매 또는 용액 양
③ 용매 질량 ÷ 용액 질량
④ 용액 질량 ÷ 용질 질량

농도 정의
- 농도는 용질의 양과 용매 또는 용액의 양의 비율로 정의됨
- 농도 표시는 %·몰농도·ppm 등으로 다양함

71
몰농도의 단위는?
① mol/kg　② mol/L
③ g/L　④ %

몰농도
- 몰농도(M)는 용액 1L당 용질의 몰수임
- 온도에 따라 값이 변할 수 있음

정답 65 ①　66 ③　67 ②　68 ②　69 ③　70 ②　71 ②

72
몰랄농도의 단위는?

① mol/kg 용매 ② mol/L 용액
③ g/L 용액   ④ % 질량

몰랄농도
- 몰랄농도(m)는 용매 1kg당 용질의 몰수임
- 온도에 영향을 받지 않는 농도 단위임

73
질량퍼센트 농도의 식은?

① (용질 질량 ÷ 용매 질량)×100
② (용질 질량 ÷ 용액 질량)×100
③ (용액 질량 ÷ 용질 질량)×100
④ (용매 질량 ÷ 용액 질량)×100

질량%
- 용질 질량을 용액 질량으로 나눈 후 100을 곱함
- 중량 비율 계산에 자주 활용됨

74
다음 중 ppm의 의미는?

① 100분율   ② 1000분율
③ 10^6분율   ④ 10^9분율

ppm
- 백만분율로 극미량 농도를 표시함
- 환경 오염도 측정에 많이 사용됨
- 1 ppm = 1 mg/L (물 시료 기준)

75
0.1 M NaCl 용액의 의미는?

① NaCl 0.1 g/L   ② NaCl 0.1 mol/L
③ NaCl 0.1%   ④ NaCl 0.1 ppm

몰농도 해석
- 01 M NaCl은 1L 용액에 NaCl 01 mol이 녹아 있다는 의미임
- 분자량을 곱하면 g 단위로 환산 가능함

76
몰농도 계산에서 필요한 값이 아닌 것은?

① 용액 부피   ② 용질 몰수
③ 원자량   ④ 용액 색깔

계산 요소
- 몰농도 계산에는 몰수·용액 부피·분자량 등이 필요함
- 색깔은 직접 관련 없음

77
농도 단위 환산 문제로 옳은 것은?

① % → M   ② M → ppm
③ ppm → %   ④ 모두 해당

환산
- 농도 단위는 %·M·ppm·몰랄농도 등 상호 변환이 가능함
- 실험 목적에 따라 단위를 선택·환산함

78
배양 배지 조제에서 필요한 계산은?

① 농도 계산   ② 에너지 전환
③ 전자전달계   ④ 광합성 반응

배지 조제
- 배양 배지 준비 시 다양한 시약 농도를 정확히 계산해야 함
- 오차는 배양 세포 생장에 큰 영향을 줌

79
완충용액 준비와 관련 있는 것은?

① pH 유지   ② 온도 조절
③ 에너지 합성 ④ 단백질 합성

완충용액
- 완충용액은 일정한 pH를 유지하도록 조성됨
- 발효·효소 반응에서 중요한 역할을 함

정답 72 ① 73 ② 74 ③ 75 ② 76 ④ 77 ④ 78 ① 79 ①

80
pH의 정의는?
① −log[H⁺]   ② log[H⁺]
③ −log[OH⁻]   ④ log[OH⁻]

pH 정의
- pH는 수소이온 농도의 음의 로그값임
- 단위는 없으며 0~14 범위를 가짐

81
pH 7보다 작은 용액의 성질은?
① 산성   ② 중성
③ 염기성   ④ 알칼리 없음

pH 판정
- pH <7 : 산성, pH = 7 : 중성, pH >7 : 염기성임
- 강산·강염기는 극단적인 pH를 가짐

82
pH 전극 중 H⁺ 농도에 선택적으로 반응하는 것은?
① 기준전극   ② 유리전극
③ 금속전극   ④ 전도전극

유리전극
- H⁺ 농도에 민감하게 반응해 전위를 발생시킴
- 현재 가장 널리 사용되는 pH 전극임

83
pH 측정 시 반드시 수행해야 하는 것은?
① 시약 희석
② 표준용액으로 교정
③ 고압멸균
④ 냉동 보관

교정
- pH 미터는 사용 전 표준용액으로 교정해야 정확도가 확보됨
- 보통 pH 4, 7, 10 용액으로 다점 교정함

84
pH 측정에 영향을 주는 요인이 아닌 것은?
① 온도   ② 이온 강도
③ 전극 상태   ④ 용액 색깔

영향 요인
- 온도, 이온강도, 전극 상태가 pH 측정에 영향을 줌
- 용액 색깔은 직접 관련 없음

85
pH 미터 사용 전 확인해야 할 것은?
① 전극 파손 여부   ② 배양 세포 종류
③ DNA 길이   ④ 광합성 효율

점검 사항
- 유리전극은 파손·오염 여부를 확인해야 함
- 전극 전해액 보충 여부도 중요함

86
pH는 바이오공정에서 주로 무엇과 관련 있는가?
① 배지 조성   ② 단백질 합성
③ 유전자 재조합   ④ 광합성 효율

pH 활용
- 배지 조성, 발효액 관리에서 pH 측정이 필수임
- 효소 활성 최적화에도 중요함

87
전극 교정 시 사용하는 용액은?
① 멸균수   ② 표준완충용액
③ 알칼리 시약   ④ 유기용매

교정 용액
- 표준완충용액을 사용해 pH 미터를 교정함
- 실험 전후 반드시 수행해야 함

정답 80 ① 81 ① 82 ② 83 ② 84 ④ 85 ① 86 ① 87 ②

88
pH 측정 시 고려해야 할 사항은?
① 전극 오염 제거   ② 장비 멸균 여부
③ 유전자 서열   ④ 세포 분열 단계

주의 사항
- 전극은 사용 전후 오염을 제거해 정확한 측정이 가능함
- 측정 후 전극은 보관액에 담가 유지해야 함

89
pH 측정 시 고온 용액을 바로 측정하면?
① 정확도 향상   ② 전극 손상
③ 오차 없음   ④ DNA 변성

고온 측정
- 고온 용액은 전극을 손상시킬 수 있어 냉각 후 측정함
- 급격한 온도 변화는 전극 수명을 단축시킴

90
분광광도계의 원리는?
① 빛의 흡수 측정   ② 압력 측정
③ 전류 측정   ④ 질량 측정

분광광도계
- 물질이 특정 파장에서 빛을 흡수하는 정도를 측정함
- 농도와 정량 분석에 활용됨

91
Beer-Lambert 법칙에서 $A = \varepsilon \cdot c \cdot l$, 여기서 c는?
① 농도   ② 흡광도
③ 경로 길이   ④ 몰흡광계수

법칙 해석
- c는 농도, l은 셀 길이, ε는 몰흡광계수를 의미함
- 흡광도는 농도에 비례함

92
DNA 농도 측정에 활용되는 파장은?
① 220 nm   ② 260 nm
③ 280 nm   ④ 320 nm

DNA 측정
- DNA는 260 nm에서 흡광을 보임
- 260/280 비율로 순도 확인 가능함

93
단백질 농도 측정에 주로 사용되는 파장은?
① 220 nm   ② 260 nm
③ 280 nm   ④ 320 nm

단백질 측정
- 단백질은 방향족 아미노산에 의해 280 nm에서 흡광됨
- DNA 오염 여부는 260/280 비율로 평가함

94
원심분리기의 원리는?
① 온도차   ② 밀도차
③ 압력차   ④ 전위차

원심분리
- 입자의 밀도차에 의해 분리되는 장치임
- 고속 회전에 따른 원심력으로 성분을 분리함

95
전기영동의 원리는?
① 크기와 전하 차이에 따른 이동
② 열에 의한 이동
③ 빛에 의한 분리
④ 압력에 의한 이동

전기영동
- 단백질 · 핵산을 전기장 속에서 크기와 전하에 따라 분리함
- SDS-PAGE, 아가로스 겔 전기영동이 대표적임

정답 88 ① 89 ② 90 ① 91 ① 92 ② 93 ③ 94 ② 95 ①

96
HPLC에서 이동상의 기능은?
① 시료 검출 ② 시료 운반
③ 시료 저장 ④ 시료 합성

▣ 이동상
- 이동상은 시료를 컬럼 내부로 운반하며 분리에 기여함
- 극성·조성 선택에 따라 분리 효율이 달라짐

97
HPLC의 주요 구성 요소가 아닌 것은?
① 펌프 ② 주입기
③ 컬럼 ④ 인큐베이터

▣ HPLC 구성
- 펌프, 주입기, 컬럼, 검출기로 이루어짐
- 인큐베이터는 세포 배양 장비임

98
HPLC 활용으로 옳지 않은 것은?
① 단백질 분석 ② 핵산 분석
③ 품질 시험 ④ 세포 융합 관찰

▣ HPLC 활용
- 혼합물의 분리·분석·순도 검사에 활용됨
- 세포 융합 관찰과는 무관함

99
UV-Vis 분광법의 장점은?
① 느리고 복잡함
② 신속·정확함
③ 고비용·고난도임
④ 세포 관찰 전용임

▣ UV-Vis 장점
- 분석이 빠르고 정확도가 높음
- DNA·RNA·단백질 분석에 널리 활용됨
- 비파괴적 측정이 가능하다는 장점이 있음

정답 96 ② 97 ④ 98 ④ 99 ②

02 생산 세포 준비

1 생산 세포 준비

① 균주 · 세포주 정의
  ㉠ 균주의 정의
  - **개념** : 균주는 특정 미생물을 순수 분리하여 동일 유전특성 · 대사 기능을 유지하는 집단으로 정의됨.
  - **기원** : 자연 환경 또는 공인 균주은행(KCTC, ATCC 등)에서 표준 균주가 분양되어 확보됨.
  - **특징** : 순수 배양 상태가 유지됨. 오염 · 이탈 확인 시 즉시 폐기 또는 재확립이 수행됨.
  - **의의** : 균주 안정성이 발효 · 항생제 · 효소 · 유기산 생산 공정 성패를 결정함.
  - **보존** : 글리세롤 스톡(15~25% v/v)으로 −80℃ 장기 보존이 수행됨. 동결건조로 운반 안정성이 확보됨.

  ㉡ 세포주의 정의
  - **개념** : 동물 · 식물 · 곤충 유래 세포를 in vitro에서 지속 배양해 확립된 세포 집단으로 규정됨.
  - **특징** : 동일 유전배경 · 형태학적 특성이 공유되고, 일정 배양 조건에서 안정 분열이 유지됨.
  - **유형** : 유한 세포주(분열 횟수 제한)와 무한 세포주(불멸화 · 텔로머라아제 활성)가 구분됨.
  - **확립** : 조직 채취 → 효소 처리 → 1차 배양 → 안정 계대가 가능해지면 세포주로 인정됨.
  - **관리** : CO_2 5% · 37℃(포유류), 혈청 · 성장인자 · 정확 pH · 삼투 조건에서 배양이 유지됨.

  ㉢ 균주와 세포주의 공통점
  - 연구 · 산업 공통 기반 자원으로 활용됨.
  - 유전적 안정성 · 순수성 확보가 필수로 관리됨.
  - 무균 조작이 필수 적용됨. 오염 발생 시 전 공정 무효화가 방지됨.
  - SOP 기반 관리 · 기록이 체계적으로 유지됨.

② 균주와 세포주의 차이
- 대상 : 균주는 주로 원핵(세균·방선균)·진균(효모·곰팡이), 세포주는 주로 진핵(동물·식물·곤충)으로 구분됨.
- 배양 : 균주는 비교적 단순 배지·조건에서 성장됨. 세포주는 혈청·CO_2·온도·pH 엄격 조건이 요구됨.
- 생산물 : 균주는 효소·항생제·유기산 중심, 세포주는 항체·백신·단백질 의약품·세포치료제가 생산됨.
- 성장 : 균주는 빠른 분열·고적응성이 나타남. 세포주는 분열 주기가 길고 관리 난도가 높음.

② 균주·세포주 종류
㉠ 균주의 종류
- 세균 : E. coli(K-12, BL21(DE3))가 발현·정제 플랫폼으로 사용됨. Bacillus subtilis가 분비형 단백질 생산에 활용됨. Lactobacillus spp.가 발효식품·프로바이오틱스로 적용됨.
- 곰팡이 : Aspergillus spp.가 유기산·효소 생산에 사용됨. Penicillium spp.가 항생제 생산의 기반이 됨.
- 효모 : Saccharomyces cerevisiae가 알코올 발효·제빵·재조합 발현에 적용됨. Pichia(=Komagataella) pastoris가 고효율 분비 발현에 활용됨.
- 방선균 : Streptomyces spp.가 항생제·면역억제제·항암제 등 2차 대사산물 생산에 핵심이 됨.
- 특성 : 내독소(Gram-negative) 관리·분비성·단백질 접힘 능력 차이가 공정 선택에 반영됨.

㉡ 세포주의 종류
- 동물 : CHO가 항체·Fc 융합단백 생산 표준으로 사용됨. HeLa가 암·분자생물학 연구에 활용됨. Hybridoma가 단클론항체 생산에 사용됨. Vero가 백신 생산에 적용됨.
- 식물 : BY-2 등에서 2차 대사산물·천연물 생산이 수행됨.
- 곤충 : Sf9/Sf21이 baculovirus 시스템으로 재조합 단백질 생산에 활용됨.
- 특성 : 당쇄 패턴·접힘·분비 경로 차이가 품질 속성(CQA)에 반영됨.

㉢ 비교 요약
- 균주는 고속 증식·저비용 대량 생산이 가능함. 세포주는 복잡 단백질·인간형 당쇄 재현성이 확보됨.
- 목적 제품·규제 요건에 따라 최적 숙주가 선택됨.

③ 세포은행 정의
  ㉠ 개념
    • 세포은행은 균주 · 세포주를 장기 안전 보관하고, 동일 특성 자원을 안정 공급하기 위한 체계로 정의됨.
    • GMP 체계에서 생산용 세포주 관리의 핵심 인프라로 운용됨.
  ㉡ 종류
    • MCB(Master Cell Bank) : 최초 확립 · 엄격 시험 후 동결 보존된 원본 집단으로 규정됨. 모든 생산은 MCB 유래로 한정됨.
    • WCB(Working Cell Bank) : MCB에서 파생되어 실제 생산 · 시험에 사용되는 세포 집단으로 운영됨. 사용 기간 · 계대 범위가 제한됨.
  ㉢ 구축 절차
    • 확보 → 특성 분석(형태 · 성장 · 유전 안정성) → 무균 · 미코플라스마 · 바이러스 오염 검사 → 동결 보존 → 코드 부여 · DB 기록 → 장기 보관으로 표준화됨.
    • SOP · 양식에 따라 전 공정 문서화가 유지됨.
  ㉣ 관리 특징
    • 보관 : 액체질소 −196℃(증기상 권장) 또는 −80℃ 초저온 보관이 적용됨.
    • 품질 : 정기 해동 샘플링으로 생존율 · 성장률 · 표적 발현 · 안정성이 검증됨.
    • 추적성 : 기원 · 계대 · 동결 · 해동 · 분배 이력이 전산으로 추적됨.
    • 보안 : 접근권한 · 감사 로그 · 이중 인증으로 무단 반출이 방지됨.
  ㉤ 중요성
    • 세포은행은 표준화 · 재현성을 보장함.
    • 동일 특성 자원을 장기 확보하여 연구 · 생산 신뢰성이 유지됨.
    • 국제 규제(FDA · EMA 등)에서 MCB · WCB 구축 · 검증이 요구됨.
  ㉥ 동결 · 해동 표준
    • 동결보호제 : DMSO 5~10%가 적용됨.
    • 동결 속도 : −1℃/분 속도로 서서히 냉각됨(컨트롤드 레이트 동결이 권장됨).
    • 해동 : 37℃ 수욕에서 신속 해동 후 단계적 희석 · 원심으로 DMSO가 제거됨.
    • 회복 : 24~48시간 안정화 후 생존율 · 오염 확인이 수행됨.
  ㉦ 품질시험 패널
    • 무균 · 미코플라스마 · 엔도톡신 시험이 수행됨.
    • 정체성(STR, isoenzyme) · 순도 · 안정성(계대 후 변이) · 생산성이 확인됨.
    • (바이럴벡터/포유류) 비의도성 바이러스 검사 · 잔류 DNA · 호스트 세포 단백질

(HCP) 한도가 관리됨.

ⓒ 문서 · 규제
- CoA/CoO, 배치기록 · 장비점검 · 교정기록이 유지됨.
- 변경관리 · 편차 · CAPA 체계로 지속 개선이 달성됨.
- 감사 대응을 위해 로트 간 동등성 · 검량선 · 검증 문서가 준비됨.

④ 균주 · 세포주 계대배양

㉠ 계대배양의 개념
- 계대배양(subculture)은 일정 밀도까지 증식한 균주 · 세포주 일부를 새로운 배지로 옮겨 배양을 지속하는 과정으로 정의됨.
- 세포 밀도가 한계에 도달하면 노화 · 변이 · 사멸이 발생하므로, 적절 시점에 계대배양이 수행되어야 함.
- 계대배양은 균주 · 세포주의 장기 활용 및 생산성 유지의 기본 기술임.

㉡ 균주의 계대배양
- 세균 : 액체배지 · 고체배지 집락을 새 배지로 옮겨 성장 주기를 이어감.
- 효모 : 성장 곡선을 모니터링하여 대수기(log phase) 세포를 새 배지로 이식함.
- 곰팡이 : 포자 형성 또는 균사 절취 후 새 배지에 접종함.
- 관리 포인트 : 과도한 계대 반복은 변이 · 생산성 저하를 유발하므로, 마스터 균주에서 파생된 워킹 균주만 사용하고 계대 횟수를 제한함.

㉢ 세포주의 계대배양
- **부착 세포** : 트립신 등 효소 처리로 부착 세포를 분리하여 새 용기에 옮김.
- **부유 세포** : 원심분리 후 새 배지에 재현탁하여 배양을 이어감.
- **계대 시기** : 세포 밀집도 70~80%일 때 계대하는 것이 표준임.
- **관리 포인트** : 세포 형태 · 성장 곡선 · 생존율 등을 확인 후 계대 여부가 결정됨.

㉣ 계대배양 절차의 원칙
- 무균 조작 하에서 세포를 분리 · 접종함.
- 계대 횟수를 철저히 기록 · 관리하여 특성을 유지함.
- MCB에서 주기적으로 새 WCB를 확립해 변이 축적을 방지함.
- 계대 과정은 SOP에 따라 기록 · 관리되어야 함.

㉤ 계대배양에서의 문제점
- 유전적 변이 : 반복 계대로 돌연변이가 축적됨.
- 오염 : 세균 · 곰팡이 · 마이코플라스마 오염 발생 시 전체 배양이 무효화됨.
- 생산성 저하 : 장기 계대로 대사산물 생산 효율이 감소함.

- 노화 : 유한 세포주는 일정 분열 횟수 후 노화되어 성장이 정지됨.

ⓑ 계대배양의 산업적 중요성
- 안정적 계대 관리가 생산 안정성·재현성 확보의 핵심임.
- 항체·단백질 의약품·효소·발효산물 대량 생산은 안정 계대 기술에 의존함.
- GMP 규정에서 계대 횟수 제한, 특성 검증, 보관 시스템 운영이 필수적으로 요구됨.
- 계대 관리 실패는 연구 실패·생산 차질·품질 저하로 직결됨.

⑤ 균주·세포주의 무균조작

ⓐ 무균조작의 개념
- 무균조작(aseptic technique)은 외부 미생물 오염 차단 및 순수성·안정성 유지를 위해 수행되는 조작법으로 정의됨.
- 무균조작은 연구·산업 생산·의약품 제조·세포 치료제 개발 등 모든 바이오공정에서 필수 기본 기술임.

ⓑ 무균조작의 원칙
- 멸균된 기구·시약·배지를 사용함.
- 무균 작업대(클린벤치·생물안전작업대) 내부에서 작업함.
- 공기·손·기구 접촉에 의한 오염 가능성을 최소화함.
- 모든 과정은 SOP에 따라 일관되게 수행됨.

ⓒ 멸균·소독 방법
- 고온 멸균 : 오토클레이브 121℃·15 psi·15~20분 처리.
- 건열 멸균 : 160~180℃에서 일정 시간 처리.
- 여과 멸균 : 0.22 μm 필터로 열 민감성 용액 멸균.
- 화학 소독 : 70% 에탄올·차아염소산나트륨·포름알데히드 사용.
- 자외선 살균 : DNA 파괴로 공간 내 미생물 오염을 줄임.

ⓓ 무균 작업 절차
- 작업 전·후 작업대를 에탄올로 소독·UV 조사함.
- 멸균 장갑·가운 착용, 기구는 화염 멸균 후 사용함.
- 배양기구는 가능한 짧은 시간만 개방함.
- 조작 중 불필요한 말·움직임을 최소화함.
- 배양실은 청정 상태로 유지하고 출입을 제한함.

ⓜ 균주 무균조작 특징
- 성장 속도가 빨라 오염 발생 시 다른 균주를 압도함.
- 접종 루프 · 시험관 · 페트리 접시는 멸균 상태가 유지됨.
- 균주별 전용 기구 사용으로 교차 오염을 방지함.

ⓑ 세포주 무균조작 특징
- 세포주는 미코플라스마 · 곰팡이에 민감함.
- 부착 세포는 트립신 처리 · 원심분리 · 배지 교환 과정이 무균으로 이루어져야 함.
- 항생제는 보조적 수단일 뿐 근본적 대책은 아님.
- CO_2 인큐베이터도 주기 소독이 필요함.

ⓢ 무균조작 실패의 결과
- 세포 성장 저해 · 배양액 혼탁 · 대사산물 비정상 축적이 발생됨.
- 오염 세포주는 연구 왜곡 · 제품 품질 저하 · 안전성 문제를 초래함.
- 오염 발생 시 즉시 폐기 · 멸균 후 새 배양을 시작해야 함.

ⓞ 산업적 중요성
- GMP 생산 시설 기본 원칙으로 모든 제조용 세포주 관리의 출발점임.
- 백신 · 단백질 의약품 · 세포 치료제는 무균 조건에서만 품질이 보장됨.
- 무균조작 실패는 생산 차질 · 경제적 손실 · 품질 불량으로 이어짐.
- 따라서 무균조작은 연구 신뢰성과 산업 생산성을 보장하는 핵심 기술임

⑥ 제조용 세포주 정의

㉠ 제조용 세포주의 개념
- 제조용 세포주(production cell line)는 단백질 · 항체 · 백신 · 효소 등 생물의약품을 대량 생산하기 위해 확립 · 최적화된 세포 집단으로 정의됨.
- 연구용 세포주와 달리, 장기 · 대량 배양에서도 안정적인 생산성이 보장되어야 함.
- 제조용 세포주는 FDA, EMA 등 국제 규제기관의 가이드라인에 따라 관리 · 검증됨.

㉡ 제조용 세포주의 특징
- 유전적 안정성 : 도입 유전자가 장기간 안정 발현됨.
- 생산성 : 목적 단백질 · 항체가 고수율로 생산됨.
- 배양 적합성 : 부유 배양이 가능해 대형 발효기 운용에 적합함.
- 안전성 : 병원성이 없고, 잠재 오염 인자(바이러스 · 마이코플라즈마 등)가 제거됨.
- 재현성 : 동일 조건에서 항상 동일 품질의 결과가 확보됨.
- 품질 속성(CQA, Critical Quality Attributes) : 당쇄 패턴, 단백질 접힘, 불순물 수준 등이 규제에서 핵심 관리 항목으로 요구됨.

ⓒ 대표적 제조용 세포주
- CHO 세포주(Chinese Hamster Ovary cell line)
  ▸ 재조합 단백질 · 항체 생산에 가장 널리 활용됨.
  ▸ 빠른 성장, 높은 생산성, 인간 유사 당쇄 패턴 형성이 장점임.

- 하이브리도마 세포주(Hybridoma)
  ▸ 단일클론항체(monoclonal antibody) 생산 목적.
  ▸ 형질세포와 암세포 융합으로 확립됨.

- HEK293 세포주(Human Embryonic Kidney)
  ▸ 인간 배아 신장 유래.
  ▸ 바이러스 벡터 생산 및 단백질 발현 연구에 활용됨.

- Vero 세포주
  ▸ 원숭이 신장 유래.
  ▸ 백신 생산(소아마비 · 홍역 · 코로나 백신 등)에 사용됨.

ⓔ 제조용 세포주 확립 과정
- 목적 유전자 도입(플라스미드 · 바이러스 벡터) → 발현 세포주 선별 → 고생산성 클론 선택 → 안정성 시험 → 마스터 세포은행(MCB) 확립으로 이어짐.
- 전 과정은 무균 상태에서 수행되며, SOP와 GMP 기준에 따라 문서화 · 검증됨.
- 최종 확립된 세포주는 동결 보존되어 필요 시 WCB로 분양됨.
- 공정 적합성(PPQ, Process Performance Qualification) : 확립된 세포주 기반 공정이 일관된 성능을 발휘하는지를 생산 단계에서 검증해야 함.

ⓜ 제조용 세포주의 관리
- 계대 횟수 · 배양 조건을 엄격히 제한하여 변이 축적이 방지됨.
- 생산성 · 유전 안정성 · 오염 여부를 주기적으로 시험함.
- SOP · GMP 문서화 원칙에 따라 전 과정이 관리됨.
- MCB · WCB 체계를 통해 장기 보관 · 재현성이 확보됨.
- 국제 가이드라인 : ICH Q5D(세포주 기원 · 특성), Q5B(발현 제품 특성) 준수가 요구되며, 규제기관 심사 시 주요 기준으로 활용됨.

ⓗ 제조용 세포주의 중요성
- 제조용 세포주는 의약품 생산의 출발점으로, 세포주 특성이 제품 품질을 직접 좌우함.
- 글로벌 바이오의약품의 대부분은 CHO 세포주 기반 생산에 의존함.
- 세포주 관리 실패는 생산 차질 · 품질 불량 · 규제 불승인으로 직결됨.

- 바이오시밀러 개발에서는 오리지널 의약품과 동일한 세포주 또는 동일 특성을 가진 세포주를 사용하는지가 규제 평가의 핵심 요소임.

⑦ 원·부재료 관리
  ㉠ 원·부재료 관리의 개념
  - 원재료(raw materials)와 부재료(supplies)는 세포 배양 및 생산 공정에 투입되는 모든 물질·자원을 의미함.
  - 원재료는 세포 배양 배지, 혈청, 성장 인자, 버퍼, 가스, 용수 등 세포 성장에 직접적으로 관여하는 물질임.
  - 부재료는 배양기구, 플라스틱 소모품, 시약, 멸균 기구, 소독제 등 생산 환경 유지에 필요한 자원을 포함함.
  - 원·부재료 관리는 GMP 규정에서 품질 보증의 핵심 요소로 규정됨.

  ㉡ 원·부재료 관리 원칙
  - 원·부재료는 구매·검수·보관·사용·폐기의 전 과정에서 관리됨.
  - 공급업체는 GMP 인증을 받은 신뢰성 있는 곳에서 선정되어야 함.
  - 입고 시 외관 검사, 라벨 확인, 이물·파손 여부가 점검됨.
  - 각 자재는 고유 로트번호(Lot No.)와 유효기간이 기록·관리되어 추적성이 확보됨.

  ㉢ 원재료의 관리
  - 배지(media) : 포도당·아미노산·무기염·비타민 등이 포함되어야 하며, 멸균 상태로 보관·사용됨.
  - 혈청(serum) : 로트 간 변동성이 크므로 사용 전 사전 시험(validation)이 필요함.
  - 첨가제(additives) : 성장 인자, 호르몬, 항생제 등은 농도·안정성이 확인되어야 함.
  - 가스(gas) : CO_2·O_2·N_2는 인큐베이터에 공급되며, 순도와 압력이 관리됨.
  - 용수(water) : 정제수(PW), 주사용수(WFI)는 세포 배양·기기 세척에 사용되며, 미생물·엔도톡신 시험을 통과해야 함.
  - 품질 속성(CQA) : 배지·혈청·첨가제의 순도·안정성이 세포 성장과 최종 제품 품질의 핵심 속성으로 관리됨.

  ㉣ 부재료의 관리
  - 기구·소모품 : 배양 플라스크, 피펫, 멸균 필터, 튜브 등은 멸균 상태로 공급되어야 함.
  - 시약(reagents) : 분석용 시약·염색제·완충액 등은 순도·유효기간이 철저히 관리됨.
  - 살균·소독제 : 작업대·바이오리액터·배양기 소독에 사용되며, 농도·접촉 시간이 준수되어야 함.
  - 보관 환경 : 냉장(2~8℃), 냉동(-20℃, -80℃), 상온 등 자재별 권장 조건에 따라 구

분 · 보관됨.
- 국제 가이드라인(ICH Q7, Q9 적용) : 시험시약 · 부재료도 품질관리 체계에 포함되어 규제 준수가 요구됨.

ⓜ 원 · 부재료 관리 절차
- 구매 : 승인된 공급업체 목록에 따라 구매가 이루어짐.
- 검수 : 입고 시 성상 · pH · 오스몰랄리티 · 미생물 시험 등 품질 시험이 수행됨.
- 보관 : 전용 창고 · 냉장고 · 냉동고에서 보관되며, 온도 · 습도 기록이 유지됨.
- 사용 : 작업 전 QC release를 거쳐야 하며, 로트번호가 배치기록에 기록됨.
- 폐기 : 유효기간 경과 · 시험 불합격 자재는 SOP에 따라 안전하게 폐기됨.
- 공정 적합성(PPQ) : 원 · 부재료 공급망 · 로트 변경 시, 공정 성능이 동일하게 유지되는지 확인이 필요함.

ⓑ 원 · 부재료 관리의 중요성
- 세포 배양 공정에서 원재료 변동성은 성장 · 생산성에 직접적 영향을 줌.
- 특히 혈청 · 배지 · 가스 순도의 변화는 배양 실패 · 제품 품질 불량으로 이어짐.
- 체계적 관리 없이는 생산 공정의 일관성 · 재현성이 확보되지 않음.
- GMP 감사에서 원 · 부재료 관리 부실은 즉시 불합격 판정을 초래함.
- 바이오시밀러 개발 : 원재료 · 부재료의 동일성 · 동등성이 규제 평가의 핵심 검증 요소로 요구됨.

ⓢ 산업적 적용 사례
- 단백질 의약품 생산 : CHO 세포주 기반 항체 생산에서 배지 조성 최적화가 수율의 핵심 요인임.
- 백신 제조 : Vero 세포주 배양 시 혈청 · 성장 인자의 품질이 생산 성공률에 직결됨.
- 발효 산업 : 효모 · 세균 발효 과정에서 원재료의 순도 · 로트 간 일관성이 발효 산물 품질을 결정함.
- 국제 적용 사례 : FDA · EMA 심사에서는 배지 · 혈청 로트 변경이 제품 품질(CQA)에 미치는 영향이 반드시 평가됨.

2 생산 세포 보관

① 균주 · 세포주 보관방법

　㉠ 보관의 목적
- 균주와 세포주는 장기간 동일한 특성과 생산성을 유지해야 하므로 적절한 보관법이 필수임.
- 보관은 오염 방지 · 변이 억제 · 생산성 유지 · 추적성 확보를 목표로 함.
- 보관 방법은 생물 종류(세균 · 곰팡이 · 효모 · 동물세포)와 목적(연구용 · 제조용)에 따라 달라짐.

　㉡ 단기 보관 방법
- 세균 · 효모 : 고체배지에 도말 후 냉장(4℃) 보관 → 수 주~수 개월 사용 가능.
- 곰팡이 : 균사를 멸균수 · 광유에 현탁하여 냉장 보관.
- 동물세포 : 2D 배양 상태에서 계대 배양으로 유지하나, 변이 · 노화 위험이 있어 제한적임.
- 단기 보관은 실험 연속성 확보에는 적합하나 장기간 보존에는 부적합함.

　㉢ 중기 보관 방법
- 세균 · 효모 : 멸균 글리세롤 첨가 후 −20℃ 초저온 냉동 보관 → 수 개월~1년 사용 가능.
- 곰팡이 : 포자 수집 후 냉동 보관 또는 멸균 건조 처리 후 냉장 보관.
- 동물세포 : −80℃ 초저온 냉동고 보관 가능하나, 장기간 보존 시 생존율이 저하됨.
- 중기 보관은 간단하나, 세포 특성이 일정 부분 손상될 수 있음.

　㉣ 장기 보관 방법
- 액체질소 보관(−196℃) : 세포 대사활동이 완전히 중단되어 수십 년간 특성 유지 가능.
- 동결건조(lyophilization) : 세균 · 곰팡이를 건조 분말로 보관하여 수십 년간 안정적 보존 가능.
- 마스터 · 워킹 세포은행 체계 : 제조용 세포주는 MCB · WCB 시스템으로 장기 안정성 · 재현성을 확보함.
- 장기 보관은 GMP 시설에서 엄격히 관리되며, 정기적으로 샘플을 해동해 특성을 검증해야 함.

　㉤ 보관 시 유의 사항
- 동결 전 보호제(DMSO, 글리세롤)를 첨가하여 얼음 결정 형성으로 인한 손상을 방지해야 함.
- 보관 용기는 멸균 상태여야 하며, 라벨(세포주명 · 로트번호 · 계대번호 · 보관일자)을 철저히 기재해야 함.

- 보관 환경(온도·습도·질소액 위치 등)은 정기적으로 점검·기록해야 함.
- 보관 시료는 여러 바이얼에 분리 보관하여 사고 발생 시 전체 손실을 방지해야 함.
- 국제 가이드라인(ICH Q5D) : 세포주 기원·특성·보관 방법에 대한 규제가 명확히 제시됨.

ⓗ 보관 방법의 산업적 의의
- 안정적 보관은 연구 재현성과 의약품 생산의 일관성을 보장함.
- 장기 보관된 세포주는 동일 특성을 유지한 상태로 대량 생산 공정 반복이 가능함.
- 국제 규제기관은 의약품 생산 시 세포은행(MCB·WCB) 확립과 장기 보관 체계를 필수 조건으로 요구함.
- 보관 실패는 연구 불일치·제품 품질 저하·생산 차질로 이어질 수 있음.

② 균주·세포주 냉동 사용 물질
㉠ 냉동 보관의 필요성
- 균주·세포주는 장기간 동일 특성과 생산성을 유지해야 하므로 대사활동을 정지시킨 상태로 보관됨.
- 냉동 시 세포 내·외부에 얼음 결정이 형성되면 세포막 파괴·단백질 변성·대사 손상이 발생함.
- 이를 방지하기 위해 냉동 보호제(cryoprotectant)와 보조 물질이 사용됨.

㉡ 주요 냉동 보호제(cryoprotectant)
- DMSO(Dimethyl sulfoxide, 디메틸설폭사이드)
  ‣ 가장 널리 사용되는 보호제. 세포막을 투과하여 세포 내 수분을 치환. 얼음 결정 형성을 억제함.
  ‣ 최종 0농도 5~10% 사용, 독성이 있어 해동 후 즉시 제거해야 함.

- 글리세롤(Glycerol)
  ‣ 삼투압을 조절하고 얼음 결정 생성을 억제함.
  ‣ 주로 세균·효모·곰팡이 보존에 사용, 최종 농도 10~20%임.

- 에틸렌글리콜(Ethylene glycol)
  ‣ 동결 속도가 빠른 경우 효과적, 일부 동물세포·배아 보존에 사용됨.

- 프로필렌글리콜(Propylene glycol)
  ‣ 포유류 배아·정자·난자 보존에 사용, 투과성이 높아 동결 속도를 완화함.

㉢ 보조 물질
- 혈청(serum) : 동물세포 냉동 시 첨가 → 세포막 안정화·성장인자 공급·삼투압 조절.

- 당류(Sucrose, Trehalose 등) : 세포 외부에서 삼투압 조절·막 단백질 안정화·건조 내성 강화.
- 고분자 물질(Polyvinylpyrrolidone, Hydroxyethyl starch 등) : 세포 외부에서 얼음 결정 형성 억제, 삼투 환경 조절.
- 항산화제(Ascorbic acid, Glutathione 등) : 냉동·해동 중 발생하는 산화 스트레스 완화.

ㄹ) 사용 원칙
- 세포 종류·특성에 따라 적합한 냉동 보호제를 선택해야 함.
  (예 동물세포 → DMSO, 미생물 → 글리세롤)
- 농도가 과도하면 세포 독성을 유발하므로 최적 범위를 준수해야 함.
- 냉각 속도는 −1℃/분으로 점진적 동결이 표준이며, 해동은 37℃ 수조에서 신속히 진행해야 함.
- 공정 적합성(PPQ) : 냉동 보호제 종류·농도 변경 시 생산 공정에서 세포 생존율이 동일하게 유지되는지 검증해야 함.

ㅁ) 산업적 중요성
- 냉동 사용 물질은 세포은행(MCB·WCB) 체계의 핵심 요소로, 장기 보관 성공 여부를 좌우함.
- 적절한 보호제 없이는 세포 생존율이 급격히 낮아져 연구·생산이 불가능함.
- 바이오의약품·백신·세포치료제 생산에서 세포주 품질과 직결되는 필수 관리 항목임.
- 바이오시밀러 개발 : 오리지널과 동일한 냉동 보관 체계·보호제 사용 여부가 규제 평가 요소로 반영됨.

③ 균주·세포주 동결보존 기술
ㄱ) 동결보존의 개념
- 동결보존(cryopreservation)은 세포를 극저온 상태로 보관하여 대사활동을 정지시키고, 장기간 동일한 특성과 기능을 유지하는 기술로 정의됨.
- 일반적으로 −80℃ 초저온 냉동고 또는 액체질소(−196℃)가 사용되며, 세포주·균주 보존의 표준 기술임.
- 동결보존은 연구용 자원 안정성뿐 아니라 단백질 의약품·백신·효소 등 산업 생산의 일관성을 보장하는 핵심 관리 기술임.
- 국제 가이드라인(ICH Q5D) : 세포주 기원·특성과 함께 동결보존 방식이 규제 요건으로 관리됨.

ⓒ 동결보존의 기본 원리
- 세포 내 수분이 얼음 결정으로 형성되면 세포막·소기관이 파괴됨.
- 냉동 보호제(DMSO·글리세롤 등)는 세포 내·외 삼투압을 조절하고 얼음 결정 생성을 억제함.
- 냉각 속도는 −1℃/분 정도로 서서히 낮추어 세포 탈수를 유도하는 것이 표준임.
- 해동은 37℃ 수조에서 빠르게 진행하여 얼음 결정 재형성을 방지해야 함.

ⓒ 동결보존 절차
- 세포 준비 : 대수기(log phase)의 건강한 세포를 수집 후 원심분리하여 배양액 제거.
- 동결액 조성 : 배지 + 혈청 + 냉동 보호제(DMSO 5~10% 또는 글리세롤 10~20%)로 현탁.
- 분주 : 멸균 바이얼에 일정 농도로 분주.
- 냉각 : 프로그램 동결기 또는 서서히 냉각 장치로 −80℃까지 점진적 냉각.
- 보관 : 장기 보존은 액체질소 탱크(−196℃)에 저장.
- 해동 : 사용 시 37℃ 수조에서 신속히 해동 후 보호제를 제거하고 신선한 배지로 회수.
- 공정 적합성(PPQ) : 동결보존·해동 과정이 일관된 성능을 발휘하는지 검증되어야 함.

② 균주 동결보존 기술
- 세균·효모 : 글리세롤 10~20% 첨가 후 −80℃ 또는 액체질소 보존.
- 곰팡이 : 포자 수집 후 동결 보존하거나 동결건조 방식으로 수십 년 보관 가능.
- 방선균 : 항생제 생산 균주는 장기 안정성을 위해 액체질소 보존 권장.

ⓜ 세포주 동결보존 기술
- 동물세포 : DMSO 5~10% 첨가 후 −196℃ 액체질소 보관.
- 줄기세포 : 분화능 유지 검증을 위해 동결·해동 후 특성 평가 필수.
- 하이브리도마 세포주 : 항체 생산 안정성을 위해 MCB 체계로 동결 보존.
- CQA(Critical Quality Attributes) : 동결보존된 세포주의 생존율·분화능·항체 생산성은 규제 평가의 핵심 속성으로 관리됨.

ⓑ 동결보존 시 고려 사항
- 세포 밀도 : 너무 낮으면 회수율 저하, 너무 높으면 영양 부족·괴사 발생.
- 보호제 독성 : DMSO는 해동 직후 신속 제거 필요.
- 오염 방지 : 멸균 상태에서 작업, 오염 샘플은 즉시 폐기.
- 기록 관리 : 세포명·계대번호·동결일자·동결액 조성·로트번호 등을 철저히 기록.
- 바이오시밀러 개발 : 오리지널 의약품과 동일한 동결보존 조건·기술을 사용하는지가 규제기관 심사에서 핵심 검증 요소임.

Ⓐ 산업적 중요성
- 동결보존 기술은 세포은행(MCB · WCB) 운영의 필수 요소이며, GMP 규정의 핵심 관리 항목임.
- 동일 특성을 유지하는 세포주 확보는 단백질 의약품 · 백신의 품질 보증과 직결됨.
- 동결보존 실패는 연구 불일치 · 생산 차질 · 경제적 손실을 초래함.
- 따라서 동결보존은 단순 실험 기술이 아니라 바이오산업 품질 · 안전성 확보의 기반 기술임.

④ 균주 · 세포주 해동기술
  ㉠ 해동기술의 개념
  - 해동기술(thawing technique)은 동결보존 세포를 손상 없이 회복시켜 정상 성장 · 대사를 재개하게 하는 기술로 정의됨.
  - 해동 과정은 동결보존만큼 중요하며, 부적절한 해동은 세포 손상 · 생존율 저하 · 변이를 초래함.

  ㉡ 해동의 기본 원리
  - 냉동 세포 내외 수분이 얼음 결정으로 재형성되면 세포막 · 소기관이 파괴됨.
  - 이를 방지하기 위해 빠른 해동(rapid thawing)이 필수적임.
  - 일반적으로 37℃ 수조에서 신속 해동하여 얼음 결정 재형성을 최소화함.
  - 해동 직후 냉동 보호제(DMSO · 글리세롤 등)를 제거해야 세포 생존율이 유지됨.

  ㉢ 균주의 해동기술
  - 세균 · 효모 : 37℃ 수조에서 신속 해동 후 즉시 배지에 접종.
    ▸ 글리세롤 포함 보존액은 희석 · 세척으로 제거 가능.
  - 곰팡이 : 포자 보존 시 해동 후 직접 배지 접종 → 발아 · 성장 유도.
    ▸ 균사체 보존 시 일부 손상 가능, 포자 보존 방식이 더 선호됨.

  ㉣ 세포주의 해동기술
  - 일반 세포주 : 액체질소에서 꺼낸 바이얼을 37℃ 수조에 1~2분간 신속 해동.
    ▸ 해동 직후 원심분리하여 DMSO 제거 후 신선한 배지에 재부유.
  - 부착 세포주 : 해동 후 플라스크에 접종 → 12~24시간 부착 후 배지 교환.
  - 부유 세포주 : 해동 직후 신선 배지에 재현탁, 세포 밀도 조정 후 배양.
  - 줄기세포 : 해동 후 분화능 · 자기재생능 유지 여부를 반드시 검증.
  - 하이브리도마 세포주 : 해동 초기 단계에서 항체 생산성 검증 필요.
  - PPQ(Process Performance Qualification) : 해동된 세포가 공정 내 동일 성능을

발휘하는지 검증하는 절차가 요구됨.
- ⓜ 해동 과정의 주의 사항
  - 해동 속도는 반드시 빠르게 진행해야 함(서서히 해동 시 얼음 결정 재형성).
  - 보호제를 제거하지 않으면 DMSO · 글리세롤 독성으로 세포 손상 가속화.
  - 해동 후 초기 24시간은 회복 기간 → pH · 온도 · CO_2 조건 안정 유지 필요.
  - 세포 밀도가 지나치게 낮으면 부착 실패 · 생존율 저하 발생 → 적정 밀도 확보 필수.
- ⓗ 해동기술의 산업적 의의
  - 해동은 세포은행(MCB · WCB) 운영에서 장기 보존 세포를 실제 생산 공정에 투입하는 핵심 단계임.
  - 해동 실패는 생산 지연 · 품질 저하 · 경제적 손실로 직결됨.
  - 국제 규제기관(FDA · EMA 등)은 세포 해동 절차에 대한 SOP와 기록 관리 · 검증 시험을 의무화함.
  - 따라서 해동기술은 연구 신뢰성과 바이오산업 생산성을 동시에 보장하는 핵심 요소임.

⑤ 세포주 오염 측정방법
- ㉠ 세포주 오염의 개념
  - 세포주 오염(contamination)은 배양 과정에서 원래 세포 외 다른 미생물 · 세포 · 화학물질이 혼입되어 정상 성장 · 기능이 방해된 상태로 정의됨.
  - 오염은 배양 실패 · 연구 결과 왜곡 · 생산성 저하 · 제품 안전성 문제를 초래하므로 조기 검출 · 측정이 필수임.
  - 품질 속성(CQA) 관점에서 오염도는 비의도성 미생물 · 세포 유래 불순물 수준으로 관리됨.
- ㉡ 오염의 종류
  - **미생물 오염** : 세균 · 곰팡이 · 효모가 혼탁 · pH 변동 · 세포 손상을 유발함.
  - **마이코플라즈마 오염** : 현미경 식별이 어려우며 DNA 합성 저해 · 성장 저하 · 유전자 발현 왜곡이 유발됨.
  - **교차 오염**(cross-contamination) : 타 세포주 혼입으로 정체성 상실이 발생됨.
  - **화학적 오염** : 불순물 · 독성 시약 · 항생제 잔류물이 대사에 영향을 미침.
  - **규제 연계**(ICH Q5D) : 세포 기원 · 특성 문서에 오염 부재 확인 결과가 포함됨.
- ㉢ 세포주 오염 측정 방법
  - **현미경 관찰** : 위상차 현미경으로 혼탁 · 형태 변화 · 균사 · 포자가 관찰됨.
  - **배양법**(culture) : 선택 · 비선택 배지 접종으로 세균 · 곰팡이 존재가 확인됨.
  - **분자진단** : PCR/qPCR로 마이코플라즈마 DNA가 검출됨.

- 형광염색 : Hoechst 33258, DAPI로 핵산을 염색하여 마이코플라즈마가 확인됨.
- 효소면역법(ELISA) : 특정 항원·항체 반응으로 오염 미생물이 검출됨.
- 세포대사 측정 : pH·용존산소·영양분 소모·대사산물 축적이 지표로 활용됨.
- 유전자 분석 : STR 프로파일링으로 교차 오염 여부가 확인됨.
- 데이터 무결성(21 CFR Part 11) : 전자기록·전자서명으로 시험 데이터의 추적성이 보장됨.

② 오염 측정 절차
- 정기 검사 : 세포은행·연구실은 1~3개월 주기로 오염 검사가 수행됨.
- 다단계 확인 : 현미경·배양·PCR을 병행하여 위음성·위양성이 최소화됨.
- 격리·봉쇄 : 의심 배양은 즉시 격리되고, 구역별 동선 분리가 유지됨.
- 기록 관리 : 검사 계획·방법·결과가 GMP 문서 원칙에 따라 기록·보관됨.
- PPQ 연계 : 상업 생산 공정은 무오염 상태를 유지함을 성능 적격성 평가로 입증함.

⑩ 오염 측정 시 주의 사항
- 샘플 채취는 무균 조작이 준수되어 신뢰성이 보장됨.
- 방법 조합은 민감도·특이도를 고려하여 설계됨.
- 오염이 검출되면 해당 세포주는 즉시 폐기되고, 원인 분석·재발 방지(CAPA)가 시행됨.
- 방오 전략 : HEPA·차압·청정도·작업자 훈련·입실 가운 체계가 사전 예방에 기여함.

⑭ 산업적 중요성
- 세포주 오염 측정은 연구 신뢰성과 산업 생산 품질 보증에 직결됨.
- 마이코플라즈마 오염은 산업용 세포주의 주요 리스크로 생산 차질·대규모 손실이 유발됨.
- 규제기관(FDA/EMA)은 승인 과정에서 오염 시험 결과·빈도·방법의 타당성을 요구함.
- 바이오시밀러 개발에서는 오리지널과 동등 수준의 오염 관리 체계가 평가 포인트로 검증됨.

⑥ 균주·세포주 보관기기 작동법
㉠ 보관기기의 개념
- 보관기기는 세포를 일정 온도·환경에서 장기간 안정 보존하기 위한 장비로 정의됨.
- 대표 기기는 초저온 냉동고(-80℃), 액체질소 탱크(-196℃), 동결건조기, 냉장고(2~8℃)가 포함됨.
- 정확한 작동법·정기 점검이 보존 성공률과 직결됨.

- 설치 · 적격성(IQ/OQ/PQ) : 설치 · 운전 · 성능 적격성이 단계별로 검증됨.

ⓛ 초저온 냉동고(-80℃)
- 용도 : 균주 · 세포주 중장기 보관에 사용됨.
- 작동

  ▸ 내부 온도 -80℃ 설정 후 자동 온도 기록계로 모니터링이 유지됨.
  ▸ 시료는 전용 랙 · 박스에 라벨링 후 보관됨.
  ▸ 도어 개폐 최소화로 온도 변동이 억제됨.

- 점검 : 냉매 · 압축기 상태, 경보 시스템, 도어 패킹 밀폐가 정기 확인됨.
- 데이터 무결성 : 온도 기록은 변경 이력 · 감사 추적으로 보호됨.

ⓒ 액체질소 탱크(-196℃)
- 용도 : 장기 보관 표준 장비로 대사활동이 완전 정지되어 특성이 유지됨.
- 작동

  ▸ 크라이오바이얼에 시료를 분주하고 보호제(DMSO · 글리세롤 등)를 첨가함.
  ▸ 시료는 캐니스터 · 래킹에 넣어 기화상(vapor phase) 보관이 우선 적용됨.
  ▸ 액체질소 레벨이 주기 확인 · 보충됨.

- 점검 : 질소 누출, 안전 밸브, 산소 농도 모니터링(질식 예방), 개인보호구 착용이 확인됨.
- 위험관리(ICH Q9) : 산소 결핍 알람 · 환기 · 교육이 위험 완화에 적용됨.

ⓔ 동결건조기(lyophilizer)
- 용도 : 세균 · 곰팡이 균주를 건조로 보존하여 상온/냉장에서 장기 안정성이 확보됨.
- 작동

  ▸ 시료 동결 후 진공 상태에서 수분이 승화 건조됨.
  ▸ 건조 후 바이알을 밀봉하여 습기 · 산소 유입이 차단됨.

- 점검 : 진공 펌프 · 냉각 코일 · 온도 · 압력 기록 시스템이 정기 확인됨.
- 공정 적격성(PPQ) : 건조 사이클이 일관된 수분 함량 · 활성 회복률을 재현함이 입증됨.

ⓜ 냉장고(2~8℃)
- 용도 : 단기 보관에 사용됨(배지 · 시약 · 일부 균주).
- 작동

  ▸ 내부 온도 2~8℃ 유지, 전용 용기로 분리 보관되어 교차 오염이 방지됨.
  ▸ 온도 기록계로 24시간 모니터링이 수행됨.

- 점검 : 센서 · 알람, 내부 청결, 도어 개폐 최소화가 관리됨.

ⓑ 보관기기 공통 관리 사항
- 모든 기기는 SOP에 따라 운용됨.
- 정전·냉각 불량 등 비상 상황에 대비해 백업 전원·예비 장비가 확보됨.
- 점검·보수 내역은 GMP 문서화 원칙으로 기록·보관됨.
- 시료는 로트번호·보관 위치·보관일자·계대번호가 라벨링되어 추적성이 확보됨.
- 주기 교정·온도 맵핑으로 실제 보관 구획의 균일성이 검증됨.
- 컴플라이언스 : 알람 시험, 21 CFR Part 11 준수 전자기록, 변경관리·편차·CAPA가 운용됨.

ⓐ 산업적 중요성
- 보관기기 정확 운용은 세포은행(MCB/WCB) 운영의 기본 조건임.
- 기기 오류는 전량 손실·연구 차질·생산 중단 등 막대한 손실로 이어짐.
- 규제기관은 기기 관리·검증·데이터 무결성을 GMP 필수 항목으로 요구함.
- 바이오시밀러에서는 원제와 동등 수준의 보관 설비·모니터링·알람 체계가 동등성 평가의 근거로 제시됨.

핵심유형익히기

01
균주의 정의로 옳은 것은?
① 자연에서 분리된 모든 미생물
② 순수 분리해 동일 특성을 유지하는 집단
③ 임의 혼합된 세포군
④ 변이가 축적된 불안정 집단

균주 정의
- 특정 미생물을 순수 분리해 동일 특성 유지
- 유전·대사 기능 안정성이 핵심
- 오염 시 즉시 폐기·재확립

02
균주의 기원을 올바르게 설명한 것은?
① 실험실에서 임의 발생
② 공인 균주은행 또는 자연 환경
③ 상업용 배지 제조사
④ 혈액 보관소

균주 기원
- 자연 환경 또는 KCTC·ATCC 등 공인 균주은행
- 표준 균주 분양을 통해 확보
- 출처와 특성이 명확히 기록됨

03
균주의 장기 보존 방법은?
① 4℃ 냉장
② 글리세롤 스톡(15~25% v/v) −80℃
③ 단순 상온 보관
④ 햇빛 건조

균주 보존
- 글리세롤 스톡 방식
- −80℃ 초저온에서 장기 안정성 확보
- 동결건조 시 운반 안정성 보장

04
세포주의 개념에 해당하는 것은?
① 무작위 혼합 세포군
② in vitro에서 지속 배양된 확립 집단
③ 일회성 배양 세포
④ 무균이 불가능한 집단

세포주 정의
- 동물·식물·곤충 유래 세포를 in vitro에서 지속 배양
- 동일 유전·형태학적 특성 공유
- 안정적 분열 유지

05
세포주의 유형 구분은?
① 단일 세포주·다중 세포주
② 유한 세포주·무한 세포주
③ 단클론·다클론 세포주
④ 고정·부유 세포주

세포주 유형
- 유한 세포주: 분열 횟수 제한
- 무한 세포주: 불멸화·텔로머라제 활성
- 배양 안정성 차이 존재

정답 01 ② 02 ② 03 ② 04 ② 05 ②

06
세포주의 배양 조건으로 옳은 것은?

① CO_2 5%, 37℃ 포유류 세포 유지
② 상온 공기 중 유지
③ 무기염 용액만 공급
④ 고온 50℃에서 유지

배양 조건
- 포유류 세포: 5% CO_2, 37℃ 필요
- 혈청 · 성장인자 필수
- 정확한 pH · 삼투 조건 유지

07
균주와 세포주의 공통점은?

① 무균 조작 필요 없음
② 순수성 · 유전 안정성 필수
③ 모두 원핵성만 해당
④ 변이 발생이 허용됨

공통 관리
- 순수성 · 안정성 확보 필수
- 무균 조작 기본 적용
- SOP 기반 관리 · 기록 유지

08
균주와 세포주의 주요 차이는?

① 둘 다 원핵성만 해당
② 균주=원핵 · 진균, 세포주=진핵
③ 둘 다 혈청 필수
④ 둘 다 CO_2 불필요

차이 요약
- 균주: 세균 · 효모 · 곰팡이 중심
- 세포주: 동물 · 식물 · 곤충 진핵 세포
- 배양 조건 · 생산물 차이가 큼

09
균주의 산업적 의의로 옳은 것은?

① 주로 항체 생산에 사용됨
② 발효 · 항생제 · 효소 생산 성패 결정
③ 세포치료제 직접 생산에 한정
④ 유전자 편집 세포만 대상

균주 의의
- 균주 안정성이 발효 성공의 핵심
- 항생제 · 효소 · 유기산 생산 기반
- 연구와 산업 모두 직결

10
세포주의 확립 절차로 옳은 것은?

① 조직 채취 → 효소 처리 → 1차 배양 → 안정 계대
② 조직 채취 → 냉동 → 해동
③ 임의 혼합 → 배양 → 선별
④ 혈청 제거 → 배양

세포주 확립
- 조직 채취→효소 처리→1차 배양
- 안정 계대 시 세포주로 인정
- 조건 충족 시 장기 배양 가능

11
세포주의 관리 조건 중 올바른 것은?

① 혈청 없이 장기 안정 가능
② CO_2 · pH · 삼투 조건 엄격 유지
③ 고온에서 무제한 배양
④ 변이 발생은 허용

세포주 관리
- CO_2 5%, 37℃ 유지
- 혈청 · 성장인 보충
- 엄격 조건에서 안정적 유지

정답 06 ① 07 ② 08 ② 09 ② 10 ① 11 ②

12
균주의 보존 실패 시 결과는?
① 품질 향상
② 변이 · 오염 발생
③ 생산성 증가
④ 성장 촉진

> **보존 실패**
> • 변이 축적 · 오염 발생
> • 생산성 저하 · 연구 차질
> • 즉시 재확립 필요

13
세포주의 분류 기준으로 옳은 것은?
① 혈액형
② 분열 횟수 제한 여부
③ 보관 장소
④ 연구자 이름

> **세포주 분류**
> • 유한/무한 세포주로 구분
> • 분열 횟수 제한 여부가 기준
> • 불멸화 여부가 핵심

14
균주와 세포주의 공통 활용은?
① 식품 보존제
② 연구 · 산업 자원
③ 임의 혼합체
④ 일회성 배양

> **공통 활용**
> • 연구 · 산업 핵심 기반
> • 유전 안정성 · 순수성 관리 필수
> • 오염 발생 시 공정 전체 무효화 방지

15
균주와 세포주의 차이에 대한 설명 중 옳지 않은 것은?
① 균주는 세균 · 효모 중심
② 세포주는 진핵 중심
③ 균주는 혈청 · CO_2 조건 필수
④ 세포주는 혈청 · CO_2 엄격 조건 필요

> **차이 정리**
> • 균주는 단순 배지 조건으로 성장
> • 세포주는 혈청 · CO_2 조건 필요

16
E. coli 균주의 주된 활용은?
① 항체 생산 표준
② 발현 · 정제 플랫폼
③ 백신 세포 기질
④ 곰팡이 발효

> **E. coli**
> • 발현 · 정제 플랫폼
> • BL21(DE3) 등 표준 숙주
> • 내독소 관리 필요

17
Bacillus subtilis의 활용은?
① 분비형 단백질 생산
② 항체 생산
③ 곰팡이 포자 보존
④ 식물 대사산물

> **Bacillus subtilis**
> • 분비 단백질 생산 강점
> • 정제 공정 부담 감소
> • 발효 산업 활용

정답 12 ② 13 ② 14 ② 15 ③ 16 ② 17 ①

18
Lactobacillus spp.의 주요 활용은?
① 발효식품 · 프로바이오틱스
② 항체 생산
③ 곰팡이 발효
④ 곤충 세포 배양

> **Lactobacillus**
> • 발효식품에 널리 이용
> • 프로바이오틱스 효과
> • 인체 장내 환경 응용

21
Saccharomyces cerevisiae의 주요 활용은?
① 항체 생산
② 알코올 발효 · 제빵 · 재조합 발현
③ 바이러스 벡터 생산
④ 세포치료제

> **S. cerevisiae**
> • 알코올 발효 · 제빵에 필수
> • 재조합 발현도 가능
> • 산업 전반에 활용됨

19
Aspergillus spp.의 주요 활용은?
① 알코올 발효
② 유기산 · 효소 생산
③ 항체 생산
④ 세포치료제

> **Aspergillus**
> • 곰팡이 균주
> • 유기산 · 효소 생산
> • 산업 발효 핵심

22
Pichia(=Komagataella) pastoris의 특징은?
① 고효율 분비 발현
② 인간형 당쇄 100% 동일
③ 세균 발효 특화
④ 곰팡이 포자 생산 전용

> **Pichia**
> • 고효율 분비 발현 가능
> • 재조합 단백질 생산에 적합
> • 글리코실화 패턴 차이 고려 필요

20
Penicillium spp.의 산업적 의미는?
① 단백질 발현
② 항생제 생산 기반
③ 곤충 단백질 생산
④ 세포치료제

> **Penicillium**
> • 페니실린 기원
> • 항생제 생산 핵심
> • 이차대사산물 산업적 가치

23
Streptomyces spp.의 산업적 의미는?
① 효소 1차 대사 생산
② 항생제 · 면역억제제 · 항암제 생산
③ 곰팡이 발효 특화
④ 인간형 단백질 발현

> **Streptomyces**
> • 이차대사산물 생산 핵심
> • 항생제 · 항암제 원천
> • 발효 산업에 필수

정답 18 ① 19 ② 20 ② 21 ② 22 ① 23 ②

24
CHO 세포주의 주요 활용은?
① 곰팡이 효소 생산
② 효모 발효 전용
③ 곤충 단백질 생산
④ 항체 · Fc 융합 단백 생산

CHO 세포주
- 제조용 세포주의 표준
- 항체 · Fc 융합단백 생산
- 국제 규제기관 승인 경험 풍부

25
HeLa 세포주의 대표적 활용은?
① 단클론항체 생산
② 암 · 분자생물학 연구
③ 효모 발효 연구
④ 백신 세포 기질

HeLa 세포주
- 암 연구 대표 모델
- 분자생물학 연구 표준
- 무한 분열 특성 보유

26
세포은행(cell bank)의 개념은?
① 단기 세포 배양 집합
② 불량 세포 모음
③ 균주 · 세포주 장기 보관 · 안정 공급 체계
④ 교차 오염된 세포 집단

세포은행 정의
- 균주 · 세포주 장기 보관
- 동일 특성 자원 안정 공급
- GMP 관리 핵심 인프라

27
세포은행 운영이 중요한 이유는?
① 실험 비용 절감
② 장기 안정성 · 재현성 보장
③ 변이 촉진
④ 무균조작 불필요

중요성
- 동일 특성 자원 확보
- 연구 · 생산 신뢰성 유지
- 국제 규제기관 요구사항

28
MCB(Master Cell Bank)의 특징은?
① 실제 생산용 세포군
② 불량 세포 혼합체
③ 최초 확립 · 시험 후 동결 보존된 원본 집단
④ 임의 분리 세포군

MCB 정의
- 최초 확립 · 시험 완료 후 동결 보존
- 모든 생산은 MCB 기원
- GMP 규정에서 핵심 요구

29
WCB(Working Cell Bank)의 정의로 옳은 것은?
① 모든 세포의 원본
② MCB에서 파생, 생산 · 시험 사용 집단
③ 임의 보관 세포군
④ 오염된 세포군

WCB
- MCB에서 파생
- 실제 생산 · 시험 사용
- 계대 · 사용 기간 제한

정답 24 ④ 25 ② 26 ③ 27 ② 28 ③ 29 ②

30
세포은행 구축 절차에 포함되지 않는 것은?
① 특성 분석
② 오염 검사
③ 코드 부여 · DB 기록
④ 임의 배양

▣ 구축 절차
• 확보 → 분석 → 검사 → 동결 → DB 기록
• SOP 기반 표준화
• 임의 배양은 포함되지 않음

31
세포은행 보관 온도로 적절한 것은?
① 4℃   ② -20℃
③ -80℃   ④ -196℃

▣ 보관 조건
• 액체질소 -196℃
• 기화상 보관 권장
• 장기 안정성 확보

32
세포은행 정기 품질검증 항목은?
① 세포 생존율 · 성장률 · 표적 발현
② 단백질 염색체 수
③ 기구 색상
④ 배양기 크기

▣ 품질검증
• 생존율 · 성장률 · 발현 안정성
• 정기 샘플 해동으로 평가
• 안정성 확인 필수

33
세포은행 추적성 확보 수단은?
① 종이 기록만 유지
② 기원 · 계대 · 동결 · 해동 · 분배 이력 전산 관리
③ 작업자 기억에 의존
④ 라벨 생략

▣ 추적성
• 전산 관리로 이력 추적
• 기원~분배까지 기록
• 감사 대응 기반

34
세포은행 보안 관리에 해당하는 것은?
① 무단 출입 허용
② 접근권한 · 이중 인증 · 감사 로그
③ 비밀번호 공유
④ 라벨 생략

▣ 보안 관리
• 권한 관리 · 이중 인증
• 감사 로그 필수
• 무단 반출 방지

35
동결 시 표준 냉각 속도는?
① -0.1℃/분   ② -1℃/분
③ -10℃/분   ④ -20℃/분

▣ 냉각 원칙
• -1℃/분 서서히 냉각
• 세포 손상 최소화
• 프로그램 동결 권장

정답 30 ④ 31 ④ 32 ① 33 ② 34 ② 35 ②

36
해동 시 표준 온도는?
① 상온 자연 해동
② 4℃ 서서히 해동
③ 37℃ 수조에서 신속 해동
④ 50℃ 고온 해동

▣ 해동 원칙
- 37℃ 수조 권장
- 빠른 해동으로 재결정 억제
- 즉시 보호제 제거 필요

37
세포은행 동결보호제로 올바른 것은?
① 에탄올
② DMSO 5~10%
③ 과산화수소
④ 아세톤

▣ 동결보호제
- DMSO 5~10% 사용
- 세포막 투과 · 얼음 결정 억제
- 해동 후 신속 제거 필수

38
세포은행 품질시험 항목 중 하나는?
① 무균 · 미코플라스마 · 엔도톡신 검사
② 시각적 라벨 색상
③ 작업자 서명
④ 냉동고 모델명

▣ 품질시험
- 무균 · 미코플라스마 확인
- 엔도톡신 검사 포함
- 정체성 · 안정성 평가

39
세포은행 문서 관리에 포함되는 것은?
① CoA/CoO, 배치기록, 장비점검 기록
② 실험자 개인 다이어리
③ 비공식 메모
④ 작업자 취미 기록

▣ 문서 관리
- CoA/CoO 유지
- 배치기록 · 장비점검 필수
- 감사 대응 근거

40
세포은행 관리 실패 시 결과는?
① 품질 보장 강화
② 연구 실패 · 생산 차질 · 품질 저하
③ 생산성 증가
④ 생존율 향상

▣ 실패 결과
- 연구 실패 · 품질 저하
- 생산 지연 · 차질
- 규제 불승인 위험

41
계대배양의 정의로 옳은 것은?
① 동일 배지에서 장기 방치하는 과정
② 일정 밀도 도달 시 일부를 새 배지로 옮겨 성장 지속
③ 임의 혼합 세포군 형성 과정
④ 냉동 보관 전 세포 분리

▣ 계대배양 정의
- 세포 성장 지속 목적
- 일정 밀도에서 분주 · 이식
- 생산성 유지 핵심 기술

정답 36 ③ 37 ② 38 ① 39 ① 40 ② 41 ②

42
계대배양을 하지 않을 경우 문제는?
① 세포 활력 · 생산성 유지
② 과밀 성장 · 영양 고갈 · 사멸
③ 오염 감소
④ 변이 억제

▣ 문제점
- 배지 영양 고갈
- 세포 밀도 과잉→사멸
- 생산성 저하

43
계대배양 시기 결정 지표는?
① 세포 형태 · 밀도 · 배지 색 변화
② 세포주 이름
③ 장비 모델
④ 저장고 용량

▣ 지표
- 형태 · 밀도 관찰
- pH 지표로 배지 색 변화
- 적절 시점 파악

44
부착 세포 계대 시 사용하는 효소는?
① 아밀라아제
② 트립신
③ 리파아제
④ 카탈라아제

▣ 부착 세포 계대
- 트립신 처리로 세포 분리
- 부착 해제 후 재부유
- 빠른 중화 · 회수 필요

45
계대 시 너무 낮은 세포 밀도는?
① 성장 촉진
② 부착 실패 · 괴사 위험
③ 오염 예방
④ 변이 억제

▣ 낮은 밀도 문제
- 부착 실패 · 괴사 유발
- 적정 밀도 유지 필수
- 회수율 저하 위험

46
계대 시 너무 높은 세포 밀도는?
① 생존율 향상
② 영양 고갈 · 대사 산물 축적
③ 무균 상태 보장
④ 오염 방지

▣ 높은 밀도 문제
- 영양 고갈
- 노폐물 축적
- 성장 · 생산성 저하

47
계대 시 오염 방지를 위한 기본 원칙은?
① 무균 조작 엄격 준수
② 배양기 문 개방 유지
③ 무작위 분주
④ 필터 미사용

▣ 기본 원칙
- 무균 조작 필수
- HEPA · 클린벤치 활용
- 교차 오염 방지

정답 42 ② 43 ① 44 ② 45 ② 46 ② 47 ①

48
계대 시기 늦어질 경우 위험은?
① 유전 안정성 증가
② 변이 축적 · 생산성 저하
③ 세포 생존율 향상
④ 품질 개선

늦은 계대 문제
- 세포 노화 · 변이 축적
- 생산성 · 재현성 저하
- 품질 관리 실패

49
계대배양 시 필수 기록은?
① 세포주명 · 계대번호 · 날짜
② 연구원 취미
③ 실험실 온도
④ 장비 브랜드

기록 관리
- 세포명 · 계대번호 · 날짜 필수
- SOP 기반 문서화
- 추적성 확보

50
계대와 세포은행의 관계는?
① 계대는 단기 유지, 은행은 장기 보존
② 계대는 보관, 은행은 배양
③ 계대는 불필요
④ 은행은 임의 관리

관계
- 계대: 단기 유지 기술
- 은행: 장기 보존 시스템
- 둘 다 생산 안정성 확보에 필요

51
무균조작의 핵심 목적은?
① 변이 증가
② 오염 방지 · 세포 안정 유지
③ 성장 촉진
④ 배지 절약

목적
- 외부 미생물 오염 차단
- 세포 안정성 유지
- 생산 신뢰성 보장

52
열 민감성 용액 멸균 방법은?
① 오토클레이브
② 0.22 μm 여과 멸균
③ 자외선 조사
④ 건열 멸균

여과 멸균
- 열 민감성 용액에 적용
- 022 μm 필터 표준
- 무균 보장

53
고온 멸균 가능한 재료 처리법은?
① 자외선 처리
② 오토클레이브(121℃, 15분)
③ 에탄올 세척
④ 단순 가열

오토클레이브
- 121℃, 15분 증기 멸균
- 내열성 재료 멸균에 사용
- 표준 공정

정답 48 ② 49 ① 50 ① 51 ② 52 ② 53 ②

54
무균조작이 적용되는 환경은?
① 일반 실험대
② 클린벤치 · 무균실
③ 임의 개방 구역
④ 외부 현장

■ 환경
- 클린벤치 · 무균실 필수
- HEPA 필터 공조
- 청정도 유지

55
여과 멸균의 한계는?
① 세균 포자 · 바이러스 통과 가능
② 열 민감성 시약 처리 불가
③ 내열성 기구에 적용 가능
④ 무균 보장 불가능

■ 한계
- 세균 포자 · 일부 바이러스 통과
- 보조 멸균법 필요
- 완전 차단은 아님

56
무균조작에서 반드시 착용해야 하는 것은?
① 일반 복장
② 운동복
③ 무균 가운 · 장갑 · 마스크
④ 보호구 불필요

■ 보호구
- 무균 가운 · 장갑 · 마스크 필수
- 작업자 → 세포 오염 차단
- 안전 · 청정도 확보

57
무균조작 시 손 소독제의 기본 성분은?
① 글리세롤   ② 과산화수소
③ 물   ④ 에탄올(70%)

■ 손 소독
- 70% 에탄올 사용
- 작업 전 · 중 · 후 소독
- 오염 최소화

58
무균조작 실패 시 결과는?
① 생산성 향상
② 오염 발생 · 품질 저하
③ 세포 안정성 증가
④ 시험 결과 개선

■ 결과
- 세균 · 곰팡이 오염
- 배양 실패 · 품질 저하
- 시험 무효화

59
멸균 필터의 공극 크기 표준은?
① 0.45 μm ② 0.22 μm
③ 1.0 μm ④ 5.0 μm

■ 필터 크기
- 022 μm 공극 표준
- 세균 제거 가능
- 열 민감성 용액 적용

정답 54 ② 55 ① 56 ③ 57 ④ 58 ② 59 ②

60
무균조작 시 문서 관리의 목적은?
① 연구원 평가
② 작업 추적 · 검증 · 규제 대응
③ 비용 절감
④ 생산량 증가

▣ 문서 관리
- 작업 추적 · 검증 필수
- 규제 대응 근거
- 데이터 무결성 확보

61
제조용 세포주의 정의로 옳은 것은?
① 연구용 임시 세포주
② 단기 보관 세포주
③ 대량 생산용으로 확립된 세포주
④ 임의 채취 세포군

▣ 정의
- 대량 생산 목적 확립 세포주
- 안정성 · 재현성 필수
- 국제 규제기관 관리 대상

62
제조용 세포주 관리의 핵심 요건은?
① 임의 계대
② 유전적 안정성 · 재현성 확보
③ 변이 촉진
④ 무균조작 불필요

▣ 요건
- 유전적 안정성 필수
- 동일 특성 장기 유지
- 품질 일관성 보장

63
제조용 세포주 확립 단계에 포함되는 것은?
① 유전자 도입 · 안정 발현 · 특성 분석
② 단순 보관
③ 실험자 기억 기록
④ 변이 유발

▣ 확립 단계
- 유전자 도입
- 안정 발현 확보
- 특성 시험 후 확립

64
제조용 세포주의 활용 목적은?
① 단기 연구용
② 항체 · 재조합 단백질 대량 생산
③ 세포 형태학 실험
④ 일회성 배양

▣ 활용
- 항체 · 단백질 대량 생산
- GMP 생산 적용
- 바이오의약품 핵심

65
제조용 세포주에 대한 규제기관 요구는?
① 임의 관리 허용
② 세포은행 확립 · 특성 검증
③ 변이 촉진 허용
④ 기록 보존 불필요

▣ 요구사항
- MCB · WCB 체계 필수
- 정체성 · 안정성 검증
- 규제 가이드라인 적용

정답 60 ② 61 ③ 62 ② 63 ① 64 ② 65 ②

66
제조용 세포주 오염 시 결과는?
① 생산성 향상
② 품질 저하 · 생산 차질
③ 안정성 증가
④ 비용 절감

■ 오염 결과
- 품질 저하
- 생산 지연 · 차질
- 연구 실패

67
제조용 세포주의 대표적 예시는?
① E. coli
② CHO · Vero · Hybridoma 세포
③ Saccharomyces
④ Penicillium

■ 예시
- CHO: 항체 생산
- Vero: 백신 생산
- Hybridoma: 단클론 항체

68
제조용 세포주 특성 시험 항목은?
① 생존율 · 성장률 · 발현 안정성
② 작업자 성명
③ 배양기 모델명
④ 배양실 온도 기록만

■ 시험 항목
- 생존율 · 성장률 확인
- 발현 안정성 평가
- CQA 관점에서 관리

69
제조용 세포주 관리 문서에 포함되는 것은?
① CoA · CoO, 배치 기록, 시험 결과
② 개인 메모
③ 임의 기록
④ 구두 보고

■ 문서 관리
- CoA/CoO 유지
- 배치 기록 필수
- 감사 · 규제 대응 근거

70
제조용 세포주 품질 확보 방법은?
① SOP 무시
② 표준 SOP 준수 · 정기 검증
③ 변이 허용
④ 오염 방치

■ 품질 확보
- SOP 기반 관리
- 정기 검증 필요
- 규제기관 요구사항 충족

71
원재료에 해당하지 않는 것은?
① 배지   ② 혈청
③ 성장인자   ④ 현미경

■ 원재료 관리
- 배지 · 혈청 · 가스 · 첨가제 포함
- 세포 성장 직접 관여
- 장비는 해당 없음

정답 66 ② 67 ② 68 ① 69 ① 70 ② 71 ④

72
원재료 관리의 목적은?
① 변이 유도
② 안정성 · 품질 보장
③ 무균조작 생략
④ 시험 생략

■ 목적
- 원재료 안정성 확보
- 제품 품질 직결
- 시험 검증 필수

73
원재료 품질시험 항목은?
① 무균 · 엔도톡신 · pH
② 색상 · 향기
③ 장비 크기
④ 연구자 이름

■ 품질시험
- 무균 · 엔도톡신 검사
- pH · 성분 분석
- GMP 필수 절차

74
부재료의 예시는?
① 배양기 가스 · 보조 첨가제
② 주요 세포주
③ 항체 단백질
④ 오염균

■ 부재료
- 보조 첨가제 · 가스류
- 세포 성장 보조 역할
- 직접 대사에는 관여하지 않음

75
원 · 부재료의 문서화 관리에는 무엇이 포함되는가?
① 개인 기록
② 단순 메모
③ CoA · 시험성적서 · 배치 기록
④ 임의 추정

■ 문서화
- CoA · 성적서 관리
- 배치 기록 포함
- 규제기관 감사 대응

76
원재료 사용 전 확인 사항은?
① 출처 · 시험 결과 · 라벨
② 연구원 이름
③ 장비 색상
④ 임의 보관 위치

확인 사항
- 출처 확인
- 시험 결과 검토
- 라벨 · 코드 관리

77
원재료 오염 시 영향은?
① 세포 성장 안정화
② 배양 실패 · 품질 저하
③ 생산성 향상
④ 무균 유지

■ 영향
- 세포 성장 실패
- 품질 저하 직결
- 생산 차질 발생

정답 72 ② 73 ① 74 ① 75 ③ 76 ① 77 ②

78
원재료 관리의 규제 연계는?
① ICH Q5D · GMP 요구사항
② 개인 노트 기록
③ 연구원 자율
④ 무관

규제 연계
- ICH Q5D · GMP 기준
- 원재료 특성 · 출처 검증
- 국제 규제 대응

81
세균 · 효모의 단기 보관 방법은?
① 상온 보관
② 고체배지 도말 후 4℃ 냉장
③ 액체질소 -196℃
④ 동결건조

단기 보관
- 4℃ 냉장, 수 주~수 개월 가능
- 실험 연속성 확보에 적합
- 장기 보존은 부적합

79
부재료 관리 목적은?
① 오염 방치
② 배양 보조 · 환경 유지
③ 변이 촉진
④ 불필요한 절차

목적
- 보조적 역할
- 환경 유지 · 성장 지원
- 일관성 보장

82
곰팡이 단기 보관 방법은?
① 냉장 보관 시 멸균수 · 광유에 균사 현탁
② 단순 상온 보관
③ 액체질소 보관
④ 고온 배양

곰팡이 보관
- 멸균수 · 광유에 균사 현탁
- 냉장 상태 유지
- 단기 연속 배양용

80
원 · 부재료 관리 실패 결과는?
① 생산성 증가
② 무균조작 강화
③ 연구 · 생산 품질 저하
④ 안정성 향상

결과
- 품질 저하 · 생산 차질
- 제품 불승인 위험
- 연구 신뢰성 상실

83
세균 · 효모의 중기 보관 방법은?
① 멸균 글리세롤 첨가 후 -20℃ 보관
② 상온 유지
③ 자외선 조사
④ 단순 냉장

중기 보관
- 글리세롤 첨가 후 -20℃
- 수개월~1년 보관
- 특성 일부 손상 가능

정답 78 ① 79 ② 80 ③ 81 ② 82 ① 83 ①

84
장기 보관의 표준 방법은?
① 4℃ 냉장　　② 액체질소 -196℃
③ 단순 동결　　④ 상온 보관

> 장기 보관
> • 액체질소 -196℃
> • 세포 대사 완전 정지
> • 수십 년간 안정성 유지

85
마스터 · 워킹 세포은행 체계의 목적은?
① 연구 속도 향상
② 장기 안정성 · 재현성 확보
③ 변이 촉진
④ 임의 배양

> MCB · WCB
> • MCB 원본, WCB 파생
> • 장기 안정성 · 재현성 보장
> • 국제 규제기관 필수 요구

86
DMSO의 표준 농도 범위는?
① 1~2%　　② 5~10%
③ 15~20%　　④ 30% 이상

> DMSO
> • 세포막 투과, 수분 치환
> • 얼음 결정 억제
> • 독성 있어 해동 후 제거 필수

87
글리세롤의 표준 농도 범위는?
① 1~5%　　② 5~10%
③ 10~20%　　④ 30% 이상

> 글리세롤
> • 삼투압 조절, 얼음 결정 억제
> • 세균 · 효모 · 곰팡이에 사용
> • 10~20% 농도 표준

88
냉동 보호제 사용 시 표준 냉각 속도는?
① -0.1℃/분　　② -1℃/분
③ -10℃/분　　④ -20℃/분

> 냉각 속도
> • -1℃/분 권장
> • 탈수 유도, 결정 억제
> • 프로그램 동결 적용

89
동결보존의 정의는?
① 극저온에서 세포 대사 정지 · 특성 장기 유지
② 상온 보존 기술
③ 단순 냉동
④ 임의 배양

> 동결보존 정의
> • 극저온 상태 보관
> • 세포 대사 완전 정지
> • 장기 동일 특성 유지

90
동결보존 시 사용되는 장비는?
① 냉장고 4℃
② 초저온 냉동고 -80℃ 또는 액체질소 탱크
③ 상온 보관함
④ 가열기

> 장비
> • -80℃ 초저온 냉동고
> • -196℃ 액체질소
> • 표준 보존 장비

정답　84 ②　85 ②　86 ②　87 ③　88 ②　89 ①　90 ②

91
동결보존 절차 중 첫 단계는?
① 세포 해동
② 세포 준비 · 대수기 수집
③ 질소 충전
④ 라벨 제거

■ 절차
- 대수기 세포 수집
- 원심분리 · 배지 제거
- 동결액 현탁 준비

92
동결보존 해동 원칙은?
① 서서히 해동
② 37℃ 수조에서 신속 해동
③ 상온 방치
④ 4℃ 냉장 해동

■ 해동 원칙
- 37℃ 신속 해동
- 얼음 재결정 억제
- 보호제 즉시 제거

93
해동 직후 제거해야 하는 것은?
① 영양분
② 산소
③ 냉동 보호제(DMSO · 글리세롤)
④ 세포막

■ 해동 직후
- DMSO · 글리세롤 제거 필수
- 독성 방지
- 신선 배지로 교환

94
해동 후 초기 24시간 관리 목적은?
① 성장 촉진
② 회복 안정성 유지
③ 변이 유도
④ 오염 방치

■ 초기 관리
- pH · 온도 · CO_2 안정 유지
- 세포 회복 기간
- 생존율 향상

95
해동 실패 시 결과는?
① 세포 손상 · 생존율 저하
② 생산성 향상
③ 변이 억제
④ 안정성 강화

■ 해동 실패
- 세포막 · 소기관 파괴
- 생존율 급격히 저하
- 생산 차질 발생

96
세포주 오염의 대표적 원인 미생물은?
① 효모
② 마이코플라스마
③ 식물 세포
④ 바이러스 벡터

■ 오염 원인
- 마이코플라스마 대표적
- 현미경 관찰 어려움
- DNA 합성 · 성장 저해

97
오염 측정의 대표적 분자진단법은?
① ELISA
② 전기영동
③ PCR/qPCR
④ 색상 관찰

정답 91 ② 92 ② 93 ③ 94 ② 95 ① 96 ② 97 ③

■ 분자진단
- PCR/qPCR 표준
- 민감 · 정확 검출
- 마이코플라스마 진단

99
초저온 냉동고의 표준 보관 온도는?
① -20℃　　　② -40℃
③ -80℃　　　④ -196℃

초저온 냉동고
- -80℃ 표준
- 중장기 보관
- 정기 점검 필수

98
오염 측정 주기는?
① 매일
② 매주
③ 1~3개월마다 정기 검사
④ 필요 시 임의 검사

검사 주기
- 1~3개월마다 수행
- 현미경 · 배양 · PCR 병행
- 위양성 · 위음성 최소화

100
액체질소 탱크 보관 시 권장 방식은?
① 액체상 직접 침지
② 기화상(vapor phase) 보관
③ 상온 방치
④ 냉장고 대체

액체질소 보관
- 기화상 보관 권장
- 질소액 직접 접촉 피함
- 안정성 · 안전성 향상

정답　98 ③　99 ③　100 ②

03 세척·멸균

1 도구 세척

① 도구 세척 준비사항

　㉠ 세척 준비의 개념
- 도구 세척 준비는 사용된 유리·금속·플라스틱 기구를 다음 사용에 적합한 청결 상태로 복귀시키는 첫 단계로 정의됨.
- 세척 준비가 미흡하면 배양·발효 과정에서 오염이 발생되어 실험 실패·제품 불량으로 직결됨.
- 세척은 단순 청소가 아니라 무균 상태와 GMP 기준을 충족하기 위한 관리 행위로 규정됨.

　㉡ 세척 준비의 기본 원칙
- 세척 전 기구의 종류·재질·오염 유형을 파악함.
- 재질별로 적합한 세척제·멸균법을 선택함.
- 오염구역/청결구역을 분리하고 동선·보관을 구획함.
- 세제·증류수·초순수·멸균수를 사전에 준비함.
- PPE(실험복·장갑·보안경)를 착용함.
- **보류시간 관리(DHT/CHT)** : 세척 전(더티)·세척 후(클린) 허용 보류시간이 설정·기록됨.

　㉢ 세척 준비 단계별 내용
- 사전 점검

> ▸ 단백질·지질·염류 오염을 판별함.
> ▸ 유리 파손·금속 부식 등 불량품이 선별됨.
> ▸ 표면 잔류물(세포·배지·약품)이 제거됨.

- 세척 구분

> ▸ 일반 오염, 단백질/지질 오염, 화학약품 오염으로 분류됨.
> ▸ 오염 특성에 맞는 세척제·공정이 선택됨.

- 세척제 준비
  - 중성세제(일반), 알칼리세제/효소세제(단백질·지질), 산성세제(무기질)로 준비됨.
  - 특수 세제(DNA·RNA 제거, ECM 제거)는 필요 시 사용됨.
- 세척수 준비
  - 보통 수돗물 → 증류수 → 초순수(또는 WFI) 순으로 적용됨.
  - 최종 헹굼은 멸균수/초순수로 마무리됨.
- 작업 환경 점검
  - 오염/청결 구역 분리, 환기·배수 정상 작동이 확인됨.
  - 건조·보관 공간은 청정 상태가 유지됨.
- 표식·기록
  - 세척 전후 상태가 기록되고, 세척 완료 라벨이 부착됨.
  - 세척 일자·담당자·세제·멸균 여부가 GMP 원칙으로 문서화됨.

② 세척 준비 시 주의 사항
- 오염 기구는 방치하지 않고 즉시 세척 준비가 시행됨.
- 강산/강염기는 재질 손상을 유발하므로 적용 범위가 준수됨.
- 단백질 잔류물은 응고 전 제거되어야 함.
- 일회용 소모품은 재사용이 금지됨.
- 부식·갈바닉 위험이 있는 이종 금속 접촉이 회피됨.

⑩ 산업적 의의
- 세척 준비는 QC와 GMP 적합성의 출발점으로 규정됨.
- 미흡 시 배양 실패·불량률 증가·규제 불합격이 발생됨.
- 규제기관(FDA/EMA/MFDS)은 세척·멸균 공정의 문서화·검증을 요구함.
- 리스크 관리(ICH Q9)가 세척 전략·빈도·검증 범위에 적용됨.

② 도구 제작 유의사항
  ㉠ 도구 제작의 의의
  - 도구의 재질·구조·멸균 적합성은 결과 품질을 좌우함.
  - 제작 단계에서부터 세척·멸균·보관 적합성이 확보되어야 함.

  ㉡ 재질 선택 시 유의사항
  - 유리기구 : 내열·내화학성이 우수한 보로실리케이트 사용이 권장됨.
  - 금속기구 : 316L 스테인리스 사용이 표준이며, 용접부는 매끄럽게 처리됨.
  - 플라스틱 : 고온 멸균 적합 PP·PC 선택이 필요됨.

- 고무 · 실리콘 : 반복 멸균 안정의 의료용 등급이 적용됨.
- 표면 조도 · 전해연마 · 패시베이션이 부식 · 잔류물 부착을 억제함.

ⓒ 설계 · 제작 시 고려사항
- 표면은 매끄럽게 연마되어 잔류 · 흡착이 최소화됨.
- 분해 · 세척 · 재조립이 용이한 단순 구조가 채택됨.
- 공정 · 용도별 전용 도구로 교차 오염이 방지됨.
- 측정 도구는 ISO/KS 규격이 준수됨.
- 데드레그 최소화 · 배수성 · 경사(드레이너빌리티)가 확보됨.
- 가스켓 · 패킹은 CIP/SIP 적합 소재(PTFE · EPDM 등)가 적용됨.

ⓔ 멸균 · 세척 적합성
- Autoclave · 건열 · 화학멸균에 견디는 설계가 필요됨.
- CIP/SIP 시스템 적합 구조가 적용됨.
- 일회용 소모품은 멸균 포장 상태로 공급되고 재사용이 금지됨.

ⓜ 안전성과 GMP 적합성
- 유해물질 용출이 없어야 함.
- ID/로트번호 부여로 추적성이 확보됨.
- 제작 · 검사 · 자재 CoA/CoC가 문서화됨.

ⓗ 산업적 의의
- 제작 기준 미준수 시 세척 · 멸균 후에도 오염 가능성이 잔존됨.
- 도구 제작 유의사항은 품질 보증의 첫 단계로 규정됨.

③ 배양 도구 세척방법

㉠ 세척 방법의 원칙
- 세포 · 미생물 잔류물, 단백질 · 지질, 무기 침착, 화학 잔류를 제거해 무균성이 유지됨.
- 재질 · 오염 정도 · 용도에 따른 SOP가 일관 적용됨.
- 세척 후 헹굼-건조-보관까지가 세척 공정으로 간주됨.

㉡ 세척 단계별 절차
- 예비 세척(Pre-rinse)

  ▸ 사용 직후 수돗수로 헹궈 응고 · 건조가 방지됨.
  ▸ 유리는 찬물로 먼저 헹궈 단백질 변성이 최소화됨.

- 본 세척(Main cleaning)
  > - 일반 오염 : 중성세제로 솔 세척이 수행됨.
  > - 단백질 · 지질 : 알칼리/효소세제(프로테아제 · 리파아제)가 적용됨.
  > - 무기물 : 산성 세제(희석 질산 · 염산 등)로 용해됨.
  > - 화학약품 : 전용 세제 · 용매(에탄올 · 아세톤 등)로 제거됨.

- 헹굼(Rinsing)
  > - 1차 수돗수 → 2차 증류수 → 3차 초순수/멸균수로 마무리됨.
  > - 전도도 · TOC가 모니터링됨.

- 건조(Drying)
  > - 유리/금속 : 60~80℃ 건조기로 완전 건조됨.
  > - 플라스틱 : 실온 건조 후 멸균 보관됨.
  > - 열 민감 기구 : 무균대 내 자연 건조가 적용됨.

- 보관(Storage)
  > - 청결 구역 전용 캐비닛에 보관됨.
  > - 세척일자 · 담당자 · 후속 멸균 여부 라벨이 부착됨.
  > - 오염 도구와 물리적으로 분리됨.

ⓒ 자동 세척 시스템(CIP/SIP)
  - CIP : 분해 없이 세척액을 순환하여 청결이 유지됨(알칼리→헹굼→산→헹굼→소독 순으로 설계됨).
  - 유속 · 접촉시간 · 온도가 밸리데이션 범위로 관리됨.
  - 헹굼 종료 기준은 전도도/TOC 안정화로 확인됨.
  - 필요 시 SIP(멸균 in place)로 121℃ 스팀 멸균이 수행됨.

ⓔ 세척 시 주의 사항
  - 재질별 호환 세제가 사용됨(부식 · 크랙 방지).
  - 세제 잔류는 독성 · 오염 원인이므로 완전 헹굼이 요구됨.
  - 사용 후 방치 시 세척 · 멸균 효과가 저하됨.
  - 일회용은 재사용이 금지됨.
  - 라벨 · 접착제 잔류는 적합 용매로 제거되어 표면 결함이 방지됨.

ⓜ 산업적 의의
  - 배양 도구 세척은 GMP의 밸리데이션 항목으로 지정됨.
  - 단백질 잔류 · TOC · 미생물 시험으로 세척 효과가 검증됨.
  - 미흡 시 연구 실패 · 생산 불량 · 규제 불합격으로 직결됨.
  - 세척은 바이오공정 품질 보증의 핵심 절차로 규정됨.

ⓑ 세척 검증 · 승인(Validation)
- 한계 설정 : MACO · PDE 기반 잔류 허용 기준이 수립됨.
- 샘플링 : 스왑 · 린스 방식이 적용되고 회수율 평가가 수행됨.
- 지표 시험 : 단백질(OPA/닌히드린), TOC · 전도도, 생균수 · 엔도톡신, ATP 바이오루미넌스가 사용됨.
- 주기 재평가 : 설비 변경 · 세제 변경 · 원료 변경 시 재밸리데이션이 수행됨.
- 데이터 무결성(21 CFR Part 11) : 전자기록 · 감사추적 · 변경관리가 준수됨.

④ 세척 장비 종류 및 특성

㉠ 세척 장비의 필요성
- 수작업 세척 한계 보완과 대량 · 정밀 · 내부 세척 효율 향상이 달성됨.
- GMP 시설에서 배양 · 발효 공정의 재현성 · 무균성이 장비 기반으로 확보됨.

㉡ 주요 세척 장비의 종류
- 일반 세척기(Laboratory Washer)

  ▸ 유리 · 금속 기구를 다단계(세제 → 헹굼 → 초순수 → 건조) 자동 세척이 구현됨.
  ▸ 스프레이 암, 전도도 · 온도 센서, HEPA 필터 건조 기능으로 재현성이 확보됨.
  ▸ 랙 구성 변경으로 기구 형상별 커버리지가 최적화됨.

- CIP 시스템(Cleaning In Place)

  ▸ 발효조 · 배양기 내부를 분해 없이 순환 세척이 수행됨.
  ▸ 알칼리 → 헹굼 → 산 → 헹굼 → 소독 시퀀스가 레시피로 제어됨.
  ▸ 리보플라빈 커버리지 테스트 · 데드레그 관리(<1.5D)로 세척 성능이 검증됨.
  ▸ 난세척 구역은 스프레이볼 유량 · 난류(Re)>4,000 조건으로 설계 검증이 이루어짐.

- 초음파 세척기(Ultrasonic Cleaner)

  ▸ 20~40 kHz 공동현상으로 미세 틈새 오염 제거가 달성됨.
  ▸ 탈기 · 온도(예: 30~50℃) 제어 시 세척 효율이 안정화됨.
  ▸ 균열 · 도막 · 다공성 소재는 손상 가능성이 있어 주의가 요구됨.

- 고압 세척기(High-Pressure Washer)

  ▸ 고압수로 대형 설비 외부 · 바닥의 큰 오염 제거가 수행됨.
  ▸ 에어로졸 발생 · 재오염 위험으로 청정구역 외 사용이 권장됨.

- 세척 건조기(Washer-Dryer/Drying Cabinet)

  ▸ 세척 직후 HEPA 필터 열풍으로 건조 · 보관이 일체화됨.
  ▸ 워터스팟 방지를 위해 최종 DI/UPW 헹굼과 균일 배수성이 확보됨.

- 세정제 자동 주입 장치

  ▸ 농도 · 주입량이 자동 제어되어 인적 오류가 최소화됨.
  ▸ 이중배관 · 레벨센서 · 도징펌프 교정으로 안전성이 확보됨.

ⓒ 세척 장비의 선택 기준
- 대상 기구의 종류 · 크기 · 재질(316L · PP · PC 등) 적합성이 검토됨.
- 세제 호환성(알칼리 · 산 · 효소)과 씰 · 가스켓(EPDM · PTFE) 내약품성이 확인됨.
- 세척 검증 가능성(TOC · 미생물 · 전도도 시험, 리보플라빈 테스트)이 확보됨.
- 데이터 무결성(전자기록 · 감사추적)과 알람 · 인터록 등 GMP 적합성이 충족됨.
- 처리용량 · 사이클 시간 · 유틸리티(전기 · 스팀 · 용수) 요구사항이 검토됨.

ⓔ 세척 장비 사용 시 주의사항
- 세척액 농도 · 온도 · 시간이 SOP · 밸리데이션 범위로 표준화됨.
- 센서 · 펌프 · 스프레이볼 막힘 · 필터 포화 등은 정기 점검 · 교정이 수행됨.
- 세척 후 건조 · 멸균(SIP/Autoclave) 절차가 연계되어 잔류수 · 잔류세제가 제거됨.

ⓜ 산업적 의의
- 대규모 GMP 생산에서 일관 품질 · 시간 효율 · 안전성이 장비로 확보됨.
- 규제기관은 CIP/세척장비 성능 · 검증 자료 제출을 승인 필수 요건으로 요구함.

⑤ 세척액 · 세척용수

㉠ 세척액(Cleaning Agents)의 개념
- 세척액은 단백질 · 지질 · 염류 · 화학 잔류 제거를 위한 약품 용액으로 정의됨.
- 오염 성분 · 재질별로 세제 선택 · 농도 · 접촉시간 · 헹굼이 SOP로 표준화됨.

㉡ 세척액의 종류 및 특성
- 중성세제

  ▸ 일반 단백질 · 지질 오염 제거에 사용됨.
  ▸ 대부분 재질에 안전하며 잔류 위험이 낮게 관리됨.

- 알칼리 세제

  ▸ 단백질 · 지질 분해력이 강력하여 배양기 · 발효기 잔류 제거에 적합함.
  ▸ 과농도 · 고온 사용 시 금속 표면 부식 · 응력부식 위험이 있어 관리가 필요함.

- 산성 세제

  ▸ 무기염 · 산화물 · 스케일 제거에 사용되며 스테인리스 표면 재생이 가능함.
  ▸ 알칼리 세제 후 산 린스로 수세성 · 광택이 회복됨.

- 효소 세제
  - 프로테아제 · 리파아제 · 글리코시다아제로 혈청 · ECM · 바이오필름 분해가 강화됨.
  - 효소 불활성 온도 · pH 범위가 준수되어야 효과가 유지됨.

- 특수 세제
  - DNA/RNA 분해제 · 다당 제거제가 분자생물학 · 고순도 장비에 적용됨.
  - 세포 독성 잔류 우려가 있어 최종 헹굼 기준이 엄격히 적용됨.

- 공통 관리
  - 재질 호환성 · 발포성 · 생분해성 · COA/로트 추적이 검증됨.
  - 세제 변경 시 변경관리 · 재밸리데이션이 수행됨.

ⓒ 세척용수(Cleaning Water)의 개념
- 세척용수는 세제를 헹궈 잔류를 제거하는 용수로 정의됨.
- 초기 세척은 수돗수 사용이 가능하나 최종 헹굼은 고순도 용수가 요구됨.

ⓓ 세척용수의 종류 및 특성
- 수돗물(Tap Water)
  - 초기 세척에 사용됨.
  - 이후 고순도 물로 재헹굼이 필수로 수행됨.

- 증류수(DW)
  - 세제 · 이온 제거에 일반적으로 사용됨.
  - 반복 사용 시 스케일 잔류 가능성이 관리됨.

- 탈이온수(DI Water)
  - 이온 제거 효과가 커 화학 기구 세척에 적합함.
  - 전도도 관리(예: <1 μS/cm)가 유지됨.

- 초순수(UPW)
  - 유기물 · 미생물 · 이온이 극저수준으로 제거됨.
  - 분자생물학 · 세포배양 · 의약품 설비 최종 헹굼에 필수로 적용됨.

- 멸균수(WFI 등)
  - 멸균 처리된 용수로 최종 헹굼 · 제품 접촉 설비에 요구됨.
  - 저장 · 순환 · 벤트필터 · 온장(예: 70~80℃) 관리로 미생물 제어가 유지됨.

ⓔ 세척액 · 세척용수 사용 시 유의사항
- 세제 농도 · 접촉시간 · 온도가 기준 범위로 관리되지 않으면 세척 불량이 초래됨.

- 최종 헹굼은 UPW/WFI로 수행되어 세제·이온·미생물 잔류가 배제됨.
- 용수 품질(TOC·미생물·전도도)은 정기 시험·알람 한계로 관리됨.
- 배출 세척액은 중화·분류·기록을 포함한 폐액 절차로 처리됨.
- 헹굼 종료 기준은 전도도 안정화·TOC 회귀로 확인됨.
- 세척 후 클린 보류시간(Clean Hold Time) 설정·모니터링으로 재오염이 방지됨.

ⓑ 산업적 의의
- 세척액·세척용수의 적격성은 세척 성공과 직결되어 불량·오염 리스크가 저감됨.
- GMP 환경에서 용수·세제 적격성·검증 자료 제출이 품질 승인에 요구됨.

⑥ 배양 도구 세척용수 폐기

㉠ 세척용수 폐기의 의의
- 세척용수는 세포·미생물 잔류물, 단백질·지질, 세제 성분, 화학약품 잔류물을 포함할 수 있어 관리 대상 폐수로 취급됨.
- 단순 방류가 아니라 실험실 안전 기준·환경 규제·GMP 지침에 부합하는 절차가 요구됨.
- 폐수 분류·처리·기록은 오염 확산 방지와 법규 준수, 감사 대응의 핵심 근거로 기능함.

㉡ 세척용수의 오염 가능 성분
- 미생물성 오염 : 세균·곰팡이·바이러스·마이코플라즈마 잔류 가능성이 존재함.
- 화학적 오염 : 알칼리·산성·효소 세제, 용매·시약, 중금속 이온이 포함될 수 있음.
- 유기물 오염 : 단백질·지질·세포 외기질 등 고TOC 성분이 잔존될 수 있음.
- 입자성 오염 : 플라스틱·유리·금속 미세입자 및 바이오필름 파편이 포함될 수 있음.

㉢ 세척용수 폐기 절차
- 분리 수집

  ▸ 일반 생활하수와 분리하여 전용 라인 또는 전용 용기에 수집됨.
  ▸ 오염 정도에 따라 일반 실험 폐수와 고위험 폐수로 구분됨.

- 중화 처리

  ▸ 알칼리 세척액은 약산으로, 산성 세척액은 약알칼리로 중화됨.
  ▸ 중화 후 pH 6~8 범위 내 확인이 기록됨(기관·허가 조건에 따른 기준 준수).

- 멸균 처리

  ▸ 미생물 오염 의심 시 오토클레이브(액체 사이클)로 멸균됨.
  ▸ 대량 폐수는 차아염소산나트륨·과산화수소 등 소독제로 처리됨(접촉 시간 준수).

- 폐기 · 배출
  - ▸ 기준을 만족한 폐수는 전용 배출 라인으로 방류됨.
  - ▸ 기준 미달 · 고위험 폐수는 인증된 전문 업체로 위탁 처리됨.
- 기록 관리 : 폐기 일자 · 방법 · 담당자 · 폐기량 · 중화 · 멸균 확인값이 GMP 원칙에 따라 문서화 · 보관됨.

② 세척용수 폐기 시 주의사항
- 혼합 금지
  - ▸ 차아염소산나트륨과 산성 용액 혼합 시 염소가스 발생 위험이 있어 엄격히 금지됨.
  - ▸ 과산화수소는 금속 촉매 접촉 시 급격 분해 · 발열 위험이 있어 분리 취급됨.
- 작업자 안전
  - ▸ PPE(보안경 · 장갑 · 실험복)가 착용되고, 비산 · 에어로졸이 최소화됨.
  - ▸ 중화 · 멸균 탱크는 환기 · 차압 · 비상 샤워/세안대가 확보됨.
- 설비 · 품질
  - ▸ pH · 전도도 · 온도 센서가 교정 상태로 유지되며, 알람 · 인터록이 설정됨.
  - ▸ 배출 전 샘플링은 대표성 확보(균질화 후 채취) 원칙이 준수됨.

⑩ 산업적 의의
- 세척용수 폐기 관리는 환경 안전 · 작업자 안전 · GMP 심사 항목과 직결됨.
- 부적절한 관리로 GMP 인증 취소 · 환경 법규 위반 · 생산 중단 리스크가 발생됨.
- 표준화된 절차 · 기록 · 모니터링 체계가 품질 · 규제 대응력을 강화함.

⑭ 폐수 처리 · 검증
- 배출 기준 관리 : 허가 조건에 따른 pH · TOC/COD · BOD · 잔류 염소 · 탁도 · 미생물 기준이 사전 정의 · 감시됨.
- 균질화 · 완충 시스템 : 균질화 탱크 · 중화조 · 보류조를 통해 농도 변동이 완화되고 안정 배출이 확보됨.
- 검증 · 재평가 : 처리 공정 변경(세제 교체 · 신규 용매 도입 등) 시 위험평가 · 재밸리데이션이 수행됨.
- SDS · 변경관리 : 사용 세제 · 소독제의 SDS가 참조되고, 절차 변경은 변경관리 · CAPA로 추적

2 도구 멸균

① 도구 멸균 준비사항

　㉠ 멸균 준비의 의의
　　• 멸균 준비는 멸균 효과가 충분히 발휘되도록 사전 점검·정리가 수행됨.
　　• 준비 과정이 불완전하면 미생물 잔존·내성균 생존·화학물 잔류로 무균 상태가 확보되지 않게 됨.
　　• GMP 및 실험실 안전 관리에서 멸균 준비는 멸균 공정 자체만큼 중요한 절차로 규정됨.

　㉡ 멸균 전 도구 상태 점검
　　• **세척 여부** : 멸균 전 세척이 완료되고 단백질·지질·세제 잔여물이 없어야 함(세척 불완전 → 멸균 실패로 이어짐).
　　• **건조 상태** : 물기 잔류 시 증기 침투가 불균일해짐.
　　• **손상 여부** : 유리기구 균열, 금속기구 부식, 플라스틱 변형이 사전 확인됨.
　　• **조립 여부** : 분리 가능한 기구는 분해하여 내부까지 멸균 효과가 도달되도록 준비됨.

　㉢ 멸균 전 준비 과정
　　• 분류 및 구분

　　　▸ 멸균 대상이 종류·재질별로 구분됨.
　　　▸ 고온 멸균 가능(유리·금속)과 저온 멸균 필요(플라스틱·고무) 기구가 분리됨.
　　　▸ 일회용 멸균 소모품은 멸균 포장 상태로 사용됨.

　　• 포장(Packaging)

　　　▸ 멸균지는 멸균지·멸균백·알루미늄 포일 등으로 포장됨.
　　　▸ 포장은 증기·가스·방사선 투과 가능하면서 외부 오염은 차단됨.
　　　▸ 라벨(기구명·일자·담당자)이 기입됨.

　　• 멸균지표 준비

　　　▸ 물리적·화학적·생물학적 지표가 함께 배치됨.
　　　▸ 예: Autoclave tape(화학 지표), 생물학적 지표(포자 시험균).

　　• 적재(Loading)

　　　▸ 장치 내부에서 공기 순환·증기 투과가 원활하도록 배치됨.
　　　▸ 기구 겹침·과밀 적재가 금지됨(멸균 불완전 예방).

• 안전 점검
  ▸ 오토클레이브 · 건열멸균기 등의 작동 상태가 점검됨.
  ▸ 압력계 · 온도계 · 타이머 · 안전 밸브 이상 유무가 확인됨.

ⓔ 멸균 준비 시 주의사항
• 세척 불완전 · 포장 불량 · 과적재는 멸균 실패의 주요 원인으로 관리됨.
• 멸균 포장은 1회성 사용 원칙이 준수됨.
• 고압증기멸균 시 유리기구는 압력 차 파손 방지를 위해 마개를 헐겁게 하거나 알루미늄 포일로 덮음.
• 전 기구는 라벨 · 기록으로 추적 가능성이 확보됨.

ⓜ 산업적 의의
• 멸균 준비는 의약품 생산 · 세포 배양 · 미생물 발효 전 공정에서 품질 보증(QA)의 핵심 절차로 기능함.
• 국제 규제기관은 세척 · 포장 · 적재 · 지표 사용을 SOP와 Validation 자료로 요구함.
• 준비 미흡 시 연구 신뢰성 · 제품 품질 · 환자 안전이 모두 위협됨.

② 도구 멸균 주의사항

㉠ 멸균 주의사항의 의의
• 도구 멸균은 무균성 보장의 핵심 공정으로, 준비 · 적재 · 조건 설정 오류 시 멸균 불완전 · 기구 손상 · 안전사고가 발생됨.
• 안전 · 품질 관리 사항의 준수가 필수로 요구됨.

㉡ 멸균 과정에서의 일반 주의사항
• 세척 선행 : 세척 불완전 시 오염물 잔류가 멸균 차폐막으로 작용하여 실패가 유발됨.
• 과적재 금지 : 과도한 적재로 증기 · 가스 침투가 저해되어 멸균 불완전이 발생됨.
• 포장 상태 확인 : 멸균제 투과성과 외부 오염 차단성이 동시 확보되어야 함.
• 지표 사용 : 물리 기록(온도 · 압력 · 시간), 화학 테이프, 생물학적 지표가 병행되어 효과가 검증됨.

㉢ 멸균 방법별 주의사항
• 고압증기멸균(Autoclave)
  ▸ 압력 용기 특성상 안전밸브 · 압력계 이상 여부가 상시 점검됨.
  ▸ 멸균 종료 직후 개방 시 폭발적 압력 해제 · 화상 위험 → 압력 완전 해제 후 개방됨.
  ▸ 유리기구는 내부 압력 차로 파손될 수 있어 마개를 헐겁게 하거나 포일로 덮음.

- 건열멸균(Dry Heat)
  ▸ 160~180℃ 고온 장시간 유지가 요구되어 플라스틱 · 고무는 손상 가능성이 있음.
  ▸ 내열성 확인된 유리 · 금속 기구에만 적용됨.
- 여과멸균(Filtration)
  ▸ 0.2 μm 멸균 필터는 반복 사용 시 성능 저하 → 일회용 사용이 원칙임.
  ▸ 필터 손상 · 막힘 여부가 사전 점검됨.
- 가스멸균(Ethylene oxide, EO)
  ▸ EO는 독성 · 폭발성이 있어 환기 · 가스 중화가 철저히 수행됨.
  ▸ 잔류 EO는 세포 독성 · 인체 위해 요인 → 충분한 에어레이션이 필요함.
- 방사선멸균(γ선 · 전자빔)
  ▸ 재질 변형 · 열화 가능성이 있어 내방사선성이 확인됨.
  ▸ 방사선 멸균은 전문 시설에서만 수행됨.

ⓔ 작업자 안전 주의사항
- 멸균 과정 중 PPE(보안경 · 장갑 · 실험복)가 반드시 착용됨.
- 고압증기멸균은 화상 · 폭발 위험, EO 가스 멸균은 독성 · 흡입 위험에 대비됨.
- 장비 작동은 교육 이수 인력이 수행함.

ⓜ 기록 · 품질 관리 주의사항
- 멸균 공정은 SOP에 따라 수행되고 온도 · 압력 · 시간 기록이 보관됨.
- 화학적 · 생물학적 지표로 멸균 성공 여부가 확인됨.
- GMP 규정에서 멸균 공정 검증(validation) 자료 제출이 필수로 요구됨.

ⓑ 산업적 의의
- 멸균 주의사항은 품질 보증(QA) · 규제 적합성 · 산업 안전과 직결됨.
- 멸균 실패는 세포배양 오염 · 발효 불량 · 의약품 불합격으로 이어짐.
- 따라서 멸균 주의사항 숙지는 시험 대비와 현장 실무 모두에서 필수로 간주됨.

③ 멸균 원리 및 종류

㉠ 멸균의 개념
- 멸균(sterilization)은 대상 기구 · 물질의 모든 미생물(세균 · 곰팡이 · 바이러스 · 마이코플라스마 · 포자 등)이 완전히 사멸 · 제거됨.
- 소독(disinfection)과 달리 멸균은 완전 무균 상태가 목표로 설정됨.
- 바이오공정에서 멸균은 세포 배양 · 발효 · 제품 생산 전 과정의 무균성 확보 핵심 기술로 규정됨.

ⓛ 멸균의 원리
- 멸균은 단백질 변성, 세포막·세포벽 파괴, 핵산 손상 유발로 달성됨.
- 물리적·화학적·방사선적 방법이 적용되며, 각 방법은 상이한 작동 원리를 가짐.
- 멸균 효과는 온도·압력·시간·농도·방사선량 등의 조건이 적정 수준으로 유지될 때 확보됨.

ⓒ 멸균의 주요 종류
- 고압증기멸균(Autoclave, Moist Heat)

  ▸ 원리: 121℃, 1.1~1.2 atm 포화증기 처리로 단백질 변성·세포막 파괴가 유도됨.
  ▸ 특징: 대부분 기구·배지에 적용되는 일반적 방법으로 채택됨.
  ▸ 장점: 멸균 효과가 확실하며 소요 시간이 15~20분으로 짧게 유지됨.
  ▸ 단점: 고온·고습에 약한 플라스틱·고무·열민감 물질에는 부적합함.

- 건열멸균(Dry Heat)

  ▸ 원리: 160~180℃ 건열에서 단백질 산화·세포 구성 성분 파괴가 일어남.
  ▸ 특징: 유리기구·금속기구 멸균에 적합함.
  ▸ 장점: 부식·습기 문제가 없음.
  ▸ 단점: 2시간 이상 장시간이 요구되며, 열민감 기구는 손상 가능성이 높음.

- 여과멸균(Filtration)

  ▸ 원리: 0.2 μm 이하 멸균 필터로 미생물이 물리적으로 제거됨.
  ▸ 특징: 혈청·항생제·효소 등 열민감성 용액에 적용됨.
  ▸ 장점: 단백질·영양소 변성이 방지됨.
  ▸ 단점: 바이러스·마이코플라즈마 등 소형 입자는 완전 제거가 어려움.

- 가스멸균(Ethylene Oxide 등)

  ▸ 원리: EO 가스가 단백질·세포막·DNA를 알킬화하여 사멸이 유도됨.
  ▸ 특징: 플라스틱·고무·의료기구에 저온에서 적용 가능함.
  ▸ 장점: 열민감성 기구에 적합함.
  ▸ 단점: EO 독성·폭발성으로 환기·중화·에어레이션이 철저히 요구됨.

- 방사선멸균(γ선·전자빔)

  ▸ 원리: 고에너지 방사선이 DNA 이중가닥 절단·분자 파괴를 유발함.
  ▸ 특징: 일회용 플라스틱·의료기구·의약품 포장재에 적용됨.
  ▸ 장점: 포장 상태 그대로 멸균 가능하며, 멸균 후 즉시 사용이 가능함.
  ▸ 단점: 재질 열화 가능성이 존재하며, 전문 시설이 필요함.

- 플라즈마 멸균(Hydrogen Peroxide Plasma)

  > ▸ 원리: 과산화수소를 플라즈마화하여 활성 라디칼로 멸균이 수행됨.
  > ▸ 특징: 저온 멸균으로 열민감성 기구에 적합함.
  > ▸ 장점: 잔류 독성이 거의 없고 공정 시간이 짧게 유지됨.
  > ▸ 단점: 장비 비용이 높고 긴 관·튜브 내부 멸균이 제한될 수 있음.

ㄹ) 멸균 방법 선택 기준
- 대상 재질 : 유리·금속 → 건열/Autoclave가 적합함, 플라스틱·고무 → EO/플라즈마가 적합함.
- 열민감성 여부 : 열에 약하면 여과·가스·플라즈마가 우선 선택됨.
- 대상 용도 : 배양액·혈청 → 여과 멸균 / 배양 플라스크·발효조 → Autoclave가 적용됨.
- 산업 규제 : GMP 규정에 따라 적격성이 검증된 멸균법만 사용됨.

ㅁ) 산업적 의의
- 멸균 원리·종류에 대한 정확한 이해는 연구·산업 생산의 기본 역량으로 간주됨.
- 멸균 실패는 세포 오염·배양 실패·제품 불합격으로 직결됨.
- 국제 규제 기관(FDA·EMA·MFDS)은 멸균법·조건·검증 자료 제출을 품질 심사에서 필수로 요구함.
- 따라서 본 절의 내용은 시험 출제 비중이 높으며 현장 실무 필수 역량으로 유지됨.

④ 물리적 멸균법

㉠ 개념
- 물리적 멸균법은 열·여과·방사선·자외선 등의 물리 인자를 이용해 미생물이 사멸·제거됨.
- 화학적 멸균 대비 잔류 독성 문제가 적고, 단순·재현성이 높아 연구·산업 현장에서 표준으로 활용됨.
- 세포 배양·발효·의약품 제조 공정 전반에서 무균성 확보의 핵심 수단으로 자리잡음.

㉡ 주요 물리적 멸균법의 종류
- 고압증기멸균(Autoclave, Moist Heat)

  > ▸ 원리: 121℃, 1.1~1.2 atm 포화증기로 단백질 변성·세포막 파괴가 유도됨.
  > ▸ 적용 대상: 배양기구, 유리기구, 금속도구, 배지, 시약이 포함됨.
  > ▸ 특징: 가장 보편적이며 신뢰성이 높고 15~20분 내 멸균이 가능함.
  > ▸ 주의: 내부까지 증기 침투가 확보되도록 적재하며, 종료 후 압력 완전 해제 전 개방이 금지됨.

- 건열멸균(Dry Heat)

  ▸ 원리 : 160~180℃ 건열에서 단백질 산화 · 세포 구성 성분 파괴가 일어남.
  ▸ 적용 대상 : 유리기구, 금속기구 등 내열성 물질이 해당됨.
  ▸ 특징 : 습기 · 부식 이슈가 없으나 2~3시간 등 장시간이 요구됨.
  ▸ 주의 : 플라스틱 · 고무 등 열민감 재질은 손상됨. (엔도톡신 감소 목적 depyrogenation은 250℃ 수준이 적용됨.)

- 여과멸균(Filtration)

  ▸ 원리 : 0.2 μm 멸균 필터로 미생물이 물리적으로 제거됨.
  ▸ 적용 대상 : 혈청, 효소, 항체, 배지 첨가제 등 열민감성 용액이 해당됨.
  ▸ 특징 : 고온 처리 없이 멸균이 가능하나 바이러스 · 마이코플라즈마 등 소형 입자는 완전 제거가 어려움.
  ▸ 주의 : 필터는 일회용 사용이 원칙이며, 막 재질(PES · PVDF · PTFE)은 단백질 결합성 · 용매 적합성을 고려해 선택됨.

- 방사선멸균(γ선 · 전자빔 · X선)

  ▸ 원리 : 고에너지 방사선이 DNA 이중가닥 절단 · 분자 파괴를 유도함.
  ▸ 적용 대상 : 일회용 플라스틱, 의료용 소모품, 포장된 제품이 포함됨.
  ▸ 특징 : 포장 상태 그대로 멸균 가능하며, 멸균 후 즉시 사용이 가능함.
  ▸ 주의 : 고분자 재질 열화 가능성이 있어 적합성 평가가 필요함. (의료기기 표준 선량 25 kGy가 흔히 적용됨.)

- 자외선 멸균(UV, 254 nm 부근)

  ▸ 원리 : 260 nm 전후 UV가 티민 다이머 형성으로 복제가 저해됨.
  ▸ 적용 대상 : 무균 작업대 내부, 실험실 공간 · 표면이 해당됨.
  ▸ 특징 : 표면에만 효과적이며 투과력이 낮아 그늘 · 먼지에서는 효과가 저하됨.
  ▸ 주의 : 램프 노화 시 출력 저하로 주기 교체가 필요하며, 작업자 눈 · 피부 보호구가 필수임.

ⓒ 물리적 멸균법 선택 기준
  - 재질 : 고온 · 고습 가능 재질 → Autoclave / 단순 내열성 필요 → 건열 / 열민감성 → 여과 · 방사선이 적합함.
  - 용도 : 액체 시약 · 배지 첨가제 → 여과 / 일회용 소모품 · 포장 제품 → 방사선 / 실험실 표면 · 작업대 → 자외선이 적용됨.
  - 경제성 · 효율성: 공정 규모 · 시간 · 비용 · 검증 용이성을 함께 고려함.

ⓓ 산업적 의의
  - 물리적 멸균법은 GMP 생산에서 가장 표준화된 멸균 수단으로 기능함.
  - Autoclave · 여과멸균은 세포배양 · 발효 공정에서 일상적으로 적용되며, 재현성과 품질 일관성이 확보됨.

⑤ 화학적 멸균법

　㉠ 개념
　　• 화학적 멸균법은 화학 물질의 살균·살포 작용으로 미생물과 포자까지 사멸·제거됨.
　　• 물리적 멸균법 대비 저온에서 수행 가능하여 플라스틱·고무·정밀 기구에 적합함.
　　• 반면 화학물질 독성·잔류·환기·작업자 안전 관리가 필수로 수반됨.

　㉡ 주요 화학적 멸균법의 종류
　　• 에틸렌옥사이드(EO) 가스 멸균

　　　▸ 원리 : EO가 단백질·DNA를 알킬화하여 구조가 불활성화됨.
　　　▸ 적용 대상 : 플라스틱·고무·카테터·주사기·복잡 구조 기구가 포함됨.
　　　▸ 특징 : 30~60℃ 저온에서도 멸균이 가능하고, 틈새·루멘 내부까지 가스가 침투됨.
　　　▸ 주의 : 독성·가연성·잔류 EO 문제가 있으므로 충분한 에어레이션(예: 8~24 h 수준)이 수행됨. 잔류물(EO, ECH, EG)은 규정 기준에 적합하게 관리됨.

　　• 포름알데히드(Formaldehyde) 가스

　　　▸ 원리 : 단백질·핵산 교차결합으로 불활성화됨.
　　　▸ 적용 대상 : 고온 멸균 불가 대형 챔버·일부 장비가 해당됨.
　　　▸ 특징 : 비용이 낮고 챔버 멸균에 유용함.
　　　▸ 주의 : 강한 자극성·발암성 우려가 커 현재는 제한적으로만 사용됨. 사용 후 충분한 환기가 필요함.

　　• 글루타르알데히드(Glutaraldehyde) 용액

　　　▸ 원리 : 단백질 아민기 교차결합으로 세포 구조가 파괴됨.
　　　▸ 적용 대상 : 내시경, 플라스틱·고무·금속 기구의 침적 처리에 활용됨.
　　　▸ 특징 : 2% 용액에 수 시간 침적 시 고수준 살균이 달성됨.
　　　▸ 주의 : 피부·점막 자극이 강하므로 밀폐·PPE·환기가 준수됨.

　　• 과산화수소(H_2O_2) / 과산화수소 플라즈마(VHP)

　　　▸ 원리 : 활성 라디칼이 세포막·DNA를 산화적으로 손상시킴.
　　　▸ 적용 대상 : 열민감성 의료기기·전자부품 포함 기구가 해당됨.
　　　▸ 특징 : 멸균 시간이 짧고 잔류 독성이 거의 없으며 친환경적임.
　　　▸ 주의 : 긴·좁은 루멘은 적용이 제한될 수 있어 사이클·장비 적합성이 검토됨.

　　• 차아염소산나트륨(NaOCl)·염소계

　　　▸ 원리 : 강한 산화작용으로 단백질 변성·세포막 파괴가 일어남.
　　　▸ 적용 대상 : 기구·작업대 표면, 폐액의 멸균·중화에 사용됨.
　　　▸ 특징 : 저렴하고 살균력이 강함.
　　　▸ 주의 : 금속 부식·플라스틱 손상 위험이 있어 농도·접촉 시간이 관리됨.
　　　　(유기물 존재 시 효과 저하됨.)

- 알코올(70% 에탄올 · IPA)

  ▸ 원리 : 단백질 변성 · 지질 용해로 세포막이 파괴됨.
  ▸ 적용 대상 : 손 · 작업대 · 기구 표면의 신속 소독에 사용됨.
  ▸ 특징 : 휘발성이 높아 잔류 독성이 거의 없고 빠른 작용이 나타남.
  ▸ 주의 : 포자에는 효과가 부족하므로 멸균 대체 수단으로 사용되지 않음.

- 페놀계 · QUAT(4급 암모늄염)

  ▸ 원리 : 막 인지질 변성으로 투과성이 상실됨.
  ▸ 적용 대상 : 표면 소독 · 저위험 기구에 사용됨.
  ▸ 특징 : 세균 · 곰팡이에 효과적이나 포자 · 일부 비피막 바이러스에는 제한적임.
  ▸ 주의 : 단백질성 오염물과 접촉 시 활성 저하가 발생될 수 있음.

- 기타 산화제

  ▸ 예 : 이산화염소(ClO_2), 오존(O_3) 등 산화 기반 멸균제가 선택지로 활용됨.
  ▸ 특징 : 기체 상태로 챔버 · 배관계 소독에 유용하며, 부산물 · 부식성 · 재질 적합성은 사전 평가됨.

ⓒ 화학적 멸균법의 장점
- 저온 공정이 가능하여 열민감성 · 정밀 기구 멸균이 수행됨.
- 복잡 구조 · 루멘 내부까지 멸균이 가능함.
- 일부 방식은 포장 상태 그대로 멸균이 가능함.

ⓔ 화학적 멸균법의 단점
- 독성 · 자극성 · 환경 영향이 커 작업자 안전 · 환기 · 중화 절차가 필수로 동반됨.
- 잔류 화학물 제거와 에어레이션이 요구되어 리드타임이 증가됨.
- 공정 · 설비 · 소모품 비용이 높고, 검증 · 모니터링 부담이 큼.

ⓜ 산업적 의의
- 화학적 멸균법은 물리적 멸균을 대체 · 보완하는 핵심 옵션으로, 의료기기 · 연구장비 · GMP 생산 설비에서 널리 적용됨.
- EO · H_2O_2(기화 · 플라즈마)는 GMP 환경에서 표준 공정으로 자리잡았고, 공정 검증(생물학적 지표 · 화학적 지표 · 잔류물 시험)과 문서화가 필수로 이행됨.

⑥ 방사선 멸균법

㉠ 개념
- 방사선 멸균(Radiation Sterilization)은 고에너지 방사선(γ선, 전자빔, X선 등)으로 미생물의 DNA · 단백질 · 세포막을 손상시켜 사멸이 이루어짐.
- 물리적 접촉 없이 포장된 상태 그대로 멸균이 가능하여 의료기기 · 일회용 소모품 · 제약 산업에서 널리 사용됨.

- ⓛ 원리
  - 방사선이 이온화 작용·자유라디칼 생성을 유도하여 DNA 이중가닥 절단·단백질 변성이 유발됨.
  - 세포막 구조가 손상되어 미생물 사멸이 달성됨.
  - 포자 등 저항성 미생물에도 강력한 효과가 발휘됨.
- ⓒ 방사선 멸균의 주요 종류
  - γ선 멸균(Gamma)
    - 원리 : Co-60 등 방사성 동위원소에서 방출되는 γ선에 의해 DNA 손상이 유도됨.
    - 적용 대상 : 일회용 주사기·페트리쉬·배양병·의료용 튜브·소모품이 포함됨.
    - 특징 : 포장 상태에서도 멸균 가능하며, 처리 후 즉시 사용이 가능함. 처리 시간이 길고 전용 시설이 요구됨.
  - 전자빔 멸균(E-beam)
    - 원리 : 고속 전자 조사로 DNA가 손상됨.
    - 적용 대상 : 의료기구·실험용 플라스틱 소모품이 해당됨.
    - 특징 : 멸균 속도가 매우 빠름(수초~수분). 잔류 방사선이 없으나 투과 깊이가 얕아 두꺼운 재질에는 한계가 존재함.
  - X선 멸균
    - 원리 : 고에너지 X선을 발생시켜 DNA 절단이 유도됨.
    - 특징 : γ선과 유사한 투과력을 가지며 전자빔보다 깊은 침투가 가능함. 방사성 동위원소가 불필요하나, 상용화가 아직 제한적이고 비용이 높음.
- ⓔ 장점
  - 포장된 상태 그대로 멸균 가능하여 무균 상태 유지가 용이함.
  - 낮은 온도에서 수행 가능하여 열민감성 기구에 적합함.
  - 멸균 후 즉시 사용이 가능함.
  - 대량 처리가 가능하여 산업적으로 효율적임.
- ⓜ 단점
  - 일부 고분자 플라스틱은 열화·변색·기계적 강도 저하가 발생함.
  - γ선 시설·전자빔 가속기 등 전용 설비가 필요하여 비용 부담이 큼.
  - 작업자 피폭·방사성 물질 관리 등 안전 관리가 필수임.
- ⓗ 산업적 의의
  - 방사선 멸균은 의료용 일회용 소모품·제약 포장재·세포배양 소모품 멸균에 필수적으로 적용됨.

- 국제 규제기관은 방사선 멸균 공정의 적격성 시험과 SAL(Sterility Assurance Level) 기준 충족을 요구함.
- 바이오 산업에서 Autoclave · EO 가스와 함께 3대 멸균법 중 하나로 간주됨.

⑦ 멸균 효과 판정법

㉠ 개념
- 멸균 효과 판정은 멸균 공정 후 모든 미생물이 사멸·제거되었는지 확인하는 절차로 규정됨.
- 단순 공정 수행만으로는 무균성이 보증되지 않으므로, 지표·시험을 통한 검증이 필수임.
- GMP 환경에서는 판정 결과의 문서화·검증(validation) 자료 관리가 요구됨.

㉡ 기준
- 멸균 후 시료에 생존 미생물이 존재하지 않아야 함.
- 국제 기준 SAL 10^{-6} 수준(백만 개 중 1개 생존 가능성)까지 멸균이 달성되어야 함.

㉢ 판정 방법
- 물리적 지표(Physical)
  - 멸균 장치의 온도·압력·시간 기록으로 설정값 도달 여부가 확인됨.
  - Autoclave의 압력계·온도계·기록지 점검이 수행됨.
  - 조건 도달 확인용으로, 미생물 사멸 자체를 보증하지는 않음.

- 화학적 지표(Chemical)
  - 조건(온도·가스·방사선)에 반응해 색 변화를 보이는 테이프·라벨·앰플이 사용됨.
  - 예: Autoclave tape는 설정 조건 도달 시 흑색으로 변함.
  - 조건 도달 확인용으로, 사멸 보증은 불가함.

- 생물학적 지표(BI, Biological)
  - 가장 신뢰도가 높은 판정법으로 규정됨.
  - 내열·내화학 포자균(예: Autoclave → Geobacillus stearothermophilus / EO·건열 → Bacillus atrophaeus)이 사용됨.
  - 멸균 후 배양해 성장 여부를 확인하며, 성장 없음이면 멸균 성공으로 판정됨.

- 무균 시험(Sterility Test)
  - 멸균 처리 샘플을 배지에 접종·배양하여 미생물 성장 여부가 확인됨.
  - 제약·의약품 멸균 검증에 사용되나, 결과 확인까지 수일~수주가 소요됨.

ⓔ 주의사항
- 화학적 지표만으로 보증을 삼는 것은 불완전하므로 생물학적 지표를 병행해야 함.
- 장치 고장·과적재·세척 불완전 등으로 실패 가능성이 있어 결과를 정기적으로 분석해야 함.
- GMP에서는 정기적 BI 시험과 무균 시험을 통한 공정 검증이 요구됨.

ⓜ 산업적 의의
- 멸균 효과 판정은 품질 보증(QA)의 핵심 요소임.
- 판정 자료는 규제 심사·인증에 제출되며, 불합격 시 생산 중단으로 이어짐.
- 물리적·화학적 지표에 더해 반드시 생물학적 지표·무균 시험까지 병행되어야 함.

3 세척기·멸균기 점검

① 세척기 종류 및 특성

㉠ 개념
- 세척기는 배양 도구·기구·장치 표면의 오염물질(단백질·지질·세제·미생물)을 자동·반자동으로 제거하도록 사용됨.
- 수작업 대비 효율성·재현성·GMP 적합성이 향상되어 대규모 생산 현장에서 필수로 간주됨.

㉡ 주요 세척기의 종류
- 일반 실험실 세척기(Laboratory Glassware Washer)가 사용됨.
  - 세제→세척→헹굼→건조가 프로그램화되어 재현성이 확보됨.
  - 고오염·대형 기구에는 한계가 존재됨.
- CIP 세척기(Cleaning In Place System)가 사용됨.
  - 발효조·배양기·배관 내부를 분해 없이 순환 세척이 수행됨.
  - 설치·검증 비용이 높으나 대형 장치에 필수로 적용됨.
- 초음파 세척기(Ultrasonic Cleaner)가 사용됨.
  - 20~40 kHz 공동현상으로 미세 틈새 오염이 제거됨.
  - 정밀 기구에 효과적이나 대형 기구에는 비효율적임.
- 고압 세척기(High-Pressure Washer)가 사용됨.
  - 고압수 분사로 대면적·조대 오염이 제거됨.
  - 세밀 세척에는 부적합함.

- 세척 · 건조 일체형 장치(Washer-Dryer Cabinet)가 사용됨.

    ‣ 세척 후 고온 건조 · 보관이 일괄로 수행됨.
    ‣ 설치 공간 · 비용 부담이 큼.

ⓒ 세척기 선택 기준
- 세척 대상의 크기 · 재질 · 오염 특성에 적합해야 함.
- 알칼리 · 산성 · 효소 세제 및 용수 등급과의 호환성이 검토됨.
- 자동 기록 · 알람 · 검증 기능 등 GMP 적합성이 확보됨.

ⓔ 세척기 사용 시 주의사항
- SOP에 따른 농도 · 온도 · 시간 · 단계가 준수됨.
- 과적재 · 노즐 막힘 방지가 중요함.
- 세척 후 건조 · 보관 동선이 청결 구역으로 유지됨.

ⓜ 산업적 의의
- 자동 세척은 품질 표준화 · 추적성 확보의 핵심 수단으로 기능함.
- CIP · 초음파 세척 원리 · 검증 항목이 시험에 빈출됨.

② 세척기 운전 및 점검

ⓐ 운전의 기본 원칙
- 세척액 농도 · 세척 온도 · 세척 시간 · 헹굼 단계 · 건조 조건이 사전에 확정되어 운전됨.
- 자동 프로그램이라도 초기 설정과 결과 확인이 담당자에 의해 수행됨.
- 운전 전 · 중 · 후 안전 · 작동 점검이 필수로 이행됨.

ⓑ 운전 절차
- 사전 점검이 수행됨.

    ‣ 내부 잔여물 · 스케일 · 필터 · 노즐 상태가 점검됨.
    ‣ 세제 주입 장치 · 용수 라인이 확인됨.

- 적재(Loading)가 수행됨.

    ‣ 세척수가 고르게 도달하도록 배치되고 과적재가 금지됨.
    ‣ 유리기구는 충격 방지를 위한 고정이 적용됨.

- 세척 운전이 수행됨.

    ‣ 세척→헹굼→최종 헹굼→건조가 단계적으로 진행됨.
    ‣ CIP는 순환 속도 · 압력 · 온도가 모니터링됨.

- 세척 완료 후 조치가 수행됨.
  - ▸ 잔류 세제 · 오염 여부가 확인됨.
  - ▸ 즉시 멸균 단계로 이행되거나 무균 구역에 보관됨.

ⓒ 점검 항목
- 일일 점검이 수행됨 : 장비 청결 · 세제 잔량 · 노즐 막힘 · 온도 · 압력 표시가 확인됨.
- 정기 점검이 수행됨.
  - ▸ 펌프 · 밸브 · 배관 · 필터 · 가스켓 · 스케일 · 부식 상태가 점검됨.
  - ▸ 초음파 세척기는 출력 · 주파수가 확인됨.
- 세척 성능 검증이 수행됨 : 단백질 잔류량, TOC, 미생물 시험 결과가 기준을 충족해야 함.

ⓔ 운전 · 점검 시 주의사항
- SOP 미준수 · 과적재 · 노즐 막힘은 세척 불완전으로 이어짐.
- 세제 과다 사용은 기구 손상 · 잔류 독성 위험이 증대됨.
- 건조 불충분 시 재오염이 발생됨.

ⓜ 산업적 의의 : 운전 · 점검 · 검증 기록이 품질 보증과 규제 대응의 근거가 됨.

③ 멸균기 종류 및 특성

㉠ 개념
- 멸균기는 고온 · 고압, 건열, 가스, 방사선, 플라즈마 등 원리로 모든 미생물을 사멸시키도록 사용됨.
- 세척기와 함께 GMP 품질 관리의 핵심 설비로 간주됨.

㉡ 주요 멸균기의 종류
- 고압증기멸균기(Autoclave)가 사용됨.
  - ▸ 121℃, 1.1~1.2 atm, 15~20분 조건에서 단백질 변성 · 막 파괴가 유도됨.
  - ▸ 열 · 습기에 약한 재질에는 부적합함.
- 건열멸균기(Dry Heat Sterilizer)가 사용됨.
  - ▸ 160~180℃ 고온에서 2시간 이상 처리되어 산화 · 탈수 반응이 유도됨.
  - ▸ 유리 · 금속에 적합함.
- 가스멸균기(EO)가 사용됨.
  - ▸ 30~60℃에서 EO가 알킬화 반응을 유도함.
  - ▸ 잔류 EO 제거를 위한 에어레이션이 필수임.

- 방사선 멸균기(γ선 · 전자빔 · X선)가 사용됨.
  - 포장 상태로 조사되어 DNA 절단이 유도됨.
  - 고분자 열화 가능성이 존재됨.
- 저온 플라즈마 멸균기(H_2O_2)가 사용됨.
  - 활성 라디칼로 멸균되며 잔류 독성이 거의 없음.
  - 긴 루멘 내부 멸균은 제한될 수 있음.

ⓒ 멸균기 선택 기준
- 재질 · 열민감성 · 구조 복잡성 · 포장 유무가 고려됨.
- 시험 · 생산 규모, 처리량, 비용 · 시간 효율성이 검토됨.
- IQ/OQ/PQ 등 적격성 평가가 수행됨.

ⓔ 사용 시 주의사항
- 과적재 금지, 멸균 조건 표준화, 지표 사용이 필수로 이행됨.
- EO는 독성 · 폭발성 관리와 충분한 에어레이션이 필요함.
- 방사선 시설은 피폭 · 차폐 관리가 요구됨.

ⓜ 산업적 의의 : 멸균기의 적정 운용 · 검증은 무균성 보증과 규제 적합성의 기반이 됨.

④ 멸균기 운전 및 점검

㉠ 운전의 기본 원칙
- 멸균 조건(온도 · 압력 · 시간 · 가스 농도 · 조사 선량)이 정확히 설정됨.
- 운전 전 · 중 · 후 점검으로 안전성과 멸균 효과가 확보됨.
- IQ/OQ/PQ와 주기적 Validation이 시행됨.

㉡ 운전 절차
- 사전 점검이 수행됨.
  - 외관 · 누수 · 부식 · 패킹 · 계측기 이상이 점검됨.
  - 화학적 · 생물학적 지표가 준비됨.
  - EO · 플라즈마는 환기 · 중화 시스템이 확인됨.
- 적재가 수행됨.
  - 증기 · 가스 · 방사선이 균일 도달하도록 배치됨.
  - 유리는 마개를 헐겁게 하거나 알루미늄 포일로 덮임.

- 운전이 수행됨.
  ▸ Autoclave는 121℃, 15~20분, 1.1~1.2 atm이 유지됨.
  ▸ 건열은 160~180℃에서 2시간 이상이 유지됨.
  ▸ EO는 규정 농도·시간 후 에어레이션이 수행됨.
  ▸ 방사선은 규정 선량(예: 25 kGy)이 조사됨.
  ▸ 플라즈마는 H_2O_2 주입→플라즈마 사이클이 운전됨.

- 종료 후 확인이 수행됨.
  ▸ 압력·가스가 완전 해제된 뒤 개방됨.
  ▸ 응축수·EO·H_2O_2 잔류가 확인·제거됨.
  ▸ 화학적 지표 변색·BI 음성 배양이 확인됨.

ⓒ 점검 항목
- 일일 점검이 수행됨 : 외관·청결·안전밸브·압력계·기록값이 확인됨.
- 정기 점검이 수행됨 : 챔버·도어 패킹·배관 스케일·가스 누출·차폐 상태가 점검됨.
- 성능 검증이 수행됨 : 화학적 지표·BI·무균 시험이 기준을 충족함.

ⓔ 운전·점검 시 주의사항
- 임의 조건 변경은 멸균 실패·기구 손상을 초래함.
- EO는 충분한 에어레이션 후 사용이 보장되어야 함.
- 방사선 시설은 법정 안전 관리가 준수됨.
- 기록은 즉시성·무결성 원칙에 따라 보관됨.

ⓜ 산업적 의의 : 운전·점검·검증 체계가 제품 무균성 보증과 인증 유지에 직결됨.

⑤ 장비 사용일지 작성

㉠ 개념 : 장비 사용일지는 세척기·멸균기의 운전 내역·점검 기록·이상 및 조치 사항을 추적 가능하게 기록하는 문서로 유지됨.

㉡ 작성 목적 : 공정 재현성 확보, 원인 추적, 규제 심사 대응, 교육·책임성 입증이 달성됨.

㉢ 주요 기록 항목
- 기본 정보가 기록됨 : 장비명·ID·위치·담당자·사용 목적이 기재됨.
- 운전 조건이 기록됨.
  ▸ Autoclave(온도·압력·시간), 건열(온도·시간), 세척기(세제 농도·세척·헹굼·건조), – EO (농도·시간·에어레이션), 방사선(선량·시간)이 기재됨.
- 점검 내역이 기록됨 : 운전 전·중·후 점검 결과가 기재됨.
- 검증 결과가 기록됨 : 화학적 지표·BI·무균 시험 결과가 첨부됨.

- 이상 및 조치가 기록됨 : 설정값 불일치 · 오작동 · 재처리 · 수리 · 보고가 기재됨.
- 승인 서명이 기록됨 : 작업자 · 검토자(QA) · 승인자가 서명됨.

② 작성 시 주의사항
- 실시간 기록 · 사후 기입 금지 · 정정 규칙 준수가 확보됨.
- 전자기록은 전자서명 · 감사추적 등 무결성이 보장됨.
- 빈칸 없이 N/A 표기로 관리됨.

⑩ 산업적 의의
- 사용일지는 품질 보증 · 규제 적합성 · 안전 확보의 핵심 근거가 됨.
- 기록 부실은 멸균 · 세척 신뢰성 부재로 이어져 불합격 · 인증 취소가 초래됨.

핵심유형익히기

01
세척 준비의 개념으로 가장 적절한 것은?
① 단순 표면 청소
② 실험실 미관 정리
③ 다음 사용에 적합한 청결 상태 복귀
④ 폐기 전 임시 처리

> **세척 준비**
> • 무균 · GMP 충족 위한 관리 절차
> • 오염 차단으로 실패 · 불량 예방
> • 품질 보증(QA/QC)의 첫 관문

02
세척 준비가 미흡할 때 가능한 결과는?
① 배양 성공률 증가
② 발효 효율 향상
③ 실험 실패 · 제품 불량
④ 성장 속도 가속

> **리스크**
> • 잔류 오염이 공정으로 유입
> • 미생물 · 화학 혼입으로 불량↑
> • 규제 불합격 · 재작업 유발

03
세척 준비 기본 원칙에 포함되지 않는 것은?
① 재질 · 오염 파악
② 재질별 세제 · 멸균법 선택
③ 구역 구획
④ 세척 후 즉시 폐기

> **기본 원칙**
> • 목적은 재사용 가능한 청결 확보
> • 폐기는 관리 행위 아님
> • SOP 기반 선택 · 구획 · 기록 필수

04
사전 점검의 주요 내용이 아닌 것은?
① 오염 유형 판별
② 파손 · 부식 확인
③ 표준 용량 측정
④ 표면 잔류물 제거

> **사전 점검**
> • 오염 · 손상 선별로 재작업 방지
> • 세척 전 잔류물 기계적 제거
> • 용량 측정은 별도 시험 항목

05
단백질 · 지질 오염에 적합한 세제는?
① 중성
② 알칼리/효소
③ 산성
④ 특수

> **세제 선택**
> • 알칼리 · 효소 = 단백질 · 지질 분해
> • 오염 특성 맞춤형이 효율↑
> • SOP로 농도 · 시간 · 온도 관리

06
최종 헹굼에 적절한 물은?
① 수돗물
② 증류수
③ 초순수/멸균수
④ 해수

> **최종 헹굼**
> • UPW/WFI로 이온 · 미생물 최소화
> • 세제 잔류 · TOC 저감
> • GMP 최종 헹굼 기준 충족

정답 01 ③ 02 ③ 03 ④ 04 ③ 05 ② 06 ③

07
세척 라벨·기록에 포함할 항목은?
① 원산지
② 담당자·일자·세제·멸균 여부
③ 예상 결과
④ 가격

문서화
- 세척 이력 = 추적성·재현성 근거
- 감사·심사 대응 필수 데이터
- Part 11 등 데이터 무결성 준수

08
권장 스테인리스 등급은?
① 304　　② 316L
③ 410　　④ 201

재질 선택
- 316L: 내식·내화학 우수
- 표면 조도·패시베이션 중요
- 장기 무균 환경 안정성 확보

09
고온 멸균 적합 플라스틱은?
① PVC　　② PP·PC
③ PS　　④ PE

멸균 적합성
- PP/PC: Autoclave 안정
- PVC/PS/PE: 변형·용출 우려
- 재질-멸균법 호환성 확인

10
도구 설계 고려로 부적절한 것은?
① 분해·세척 용이
② 잔류·흡착 최소
③ 복잡 구조
④ 전용화로 교차오염 방지

위생 설계
- 단순 구조 = 세척·검증 용이
- 데드레그 최소·배수성 확보
- 전용화로 혼입 리스크 저감

11
세척 공정의 범위로 옳은 것은?
① 세제 사용까지만
② 헹굼-건조-보관까지 포함
③ 건조·보관 제외
④ 폐기 포함

공정 범위
- 세척 = 세정+헹굼+건조+보관
- 건조·보관 실패는 재오염 초래
- 클린 보류시간(CHT) 관리

12
예비 세척 시 유리 기구의 적절한 헹굼은?
① 뜨거운 물　　② 알코올
③ 찬물　　　　④ 산성 세제

Pre-rinse
- 단백질 열변성 방지 목적
- 사용 직후 찬물로 응고·건조 억제
- 본 세척 효과 극대화

13
무기물 침착 제거에 적합한 세제는?
① 중성　　② 알칼리
③ 산성　　④ 효소

스케일 제거
- 무기염·산화물은 산에 용해
- 알칼리 후 산 린스가 효과적
- 부식 위험 재질은 호환성 확인

정답　07 ②　08 ②　09 ②　10 ③　11 ②　12 ③　13 ③

14
유리 · 금속 기구 권장 건조 조건은?

① 실온 ② 20~30℃
③ 60~80℃ ④ 100℃ 이상

건조 관리
- 충분 건조로 미생물 · 워터스팟 억제
- 과도 고온은 변형 · 스트레스 유발
- 건조 후 청정 보관 연계

15
CIP 세척 시퀀스는?

① 산 → 헹 → 알칼리 → 소독
② 알칼리 → 헹 → 산 → 헹 → 소독
③ 헹 → 소독 → 알칼리 → 산
④ 알칼리 → 소독 → 헹 → 산

CIP 시퀀스
- 알칼리(유기물)→산(무기물) 분리
- 각 단계 후 충분 헹굼
- 레시피 · 파라미터 밸리데이션

16
CIP 커버리지 검증에 대표 시험은?

① 리보플라빈 테스트
② BCA 정량
③ 크로마토그래피
④ 전기영동

검증 도구
- 형광으로 세척 범위 시각화
- 데드레그 · 난세척 구역 확인
- 주기적 재검증으로 신뢰성 유지

17
초음파 세척의 원리는?

① 고압 분사 ② 공동현상
③ 전기영동 ④ 증기 가압

Cavitation
- 미세 기포 붕괴 충격으로 탈착
- 틈새 · 복잡 형상 오염 제거 우수
- 재질 손상 가능성 사전 평가

18
장비 선택 시 부적절한 기준은?

① 재질 적합성
② 세제 호환성
③ 검증 가능성
④ 가격을 최우선 고려

선정 원칙
- GMP: 품질 · 검증 우선
- TOC/미생물/전도도 시험 가능
- 전자기록 · 알람 · 인터록 확보

19
세제–용도 연결이 옳은 것은?

① 중성 – 무기염 제거
② 알칼리 – 단백질 · 지질 분해
③ 산성 – 세포막 분해
④ 효소–스케일 제거

세제 매칭
- 알칼리/효소: 유기물 분해
- 산성: 스케일 · 금속산화물 제거
- 중성: 범용 · 재질 안전성 우수

20
분자생물학 · 세포배양에서 필수 최종 헹굼수는?

① 수돗물 ② 증류수
③ 초순수(UPW) ④ 강산 처리수

고순도 용수
- 이온 · 미생물 · TOC 극저화
- 세제 잔류 최소 · 백그라운드 저감
- GMP · 시험 신뢰도 확보

정답 14 ③ 15 ② 16 ① 17 ② 18 ④ 19 ② 20 ③

21
세척 장비가 필요한 주된 이유는?
① 비용 절감　② 수작업 한계 보완
③ 연구 속도 증가　④ 소모품 절감

장비 필요성
- 대량 · 정밀 세척을 자동화
- 수작업 불균일성 보완
- GMP 재현성 · 무균성 확보

22
일반 실험실 세척기(Lab Washer)의 특징은?
① 단일 단계 세척　② 다단계 자동 세척
③ 수동 솔 세척　④ 증기 소독 전용

Lab Washer
- 세제 → 헹굼 → 초순수 → 건조 순환
- 스프레이 암 · HEPA 건조 포함
- 형상별 랙 구성으로 최적화

23
CIP 시스템의 특징으로 옳은 것은?
① 분해 후 세척
② 분해 없이 순환 세척
③ 건열 멸균 전용
④ 초음파 세척 병행

CIP 특징
- 발효조 · 배양기 내부 분해 無
- 알칼리 → 산 → 헹굼 시퀀스 제어
- 리보플라빈 테스트로 검증

24
초음파 세척기의 원리와 적합 범위는?
① 전기분해, 모든 재질 적용
② 공동현상, 미세 틈새 제거
③ 고압 분사, 대형 설비 전용
④ 고온 증기, 플라스틱 전용

초음파 세척
- 20~40 kHz 공동현상
- 틈새 · 미세오염에 효과
- 다공성 · 취약재질은 손상 주의

25
고압 세척기 사용 시 주의사항은?
① 청정구역 내부 사용 권장
② 대형 설비 외부 · 바닥 청소
③ 세포배양기 내부 전용
④ 멸균수 전용 장비

고압 세척
- 대형 외부 · 바닥 오염 제거
- 청정구역 사용 시 에어로졸 발생 위험
- 따라서 구역 외부 제한적 사용

26
세척 건조기(Washer-Dryer)의 장점은?
① 세척만 가능
② 세척 후 건조 · 보관 일체화
③ 소독 전용
④ 소모품 관리 기능

건조기 특징
- 세척 직후 HEPA 열풍 건조
- 워터스팟 · 재오염 최소화
- 보관까지 일체화로 효율↑

27
세정제 자동 주입 장치의 기능은?
① 농도 · 주입량 자동 제어
② 기구 위치 자동 감지
③ 고온 살균 전용
④ 전도도 측정 불가

정답　21 ②　22 ②　23 ②　24 ②　25 ②　26 ②　27 ①

주입 장치
- 농도 · 주입량 정밀 제어
- 인적 오류 감소 · 안전성 확보
- GMP 밸리데이션 용이

28
세척 장비 선택 기준에 해당하지 않는 것은?
① 재질 적합성 ② 세제 호환성
③ 검증 가능성 ④ 장비 가격만 고려

장비 기준
- 재질 · 세제 호환 필수
- TOC · 미생물 시험 가능해야 함
- 가격만 고려 시 GMP 미달

29
세척 장비 운전 시 관리해야 할 파라미터가 아닌 것은?
① 세척액 농도 ② 온도 · 시간
③ 센서 · 펌프 점검 ④ 기구의 원산지

운전 관리
- 농도 · 온도 · 시간 = SOP 기준
- 센서 · 펌프 주기 교정 필요
- 원산지는 무관 항목

30
세척 장비의 산업적 의의는?
① 비용 최소화
② 시간 효율 · 품질 · 안전 확보
③ 단순 세척 기능
④ 소규모 실험 한정

산업적 의의
- 대규모 생산서 재현성 강화
- 품질 · 규제 승인 요건 충족
- CIP · 장비 성능 검증 자료 필수

31
세척액의 정의로 옳은 것은?
① 기구 멸균용 약품
② 단백질 · 지질 등 오염 제거 약품 용액
③ 단순 살균제
④ 표면 광택제

세척액 개념
- 오염 유형별 선택 · 농도 관리
- 세제 · 용매 등으로 구성
- SOP로 접촉 시간 · 헹굼 규정

32
단백질 · 지질 오염에 강력한 세제는?
① 중성 ② 알칼리
③ 산성 ④ 효소

알칼리 세제
- 단백질 · 지질 분해력 우수
- 배양기 · 발효기 세척 적합
- 과농도 시 금속 부식 주의

33
무기염 · 스케일 제거에 사용되는 세제는?
① 중성 ② 알칼리
③ 산성 ④ 효소

산성 세제
- 무기염 · 산화물 용해
- 스테인리스 표면 재생
- 알칼리 후 산 린스 효과적

34
혈청 · 바이오필름 분해에 적합한 세제는?
① 중성 ② 알칼리
③ 효소 ④ 특수

정답 28 ④ 29 ④ 30 ② 31 ② 32 ② 33 ③ 34 ③

효소 세제
- 프로테아제 · 리파아제 기반
- 혈청 · ECM · 바이오필름 분해
- 온도 · pH 조건 준수 필수

35
DNA · RNA 제거에 적합한 특수 세제 사용 시 주의점은?
① 농도만 확인
② 세포 독성 잔류 가능
③ 무조건 안전
④ 모든 재질 사용 가능

특수 세제
- 핵산 분해용 특수 성분
- 잔류 시 독성 위험 존재
- 최종 헹굼 기준 엄격 적용

36
최종 헹굼수로 GMP가 요구하는 것은?
① 수돗물　　② DW
③ UPW/WFI　④ 해수

최종 헹굼
- UPW/WFI로 TOC · 이온 제거
- 제품 접촉 설비 기준
- 규제기관 승인 조건

37
수돗물의 세척 용도는?
① 최종 헹굼　　② 초기 세척
③ 멸균수 대체　④ 모든 단계 적용

수돗물 사용
- 예비 · 초기 세척에 한정
- 최종 단계는 고순도 물 필요
- 재헹굼 필수

38
탈이온수(DI Water)의 관리 기준은?
① pH 7 유지　　② 전도도 <1 μS/cm
③ 염소 잔류 확인　④ 온도만 측정

DI Water
- 이온 제거 효과 우수
- 전도도 <1 μS/cm 관리
- 화학 기구 세척 적합

39
세척용수 사용 시 필수 관리 항목이 아닌 것은?
① 세제 농도
② 접촉 시간 · 온도
③ TOC · 미생물 · 전도도
④ 기구 가격

용수 관리
- 세제 조건 · 시간 · 온도 중요
- TOC · 전도도 · 미생물 시험 필요
- 가격은 관리 기준 아님

40
세척용수의 산업적 의의는?
① 비용 절감
② 세척 성공 · 품질 승인 직결
③ 단순 냉각수
④ 폐기 최소화 목적

산업적 의의
- 세척액 · 용수 적격성 = 세척 성공
- 불량 · 오염 리스크 저감
- GMP 품질 승인 핵심 요건

정답 35 ②　36 ③　37 ②　38 ②　39 ④　40 ②

41
세척용수를 관리 대상 폐수로 취급하는 이유는?
① 단순 생활하수와 동일
② 오염 성분 포함 가능
③ 전혀 위험 없음
④ 재사용 의무

관리 필요성
- 세포 · 미생물 · 단백질 · 화학 잔류 포함
- 환경 · 안전 규제 대상 폐수로 분류
- 방류 전 처리 · 기록 필수

42
세척용수의 미생물성 오염에 해당하지 않는 것은?
① 세균　　② 곰팡이
③ 바이러스　　④ 질산염

미생물 오염
- 세균 · 곰팡이 · 바이러스 · 마이코플라즈마 가능
- 질산염은 화학적 오염 범주
- 구분 관리로 리스크 차단

43
화학적 오염 성분에 해당하는 것은?
① 단백질
② 지질
③ 알칼리 · 산성 세제
④ 세균

화학 오염
- 세제 · 용매 · 중금속 이온 포함
- 단백질 · 지질은 유기물 오염
- 구분에 따라 폐기 절차 달라짐

44
세척용수 수집 시 기본 원칙은?
① 생활하수와 혼합
② 전용 용기 · 라인 분리
③ 무조건 방류
④ 응축수 활용

분리 수집
- 생활하수와 구분해 별도 보관
- 고위험 폐수는 전용 용기에 수집
- 규제 준수 · 감사 대응 근거

45
알칼리 세척액 중화 시 적합한 방법은?
① 강산 직접 주입
② 약산으로 pH 조정
③ 물로 희석만
④ 무처리 방류

중화 처리
- 알칼리 = 약산, 산 = 약알칼리
- 중화 후 pH 6~8 확인 기록
- 기관 · 허가 기준 준수 필수

46
폐수 멸균 방법으로 적절한 것은?
① Autoclave 액체 사이클
② 건열 멸균
③ 자외선 조사
④ 냉동 보관

멸균 처리
- 액체 폐수 = 오토클레이브 처리
- 대량은 차아염소산Na · 과산화수소 소독
- 접촉 시간 준수로 살균 효과 확보

정답 41 ②　42 ④　43 ③　44 ②　45 ②　46 ①

47
대량 폐수 소독제로 사용되는 것은?

① 알코올　　② 차아염소산나트륨
③ 글리세롤　④ 아세트산

소독제
- 차아염소산Na · 과산화수소 대표적
- 대량 폐수 처리 시 비용 · 효과 우수
- 농도 · 시간 관리 필수

48
폐수 기록 관리 항목이 아닌 것은?

① 폐기 일자 · 방법
② 담당자
③ 폐기량
④ 연구 결과

기록 관리
- 일자 · 방법 · 담당자 · 폐기량 기록
- pH · 멸균 확인값 포함
- 연구 결과는 무관 항목

49
차아염소산나트륨과 산 혼합 시 위험은?

① 산화수소 발생　② 염소가스 발생
③ 아산화질소 발생　④ 안전성 증가

혼합 금지
- 산+차아염소산Na → 염소가스 발생
- 흡입 시 치명적 위험
- 엄격 분리 · SOP 준수 필요

50
과산화수소 취급 시 주의할 점은?

① 금속 촉매 접촉 피해야 함
② 차가운 곳에서 보관 금지
③ 염산과 혼합 사용
④ 중화 불필요

과산화수소
- 금속 촉매 접촉 → 급격 분해 · 발열
- 분리 보관 · 환기 필수
- SDS 준수해 안전 관리

51
세척용수 폐기 작업자 보호를 위한 기본 장비는?

① PPE 착용　　② 장비 미사용
③ 일반 의복　　④ 마스크만 착용

작업자 안전
- 보안경 · 장갑 · 실험복 필수
- 비산 · 에어로졸 최소화
- 비상 샤워 · 세안대 확보

52
중화 · 멸균 탱크 시설에 포함되어야 할 것은?

① 환기 · 차압 · 비상 샤워
② 단순 보관 공간
③ 강철제 문
④ 자동 잠금 장치

시설 요건
- 중화 · 멸균 시 가스 · 열 발생
- 환기 · 차압 유지 · 안전 장치 필요
- PPE+설비 안전성 확보

53
폐수 배출 전 센서 관리 항목은?

① pH · 전도도 · 온도
② 압력 · 온도만
③ 전도도 · 광도
④ 색도만

센서 관리
- pH · 전도도 · 온도는 핵심 기준
- 정기 교정으로 정확성 유지
- 알람 · 인터록 설정 필요

정답 47 ②　48 ④　49 ②　50 ①　51 ①　52 ①　53 ①

54
배출 전 샘플링 원칙은?
① 고농도 부분만 채취
② 대표성 확보·균질화 후 채취
③ 무작위 채취
④ 소량만 채취

샘플링
- 균질화 후 대표성 있는 시료 확보
- 규제기관 검사 대응 근거
- 기록과 일치해야 신뢰성 보장

55
세척용수 폐기 관리의 산업적 의의는?
① 단순 비용 절감
② GMP 심사 항목 직결
③ 제품 생산 속도 증가
④ 폐기물 최소화

산업적 의의
- 환경·작업자 안전 확보
- GMP 인증·규제기관 감사 대응
- 관리 미흡 시 인증 취소 리스크

56
배출 기준 관리 항목에 해당하지 않는 것은?
① pH
② TOC/COD
③ 탁도·미생물
④ 연구 성과

배출 기준
- 허가 조건에 따라 pH·TOC·COD·잔류염소 등 관리
- 연구 성과와는 무관
- 환경 규제 기준 충족 필수

57
폐수 농도 변동 완화를 위한 설비는?
① 균질화·완충 시스템
② 단순 배출구
③ 개별 저장조
④ 분리 배관만

완충 시스템
- 균질화 탱크·중화조·보류조 포함
- 농도 변동 완화·안정 배출 확보
- 규제 기준 지속 충족

58
처리 공정 변경 시 요구되는 절차는?
① 보고 불필요
② 위험평가·재밸리데이션
③ 단순 재사용
④ 외부 위탁 불가

변경 관리
- 세제 교체·신규 용매 도입 시
- 위험평가·재검증 수행
- CAPA로 추적성 확보

59
세척 폐수 관리에 활용되는 문서 기준은?
① 단순 보고서
② SDS·변경관리 문서
③ 연구 일지
④ 논문

문서 기준
- 세제·소독제의 SDS 참조
- 변경관리·CAPA 체계적 기록
- 규제기관 심사 대응 근거

정답 54 ② 55 ② 56 ④ 57 ① 58 ② 59 ②

60
세척용수 폐기 관리 실패 시 발생 가능한 결과는?
① 인증 취소·법규 위반·생산 중단
② 비용 감소
③ 생산성 증가
④ 품질 무관

실패 리스크
- GMP 인증 취소 가능
- 환경 규제 위반으로 과태료·형사 처벌
- 생산 차질·시장 신뢰도 저하

61
멸균 준비의 의의로 가장 적절한 것은?
① 멸균 시간 단축을 위한 선택 작업
② 장비 수명 연장 목적
③ 멸균 효과가 충분히 발휘되도록 사전 점검·정리
④ 포장 재사용을 위한 절차

멸균 준비
- 세척·포장·적재 전 점검으로 무균성 확보
- 준비 미흡 시 잔존·내성균·화학 잔류 위험
- GMP에서 멸균 공정만큼 중요한 절차

62
멸균 전 세척이 불완전하면 주로 어떤 문제가 발생하는가?
① 가열 효율 상승
② 멸균 차폐막 형성으로 실패
③ 포장 강도 증가
④ 압력 회복 지연

세척 선행
- 단백질·지질·세제 잔류가 증기·가스 침투 차단
- 세척 불량 → 멸균 불완전 직결
- SOP로 세척 완료 확인 후 멸균 진행

63
멸균 전 건조 상태가 중요한 이유는?
① 포장 라벨 접착력 향상
② 증기 침투 균일성 저하 방지
③ 장비 예열 시간 단축
④ 화학 지표 색상 대비 개선

건조 확인
- 수분 잔류 시 냉점·비침투 영역 형성
- 멸균 균일성 저하·지표 판정 오류
- 세척 후 완전 건조 후 포장

64
사전 점검 항목으로 부적절한 것은?
① 유리 균열·금속 부식·플라스틱 변형 확인
② 분리 가능한 기구 분해·내부 노출
③ 멸균 후 라벨 작성
④ 세척 완료 여부 확인

사전 점검
- 라벨은 보통 포장 시 기입
- 세척·손상·분해 상태 선점검
- 사전 결함 제거로 실패 예방

65
멸균 대상 분류에서 올바른 설명은?
① 모든 재질 고온 멸균 가능
② 유리·금속은 고온, 플라스틱·고무는 저온 멸균 필요
③ 일회용 소모품은 재멸균 권장
④ 재질 구분은 불필요

대상 분류
- 재질·내열성에 따라 공정 분리
- 유리·금속: Autoclave/건열 적합
- 플라·고무: EO·플라즈마 등 저온

정답 60 ① 61 ③ 62 ② 63 ② 64 ③ 65 ②

66
올바른 포장 요건은?
① 투과 차단 · 외부 오염 차단 동시 충족
② 외부 오염 차단만 충족
③ 투과성만 충족
④ 포장 불필요

포장 조건
- 증기 · 가스 · 방사선은 투과, 외부 오염은 차단
- 멸균지 · 멸균백 · 알루 포일 등 사용
- 라벨(기구명 · 일자 · 담당자) 기입

67
화학적 · 생물학적 지표에 대한 설명 중 옳은 것은?
① 화학 지표만으로 무균 보증 가능
② 생물학적 지표는 포자 시험균 사용
③ 물리 기록은 불필요
④ 지표는 포장 외부에만 부착

지표 사용
- 물리 · 화학 · 생물학 지표 병행
- BI: 포자 시험균으로 최종 신뢰도 높음
- 조건 도달 + 사멸 보증 함께 확인

68
적재(Loading) 시 금지되는 것은?
① 공기 순환 확보
② 증기 · 가스 경로 확보
③ 겹침 · 과밀 적재
④ 외곽 · 내부 균형 배치

적재 원칙
- 과적재는 비침투 · 냉점 유발
- 경로 · 간격 확보로 균일 멸균
- 랙 · 바스켓 기준선 준수

69
안전 점검 필수 항목이 아닌 것은?
① 압력계 · 온도계 · 타이머
② 안전 밸브
③ 멸균지 색상
④ 장비 작동 상태

안전 점검
- 압력용기 안전장치 이상 유무 확인
- 기록계 · 밸브 정상 동작 필수
- 지표 색상은 효과 판정 단계

70
멸균 준비 시 주의사항으로 옳지 않은 것은?
① 세척 불완전 · 포장 불량 · 과적재 관리
② 멸균 포장 1회성 사용
③ 유리 마개 꽉 잠금
④ 전 기구 라벨링 · 기록

주의사항
- Autoclave 시 내부 압력차 고려
- 유리 마개는 헐겁게/포일 덮음
- 추적성 위한 라벨 · 기록 필수

71
멸균 주의사항의 의의로 옳은 것은?
① 공정 시간 단축을 위한 가이드
② 멸균 불완전 · 기구 손상 · 안전사고 예방
③ 포장재 절감을 위한 기준
④ 냉각 효율 향상 목적

의의
- 준비 · 적재 · 조건 오류 방지
- 무균성 · 장비 · 작업자 안전 보호
- QA · 규제 적합성 확보

정답 66 ① 67 ② 68 ③ 69 ③ 70 ③ 71 ②

72
일반 주의사항으로 올바른 것은?
① 세척은 선택 사항
② 과적재 허용
③ 포장 투과성 · 차단성 동시 확보
④ 지표 사용 생략

일반 원칙
- 세척 선행 · 과적재 금지
- 포장 성능(투과/차단) 검증
- 물리 · 화학 · 생물학 지표 병행

73
Autoclave 운영 시 가장 적절한 행위는?
① 종료 직후 즉시 개방
② 압력 완전 해제 후 개방
③ 가열 중 배출 밸브 차단
④ 유리 마개 단단히 고정

고압증기
- 압력 잔존 시 폭발 · 화상 위험
- 완전 감압 후 개방이 원칙
- 유리는 마개 헐겁게/포일 덮음

74
건열멸균(Dry Heat)에 대한 설명으로 옳은 것은?
① 60~80℃ 단시간 처리
② 플라스틱 · 고무에 적합
③ 160~180℃ 고온 장시간, 유리 · 금속 적합
④ 습식 증기 기반

건열 특징
- 단백질 산화 · 구성 성분 파괴
- 2시간 이상 등 장시간 필요
- 열민감 재질 손상 위험

75
여과멸균(Filtration) 관련 바른 설명은?
① 0.8 μm 필터 사용 권장
② 필터 반복 사용 권장
③ 0.2 μm 필터 · 일회용 원칙
④ 고온 처리 필요

여과 원칙
- 02 μm로 미생물 물리 제거
- 혈청 · 항생제 등 열민감 용액 적용
- 막 손상 · 막힘 사전 점검

76
EO 가스 멸균에서 반드시 고려할 사항은?
① 고온 · 고습 내열성
② 잔류 EO 무시 가능
③ 독성 · 폭발성 · 에어레이션
④ 포자에 비효율

EO 주의
- 독성 · 가연성, 환기 · 중화 필수
- 잔류 EO/ECH/EG 기준 준수
- 충분한 에어레이션(예: 8~24 h)

77
방사선 멸균의 일반적 한계는?
① 포장 상태 멸균 불가
② 고분자 재질 열화 가능
③ 저온 수행 불가
④ SAL 적용 불가

방사선 주의
- γ · E-beam · X선 적용
- 저온 · 포장 상태 처리 가능 장점
- 일부 플라스틱 열화 · 변색

정답 72 ③ 73 ② 74 ③ 75 ③ 76 ③ 77 ②

78
작업자 안전 주의사항으로 옳은 것은?
① PPE 생략 가능
② EO는 무해
③ 교육 이수 인력만 장비 운전
④ 고압증기 화상 위험 없음

안전 관리
- 보안경 · 장갑 · 실험복 필수
- 고압증기: 화상 · 폭발 위험
- EO: 독성 · 흡입 위험 대비

79
기록 · 품질 관리로 옳은 것은?
① 온도 · 압력 · 시간 기록 생략 가능
② 화학 지표만으로 충분
③ SOP 준수 · 물리/화학/BI 기록 보관
④ Validation 자료 불필요

품질 문서
- 공정 기록 · 지표 결과 보관
- GMP에서 Validation 필수
- 감사 · 인증 대응 근거

80
멸균 실패로 이어지기 쉬운 원인 조합은?
① 세척 선행 · 적정 적재 · 지표 병행
② 과적재 · 포장 불량 · 세척 불완전
③ 충분한 감압 · BI 판정 · 기록 보관
④ 재질별 공정 분리 · SOP 준수

실패 요인
- 과적재→비침투 · 냉점 발생
- 세척 불완전→차폐막 형성
- 포장 불량→오염 재진입

81
멸균의 개념으로 옳은 것은?
① 일부 미생물만 제거하는 소독
② 무균 상태 목표의 완전 제거
③ 표면 청소 수준의 세척
④ 열민감 물질 제거 목적

멸균 정의
- 세균 · 곰팡이 · 바이러스 · 포자 모두 제거
- 소독과 달리 무균 상태가 목표
- 배양 · 발효 전 핵심 기술

82
멸균 효과의 주요 원리가 아닌 것은?
① 단백질 변성
② 세포막 · 세포벽 파괴
③ 핵산 손상
④ 대사 활성 촉진

멸균 원리
- 열 · 방사선 · 화학으로 단백질 · DNA 손상
- 세포 구조 파괴로 생존 불가
- ④는 오히려 성장 촉진이므로 부적절

83
Autoclave 멸균 조건으로 가장 일반적인 것은?
① 100℃, 1 atm, 60분
② 121℃, 1.1~1.2 atm, 15~20분
③ 150℃, 2 atm, 5분
④ 180℃, 1 atm, 2시간

Autoclave 조건
- 121℃, 15~20분이 표준
- 단백질 변성 · 세포막 파괴
- GMP 표준 멸균법

정답 78 ③ 79 ③ 80 ② 81 ② 82 ④ 83 ②

84
건열멸균(Dry Heat)의 원리는?
① 단백질 산화 · 구성 성분 파괴
② 세포막 투과성 증가
③ 핵산 합성 촉진
④ 효소 활성화

건열 원리
- 160~180℃ 장시간 노출
- 단백질 산화 · 세포 성분 파괴
- 유리 · 금속에 적합

85
여과멸균(Filtration)의 주요 한계는?
① 단백질 변성
② 영양소 손실
③ 바이러스 · 마이코플라즈마 완전 제거 어려움
④ 열 손상

여과 한계
- 0.2 μm 필터로 세균 제거
- 바이러스 · 소형 입자는 통과 가능
- 열민감 용액에는 필수 적용

86
EO 가스 멸균의 장점은?
① 고온 단시간 멸균
② 잔류 독성 無
③ 저온에서도 열민감성 기구 멸균 가능
④ 모든 바이러스 제거

EO 장점
- 30~60℃ 저온 멸균 가능
- 플라스틱 · 고무 기구에 적합
- 열 손상 우려 없는 공정

87
EO 가스 멸균 시 반드시 필요한 과정은?
① 에어레이션
② 고온 건조
③ 자외선 조사
④ 방사선 조사

EO 후처리
- EO 독성 · 잔류성 존재
- 충분한 환기 · 중화 과정 필수
- 안전성 확보 근거

88
방사선 멸균의 작용 기전은?
① 단백질 합성 촉진
② DNA 이중가닥 절단
③ 세포막 유동성 증가
④ 대사 효율 향상

방사선 원리
- γ선 · E-beam · X선 조사
- DNA 절단 · 단백질 변성 유발
- 내성균 · 포자에도 효과적

89
플라즈마 멸균의 장점은?
① 처리 시간 길고 독성 잔류 높음
② 저온 멸균 · 잔류 독성 거의 없음
③ 고온 멸균 전용
④ 포자 제거 불가능

플라즈마 특징
- H_2O_2 플라즈마로 저온 멸균
- 잔류 독성 거의 없음
- 공정 시간 짧고 친환경적

정답 84 ① 85 ③ 86 ③ 87 ① 88 ② 89 ②

90
멸균 방법 선택 기준이 아닌 것은?
① 대상 재질
② 열민감성 여부
③ 사용 용도
④ 실험자의 선호

선택 기준
- 재질 · 열 안정성 · 용도 중심
- SOP · GMP 규제 기반
- 개인 선호는 적용 불가

91
물리적 멸균법의 장점은?
① 잔류 독성 큼
② 저온 수행 필수
③ 단순 · 재현성 높고 독성 적음
④ 포자 제거 불가

물리적 특징
- 열 · 여과 · 방사선 등 물리 인자
- 단순 · 재현성 · 안전성 우수
- 산업 표준으로 활용

92
Autoclave 적용 대상에 해당하는 것은?
① 배양기구 · 유리기구 · 금속도구 · 배지
② 열민감성 혈청 · 항생제
③ 전자부품 · 플라스틱 루멘
④ 포장된 일회용 기구

Autoclave 대상
- 고온 · 고습 견딜 수 있는 재질
- 실험기구 · 배지 · 시약 등
- 가장 보편적 멸균법

93
Autoclave 사용 시 주의사항은?
① 내부 증기 침투 확보
② 종료 직후 개방
③ 포장 밀폐 상태 유지 금지
④ 라벨 불필요

Autoclave 주의
- 적재 간격 유지해 증기 침투
- 압력 해제 후 개방
- 라벨 · 기록 필수

94
건열멸균의 장점은?
① 습기 · 부식 문제 없음
② 단시간 처리 가능
③ 플라스틱 · 고무 적합
④ 에너지 효율 높음

건열 장점
- 고온 건조로 습기 문제 없음
- 금속 · 유리 기구 적합
- 단점: 장시간 필요

95
Depyrogenation(내열성 엔도톡신 감소) 목적 건열 조건은?
① 80℃, 1시간
② 121℃, 20분
③ 250℃, 수시간
④ 160℃, 30분

Depyrogenation
- 엔도톡신 제거 위해 250℃ 이상
- Autoclave로는 불가
- 주로 바이알 · 유리기구 적용

정답 90 ④ 91 ③ 92 ① 93 ① 94 ① 95 ③

96
여과멸균 적용 대상은?
① 유리기구
② 열민감성 용액(혈청·효소 등)
③ 금속도구
④ Autoclave 가능한 기구

> 여과 대상
> • 열 손상 우려 있는 용액
> • 02 μm 필터 사용
> • 단백질·영양소 변성 방지

97
여과막 재질 선택 기준이 아닌 것은?
① PES·PVDF·PTFE 적합성
② 단백질 결합성·용매 적합성
③ 가격만 고려
④ 단백질 흡착 최소화

> 필터 기준
> • 재질별 특성·흡착성 검토
> • 용액 성질과 호환성 중요
> • 가격 단독 고려 불가

98
방사선 멸균의 장점은?
① 포장된 상태 멸균 가능
② 고온 필요
③ 처리 후 장시간 대기 필요
④ 고분자 재질 모두 안정

> 방사선 장점
> • γ선·전자빔·X선 적용
> • 포장 상태 그대로 멸균
> • 처리 후 즉시 사용 가능

99
전자빔(E-beam) 멸균의 특징은?
① 처리 속도 느림
② 투과 깊이 얕음
③ 방사성 동위원소 필요
④ 잔류 방사선 존재

> E-beam 특징
> • 수초~수분 내 고속 멸균
> • 잔류 방사선 없음
> • 투과 깊이 얕아 두꺼운 재질 한계

100
자외선(UV) 멸균의 한계는?
① 표면 살균만 가능
② DNA 절단 효과 없음
③ 높은 투과력
④ 포장 상태에서도 가능

> UV 한계
> • 260 nm 부근 티민 다이머 형성
> • 투과력 낮아 표면 한정 효과
> • 램프 노화 시 출력 저하

101
화학적 멸균법의 장점으로 옳은 것은?
① 고온 단시간 멸균 가능
② 저온 멸균으로 열민감 기구 적용 가능
③ 잔류 독성 없음
④ 무조건 포자 제거 불가

> 장점
> • 저온 멸균으로 플라스틱·고무 적용
> • 복잡 구조 내부까지 멸균 가능
> • 물리적 멸균의 보완책 역할

정답 96 ② 97 ③ 98 ① 99 ② 100 ① 101 ②

102
EO 가스 멸균의 주요 원리는?
① 단백질 알킬화   ② 단백질 산화
③ 세포막 용해   ④ DNA 절단

EO 원리
- 에틸렌옥사이드가 단백질·DNA 알킬화
- 세포 구조 불활성화로 사멸
- 저온 멸균 방식

103
EO 가스 멸균의 단점은?
① 비용 저렴   ② 잔류 EO 독성
③ 고온 내열성 필요 ④ 효과 불확실

EO 단점
- 잔류 EO/ECH/EG 독성
- 에어레이션으로 중화 필요
- 작업자 안전·환기 필수

104
글루타르알데히드(Glutaraldehyde)의 특징은?
① 자외선 기반 멸균
② 고온 멸균 전용
③ 침적 처리로 고수준 살균 달성
④ 단백질 변성 없음

글루타르알데히드
- 2% 용액 수 시간 침적
- 내시경·플라스틱·고무 기구 적용
- 단백질 교차결합으로 세포 구조 파괴

105
과산화수소(H_2O_2) 멸균법의 장점은?
① 독성 잔류 높음
② 저온 공정·잔류 적음
③ 고온 필수
④ 포자에 효과 없음

H_2O_2 장점
- 활성 라디칼 산화작용
- 열민감성 기구 멸균 가능
- 잔류 독성 거의 없음

106
차아염소산나트륨(NaOCl)의 특징은?
① 금속 부식 위험
② 고온 멸균법
③ 내열성 기구 적합
④ 포자 살균 불가

NaOCl
- 강한 산화력·저비용
- 표면 소독·폐액 중화에 사용
- 금속 부식 위험 있어 관리 필요

107
알코올(70% 에탄올·IPA) 소독의 한계는?
① 세균·곰팡이 무효
② 포자에 효과 부족
③ 잔류 독성 높음
④ 사용 후 건조 필요 없음

알코올 특징
- 단백질 변성·막 파괴
- 세균·곰팡이에 효과적
- 포자 제거 불가 → 멸균 대체 불가

108
포름알데히드(Formaldehyde) 멸균의 단점은?
① 저비용   ② 발암성·자극성
③ 저온 멸균 불가   ④ 멸균 불확실

포름알데히드
- 단백질·핵산 교차결합
- 발암성·자극성으로 제한적 사용
- 충분한 환기 필요

정답 102 ① 103 ② 104 ③ 105 ② 106 ① 107 ② 108 ②

109
화학적 멸균법의 단점은?

① 독성 · 잔류 · 환기 관리 필요
② 단시간 멸균 가능
③ 무균성 확보 불가
④ 단백질 변성 억제

단점
- 독성 · 잔류물 관리 필수
- 에어레이션 · 환기 과정 필요
- Validation 부담 존재

110
화학적 멸균법이 적합하지 않은 상황은?

① 플라스틱 · 고무 기구 멸균
② 열민감성 의료기구 멸균
③ 포자 완전 제거 목표
④ 표면 살균 · 소독

한계
- 포자 제거는 물리적 멸균 우선
- EO · H_2O_2 일부 가능하나 제한적
- 주로 열민감 기구 · 표면 소독에 적합

111
방사선 멸균의 주 작용 기전은?

① DNA 절단 · 단백질 변성
② 세포 대사 촉진
③ 세포막 강화
④ 단백질 합성 유도

원리
- 이온화 · 자유라디칼 생성
- DNA 절단 · 단백질 손상 유발
- 포자 등 저항성 균도 사멸

112
γ선 멸균의 특징은?

① 처리 속도 빠름
② 포장 상태 멸균 가능
③ 투과 깊이 얕음
④ 잔류 방사선 발생

γ선 특징
- Co-60에서 방출되는 γ선
- 포장 상태 그대로 멸균
- 전용 시설 필요 · 처리 속도 느림

113
전자빔(E-beam) 멸균의 장점은?

① 잔류 방사선 존재
② 매우 빠른 처리 속도
③ 투과 깊이 깊음
④ 저온 불가

E-beam
- 수초~수분 내 처리 가능
- 잔류 방사선 없음
- 투과 깊이는 얕음(제한적)

114
X선 멸균의 특징은?

① 방사성 동위원소 필요
② 전자빔보다 깊은 투과
③ 처리 속도 매우 빠름
④ 저온 불가

X선 특징
- 전자빔보다 투과력 깊음
- γ선 유사 성능
- 비용 높고 상용화 제한적

정답 109 ① 110 ③ 111 ① 112 ② 113 ② 114 ②

115
방사선 멸균의 한계는?
① 포장 상태 멸균 불가
② 고분자 플라스틱 열화 가능
③ 저온 적용 불가
④ 처리 후 즉시 사용 불가

한계
- 일부 플라스틱 열화 · 변색
- 시설 · 비용 부담 큼
- 작업자 안전 관리 필요

116
방사선 멸균의 산업적 장점은?
① 포장 상태 그대로 대량 멸균 가능
② 고온 내열성 기구에만 적용
③ 환기 · 중화 필수
④ 포자 제거 불가

산업적 의의
- 포장 상태 멸균 가능
- 대량 처리 효율적
- 의료용 일회용품 · 포장재 필수 공정

117
멸균 효과 판정의 국제 기준 SAL은?
① 10^{-2} ② 10^{-4}
③ 10^{-6} ④ 10^{-8}

SAL 기준
- 백만 개 중 1개 생존 가능 수준
- 국제적으로 10^{-6} 규정
- 완전 무균성 보장 지표

118
물리적 지표의 예는?
① Autoclave tape   ② 포자 시험균
③ 온도 · 압력 기록   ④ 무균 배양 시험

물리 지표
- 온도 · 압력 · 시간 기록
- 조건 도달 여부 확인
- 사멸 자체 보증은 불가

119
화학적 지표의 예는?
① 포자 배양
② Autoclave tape 색 변화
③ 온도 기록지
④ 무균 시험

화학 지표
- 조건 도달 시 색상 변화
- 테이프 · 앰플 형태 사용
- 조건 확인용, 사멸 보증은 아님

120
가장 신뢰도 높은 멸균 효과 판정법은?
① 물리 지표   ② 화학 지표
③ 생물학적 지표(BI) ④ 무균 시험

생물학적 지표
- 포자 시험균 배양 확인
- 성장 없음 = 멸균 성공
- 가장 신뢰도 높은 판정법

121
세척기의 기본 개념으로 가장 옳은 것은?
① 멸균 효과를 위한 장치
② 도구 표면 오염물 제거 자동 · 반자동 장치
③ 단순 건조 장치
④ 고압 멸균 전용 장치

세척기 개념
- 단백질 · 지질 · 세제 · 미생물 제거 목적
- 수작업 대비 효율 · 재현성 향상
- GMP 생산 현장 필수 장치

정답 115 ② 116 ① 117 ③ 118 ③ 119 ② 120 ③ 121 ②

122
일반 실험실 세척기의 주요 한계는?
① 재현성 확보 불가
② 고오염 · 대형 기구 한계
③ 건조 불가능
④ 자동 프로그램 미지원

일반 세척기
- 세제 → 세척 → 헹굼 → 건조 자동화
- 재현성 확보 가능
- 대형 · 심한 오염에는 한계

125
고압 세척기의 주 사용 목적은?
① 미세 오염 제거
② 대면적 · 조대 오염 제거
③ 소독제 분사
④ 고온 멸균

고압 세척기
- 고압수 분사로 큰 오염 제거
- 세밀 · 정밀 세척에는 부적합
- 청정구역 외부 사용 권장

123
CIP 세척기의 장점은?
① 비용 저렴
② 대형 장치 내부 분해 없이 세척 가능
③ 초음파 원리 적용
④ 휴대성 우수

CIP 특징
- 발효조 · 배양기 · 배관 내부 세척
- 분해 필요 없어 생산 연속성 보장
- 설치 · 검증 비용은 높음

126
세척 · 건조 일체형 장치의 장점은?
① 비용 절감
② 세척 후 건조 · 보관 일괄 수행
③ 소형 휴대 가능
④ 소독 전용

일체형 장치
- 세척 → 고온 건조 → 보관 연속
- 재오염 최소화
- 설치 공간 · 비용 부담 큼

124
초음파 세척기의 작동 원리는?
① 0.2 μm 필터
② 고압수 분사
③ 20~40 kHz 공동현상
④ 방사선 조사

초음파 원리
- 공동현상으로 틈새 오염 제거
- 정밀 기구에 효과적
- 대형 기구에는 비효율적

127
세척기 선택 기준에 해당하지 않는 것은?
① 대상 크기 · 재질 · 오염 특성
② 세제 · 용수 호환성
③ 담당자 개인 선호
④ GMP 적합성 확보

선택 기준
- 대상 · 재질 · 오염 특성 반영
- 세제 호환성 · 자동 기록 기능 필수
- 개인 선호는 기준 외

정답 122 ② 123 ② 124 ③ 125 ② 126 ② 127 ③

128
세척기 사용 시 SOP 준수 항목이 아닌 것은?

① 농도
② 온도
③ 세척 시간
④ 담당자 휴식시간

> **SOP 항목**
> - 농도 · 온도 · 시간 · 단계 표준화
> - 과적재 · 노즐 막힘 방지
> - ④는 SOP 범위 외

129
세척기 사용 시 가장 큰 문제 원인은?

① SOP 준수
② 적정 적재
③ 노즐 막힘 · 과적재
④ 세척 후 무균 보관

> **문제 원인**
> - 노즐 막힘 · 과적재 → 세척 불완전
> - 세척 후 건조 · 보관 관리 필요
> - 청결 구역 유지 필수

130
자동 세척의 산업적 의의로 옳은 것은?

① 작업자 의존도 증가
② 추적성 · 표준화 확보
③ 수작업 비용 절감 불가
④ 재현성 저하

> **산업적 의의**
> - 자동화 = 품질 표준화 · 추적성
> - CIP · 초음파 세척 원리 시험 빈출
> - GMP 적합성 보장

131
세척 운전의 기본 원칙은?

① 자동 프로그램만 의존
② 농도 · 온도 · 시간 · 헹굼 · 건조 조건 사전 확정
③ 세척 후 확인 생략
④ 점검 불필요

> **운전 원칙**
> - 조건 확정 후 운전
> - 자동 프로그램이라도 담당자 확인 필수
> - 운전 전 · 중 · 후 점검 필요

132
세척 운전 전 점검 항목이 아닌 것은?

① 내부 잔여물 · 스케일
② 필터 · 노즐 상태
③ 세제 주입 장치 · 용수 라인
④ EO 가스 농도

> **사전 점검**
> - 내부 잔여물 · 노즐 상태 확인
> - 세제 주입 · 용수 라인 점검
> - EO 농도는 멸균기 점검 항목

133
세척 적재 시 잘못된 방법은?

① 세척수 균일 도달 배치
② 유리기구 충격 방지 고정
③ 과적재 금지
④ 세척 후 즉시 멸균 금지

> **적재 원칙**
> - 균일 분포 배치 · 과적재 금지
> - 유리기구 충격 방지
> - 세척 후 즉시 멸균 이행 가능

정답 128 ④ 129 ③ 130 ② 131 ② 132 ④ 133 ④

134
CIP 운전 시 모니터링 항목은?
① 순환 속도 · 압력 · 온도
② 세제 농도만
③ 작업자 휴식 시간
④ 포장 상태

CIP 점검
- 순환 속도 · 압력 · 온도 필수 모니터링
- 밸리데이션 조건 범위 확인
- 효율적 내부 세척 달성

135
세척 완료 후 필수 확인 사항은?
① 잔류 세제 · 오염 여부
② 작업자 서명 생략
③ 기구 포장 재사용
④ 점검 기록 미작성

완료 후 조치
- 잔류 세제 · 오염 여부 확인
- 즉시 멸균 · 무균 보관
- QA 기록 · 라벨 부착

136
일일 점검 항목에 해당하는 것은?
① 펌프 · 밸브 상태
② 가스켓 교체 주기
③ 노즐 막힘 · 온도 · 압력 표시 확인
④ 스케일 부식 상태

일일 점검
- 노즐 막힘 · 온도 · 압력 정상 확인
- 장비 청결 · 세제 잔량 체크
- 정기 점검은 펌프 · 가스켓 등

137
정기 점검 항목이 아닌 것은?
① 펌프 · 밸브 · 배관 · 필터
② 초음파 출력 · 주파수
③ 세척기 외관 청결
④ 가스켓 · 스케일 · 부식 상태

정기 점검
- 펌프 · 밸브 · 배관 등 핵심 부품 점검
- 초음파 출력 · 주파수 확인
- ③은 일일 점검 항목

138
세척 성능 검증 항목은?
① 단백질 잔류량 · TOC · 미생물 시험
② 포자 배양
③ Autoclave tape 색 변화
④ 압력 · 온도 기록

성능 검증
- 단백질 잔류 · TOC · 미생물 시험
- 기준 충족 시 세척 효과 인정
- Validation 근거 자료

139
세척 운전 시 발생 가능한 문제 원인은?
① SOP 준수 ② 세제 과다 사용
③ 건조 충분 ④ 점검 기록 보관

문제 요인
- 세제 과다 = 기구 손상 · 잔류 독성
- 건조 불충분 = 재오염 위험
- SOP 준수 필수

정답 134 ① 135 ① 136 ③ 137 ③ 138 ① 139 ②

140
세척 운전·점검 기록의 산업적 의의는?
① 단순 참고용
② 규제 대응 불필요
③ 품질 보증·규제 대응 근거
④ 작업자 편의성

산업적 의의
- 운전·점검 기록 = QA 근거
- 규제기관 심사 대응 필수 자료
- 무결성·추적성 확보

141
멸균기의 기본 개념으로 옳은 것은?
① 세척 후 건조 장치
② 고온·고압·가스·방사선 등으로 미생물 사멸
③ 단순 표면 소독 장치
④ 실험실 냉각 장치

멸균기 개념
- 모든 미생물 제거 목적
- 열·가스·방사선·플라즈마 원리 적용
- GMP 품질 관리 핵심 설비

142
고압증기멸균기의 표준 조건은?
① 100℃, 1 atm, 1시간
② 121℃, 1.1~1.2 atm, 15~20분
③ 150℃, 2 atm, 5분
④ 180℃, 3 atm, 2시간

Autoclave 조건
- 121℃, 15~20분이 일반적
- 단백질 변성·세포막 파괴 유도
- 열·습기에 약한 재질 부적합

143
건열멸균기(Dry Heat Sterilizer)의 특징은?
① 저온 단시간 처리
② 160~180℃ 고온에서 2시간 이상 처리
③ 포장 상태 멸균 가능
④ EO 가스 사용

건열멸균
- 고온 건열 → 단백질 산화·탈수
- 유리·금속 기구 적합
- 장시간 유지 필요

144
EO 가스멸균기의 장점은?
① 고온 단시간 처리
② 플라스틱·고무 등 열민감성 기구 멸균 가능
③ 독성·폭발성 없음
④ 잔류 EO 무시 가능

EO 멸균
- 30~60℃ 저온 처리
- 열에 약한 재질 멸균 적합
- 잔류 EO 제거 필수

145
EO 가스멸균 시 반드시 필요한 과정은?
① 포장 밀봉   ② 에어레이션
③ 자외선 조사   ④ 고온 건조

EO 관리
- 멸균 후 EO 잔류 독성 위험
- 충분한 환기·중화 필수
- GMP 규제 기준 준수

정답 140 ③ 141 ② 142 ② 143 ② 144 ② 145 ②

146
방사선 멸균기의 원리는?
① 단백질 산화 ② 세포막 용해
③ DNA 절단 ④ 대사 효율 촉진

방사선 원리
- γ선 · 전자빔 · X선 이용
- DNA 절단 · 분자 파괴
- 포자 등 저항성 균에도 효과

147
방사선 멸균기의 한계는?
① 열민감 기구 적용 불가
② 고분자 재질 열화 가능성
③ 포장 상태 멸균 불가
④ 살균 효과 없음

방사선 한계
- 플라스틱 열화 · 변색 발생
- 전용 시설 · 비용 부담 큼
- SAL 기준 충족 필수

148
저온 플라즈마 멸균기의 특징은?
① EO보다 독성 강함
② 잔류 독성 거의 없음
③ 고온 고압 필요
④ 긴 루멘 내부 멸균 용이

플라즈마 멸균
- 과산화수소 플라즈마 방식
- 저온 멸균 · 잔류 독성 없음
- 긴 루멘 내부는 제한적

149
멸균기 선택 시 고려할 요소가 아닌 것은?
① 재질 · 열민감성
② 구조 복잡성
③ 시험 · 생산 규모
④ 작업자 개인 선호

선택 기준
- 재질 · 열 안정성 필수 검토
- 규모 · 비용 · 효율성 반영
- 개인 선호는 고려 대상 아님

150
멸균기 사용 시 공통 주의사항은?
① 과적재 금지
② 임의 조건 변경 허용
③ 지표 사용 불필요
④ EO 에어레이션 생략

주의사항
- 증기 · 가스 균일 도달 확보
- 조건 임의 변경 금지
- 화학 · 생물 지표 사용 필수

151
멸균기 운전의 기본 원칙은?
① 조건 대략 설정 후 운전
② 온도 · 압력 · 시간 · 농도 · 선량 정확 설정
③ 운전 후 기록만 보관
④ 검증 생략 가능

운전 원칙
- 조건 정확 설정 필수
- 운전 전 · 중 · 후 점검 필요
- Validation 병행 요구

정답 146 ③ 147 ② 148 ② 149 ④ 150 ① 151 ②

152
멸균 운전 전 점검 항목이 아닌 것은?
① 외관 · 누수 · 부식 상태
② 화학 · 생물 지표 준비
③ EO 환기 · 중화 시스템 확인
④ 무균 시험 배양 결과

사전 점검
- 장비 외관 · 패킹 · 계측기 점검
- 지표 준비 · 환기 시스템 확인
- ④는 멸균 후 검증 항목

153
적재 시 유리기구 파손 방지를 위한 조치는?
① 마개 단단히 잠금
② 마개 헐겁게 하거나 포일 덮음
③ 포장 제거
④ 플라스틱 전환

적재 관리
- 내부 압력 차로 파손 우려
- 마개 헐겁게/포일 덮음 권장
- 증기 · 가스 균일 도달 중요

154
Autoclave 운전 표준 조건은?
① 100℃, 30분
② 121℃, 15~20분, 1.1~1.2 atm
③ 150℃, 10분, 2 atm
④ 180℃, 2시간

Autoclave
- 121℃, 15~20분 표준
- 열 · 습기 견디는 기구 대상
- 대표적 물리적 멸균법

155
건열멸균기(Dry Heat)의 표준 조건은?
① 121℃, 15분
② 160~180℃, 2시간 이상
③ 200℃, 5분
④ 100℃, 1시간

건열 조건
- 고온 장시간 처리 필요
- 유리 · 금속 기구에 적합
- 플라스틱 · 고무 손상 위험

156
EO 멸균기의 운전 절차 중 올바른 것은?
① 규정 농도 · 시간 후 에어레이션 수행
② EO 주입 직후 개방
③ 고온 고압 조건 유지
④ 화학 지표 생략

EO 운전
- 규정 농도 · 시간 유지
- 멸균 후 충분한 에어레이션
- 지표 사용 필수

157
방사선 멸균기에서 기준 선량(예: 25 kGy) 적용 목적은?
① 제품 색상 개선
② DNA 절단 통한 무균 보증
③ 열 충격 방지
④ EO 잔류 감소

방사선 선량
- 25 kGy = 국제 표준
- DNA 절단 · 무균 상태 보증
- SAL 10^{-6} 충족 근거

정답 152 ④ 153 ② 154 ② 155 ② 156 ① 157 ②

158
플라즈마 멸균 운전 단계로 옳은 것은?
① 고온 건조 → 포자 주입
② EO 주입 → 에어레이션
③ H₂O₂ 주입 → 플라즈마 사이클 운전
④ 자외선 조사 → 건조

플라즈마 운전
- 과산화수소 주입 후 플라즈마화
- 활성 라디칼로 멸균
- 저온 공정, 잔류 독성 적음

159
멸균 종료 후 반드시 확인해야 하는 것은?
① 압력 · 가스 완전 해제
② 세제 농도
③ 작업자 근무 시간
④ 기구 외형 색상

종료 후 확인
- 압력 · 가스 완전 해제 후 개방
- 응축수 · EO · H₂O₂ 잔류 확인
- 화학 지표 · BI 결과 확인

160
멸균기 점검 항목에 해당하는 것은?
① 안전밸브 · 압력계 · 기록값 확인
② 세제 잔량 · 노즐 막힘
③ EO 농도 · 환기 시간 미기록
④ 무균 시험 생략

점검 항목
- 일일: 외관 · 안전밸브 · 압력계 확인
- 정기: 배관 · 패킹 · 누출 상태 점검
- 성능 검증: 지표 · BI · 무균 시험

161
장비 사용일지의 개념으로 옳은 것은?
① 장비 관리 매뉴얼
② 운전 · 점검 기록을 추적 가능하게 문서화한 기록
③ 실험 결과 보고서
④ 장비 폐기 이력서

사용일지 개념
- 운전 내역 · 점검 결과 · 이상 조치 기록
- 추적성 · 책임성 확보 수단
- GMP 품질 관리 핵심 문서

162
장비 사용일지의 주된 목적은?
① 비용 절감
② 규제 심사 대응 및 원인 추적
③ 기구 소독 대체
④ 작업자 휴식 관리

목적
- 공정 재현성 확보
- 규제 기관 심사 대응
- 문제 발생 시 원인 추적 근거

163
사용일지에 기록되는 기본 정보가 아닌 것은?
① 장비명 · ID · 위치
② 담당자 · 사용 목적
③ 실험 결과 데이터
④ 승인자 서명

기록 항목
- 장비명 · ID · 담당자 · 승인자 포함
- 실험 결과는 별도 연구 기록
- QA 검토 · 승인 절차 반영

 정답 158 ③ 159 ① 160 ① 161 ② 162 ② 163 ③

164
Autoclave 사용일지에 반드시 기록되는 조건은?
① 용수 등급
② 세제 농도
③ 온도·압력·시간
④ EO 농도

Autoclave 기록
- 121℃, 11~12 atm, 15~20분 등
- 온도·압력·시간 기록 필수
- Validation 자료 근거

165
EO 멸균기의 사용일지에 추가되는 기록은?
① 에어레이션 시간
② 전도도 측정값
③ 세척 단계 시간
④ 자외선 조사 강도

EO 기록
- 농도·처리 시간·에어레이션 기록
- 잔류 EO 제거 확인
- 규제 기준 충족 증명

166
사용일지에 포함되는 점검 내역은?
① 운전 전·중·후 점검 결과
② 연구 성과
③ 실험 보고서
④ QA 외부 심사 자료

점검 기록
- 사전 점검→운전 중 모니터링→종료 후 확인
- 노즐·압력·지표 결과 기록
- 운영 이상 여부 추적

167
검증 결과 기록에 해당하지 않는 것은?
① 화학적 지표 결과
② 생물학적 지표 결과
③ 무균 시험 결과
④ 실험자의 개인 의견

검증 기록
- 화학·생물 지표, 무균 시험 첨부
- 멸균 효과 검증 자료
- 개인 의견은 포함되지 않음

168
이상 발생 시 사용일지에 기록되는 내용은?
① 불일치 사항·오작동·조치 내역
② 실험 논문 인용
③ 장비 매뉴얼 요약
④ 직원 휴가 내역

이상 기록
- 설정값 불일치·재처리·수리·보고 사항
- QA 확인·승인 포함
- 규제기관 감사 대응 근거

169
장비 사용일지 작성 시 올바른 원칙은?
① 사후 기록 허용
② 실시간 기록 원칙
③ 빈칸 방치 허용
④ 전자서명 불필요

작성 원칙
- 실시간 기록·사후 기입 금지
- 정정 규칙 준수
- 전자기록은 전자서명·감사추적 필요

정답 164 ③ 165 ① 166 ① 167 ④ 168 ① 169 ②

170
사용일지 빈칸 관리 방법으로 옳은 것은?
① 공백 유지
② N/A 표시
③ 추후 보완
④ 삭제

빈칸 관리
- 모든 항목 기재 또는 N/A 표시
- 공백은 규제 위반 소지
- 추적성 · 무결성 확보

171
전자기록 사용 시 요구되는 것은?
① 단순 파일 저장
② 전자서명 · 감사추적 기능
③ 암호화 불필요
④ 수정 이력 삭제

전자기록
- 전자서명으로 책임자 확인
- Audit trail로 변경 이력 관리
- 무결성 확보 필수

172
사용일지 승인 절차에 해당하는 것은?
① 작업자 · 검토자 · 승인자 서명
② 작업자만 서명
③ QA만 확인
④ 관리자 생략 가능

승인 절차
- 다단계 서명 = 책임성 확보
- 작업자 → QA → 승인자 순
- GMP 적합성 필수 요건

173
사용일지 관리 부실 시 가장 큰 위험은?
① 기구 수명 단축
② 멸균 · 세척 신뢰성 부재
③ 전력 소모 증가
④ 건조 불균일

관리 부실
- 기록 불완전 → 신뢰성 상실
- 규제 심사 불합격 · 생산 중단
- QA · GMP 인증 취소 위험

174
사용일지 작성 목적 중 규제 대응에 직접 해당하는 것은?
① 교육 자료
② 원인 추적
③ 규제기관 심사 제출
④ 비용 절감

규제 대응
- 규제기관 감사 시 제출 필수
- 무결성 있는 기록 요구
- 부실 기록 → 인증 취소 가능

175
사용일지에 기재되는 "검증 결과" 항목은 무엇인가?
① 연구 논문 결과
② BI 배양 음성 결과
③ 비용 분석 자료
④ 작업자 근무일지

검증 결과
- 생물학적 지표(BI) 음성 = 멸균 성공
- 화학 지표 · 무균 시험 병행
- 품질 보증 핵심 자료

정답 170 ② 171 ② 172 ① 173 ② 174 ③ 175 ②

176
사용일지에서 QA의 역할은?
① 장비 운전 직접 수행
② 기록 검토·승인
③ 실험 설계
④ 비용 산출

QA 역할
- 기록 검토·승인으로 적합성 확인
- 문제 발생 시 CAPA 지시
- 품질 보증 담당 부서

177
사용일지 작성 시 금지되는 것은?
① 실시간 기록 ② 전자서명
③ 사후 작성 ④ N/A 표기

금지 사항
- 사후 작성 = 신뢰성 저하
- 실시간 기록 원칙
- 정정 규칙 준수 필수

178
사용일지에 이상 발생 및 조치 기록이 중요한 이유는?
① 비용 산출 근거
② 품질 불합격 원인 추적
③ 장비 수명 연장
④ 작업자 평가

이상 기록 의의
- 설정값 불일치·고장 기록
- QA 분석·재발 방지 근거
- 규제기관 감사 대응

179
사용일지 기록의 무결성을 보장하기 위한 방법은?
① 임의 수정
② Audit trail·전자서명·정정 규칙
③ 기록 삭제
④ 공백 유지

무결성 확보
- Audit trail로 변경 추적
- 전자서명·정정 규칙 필수
- 규제기관 신뢰성 확보

180
장비 사용일지의 산업적 의의는?
① 연구 결과 관리
② 단순 장비 매뉴얼
③ 교육 자료 한정
④ 품질 보증·규제 적합성·안전 확보

산업적 의의
- QA 핵심 근거 문서
- 규제 적합성·안전 확보
- 부실 시 인증 취소·생산 중단

정답 176 ② 177 ③ 178 ② 179 ② 180 ④

04 배양 기초

1 배지 준비

① 배지 종류 및 특성 이해

㉠ 배지의 개념 및 중요성
- 배지는 세포 또는 미생물이 성장·증식·대사 활동·대사 산물 생성을 수행할 수 있도록 필요한 영양분과 환경을 제공하는 기초 매개체로 정의됨.
- 세포와 미생물은 스스로 영양분을 합성할 수 없는 경우가 많으므로, 배지 조성에 따라 생장 속도와 대사 특성이 달라짐.
- 동일한 균주라도 배지 종류에 따라 증식률, 단백질 발현 패턴, 대사산물 수율이 달라짐.
- 배지 종류와 특성 이해는 연구실 실험뿐 아니라 산업 생산(의약품, 발효식품, 효소, 바이오연료 등) 현장에서 가장 기본적 요소로 규정됨.

㉡ 물리적 상태에 따른 배지 분류
- 고체 배지
  - 한천(agar, 1.5~2.0%)을 첨가하여 응고시킨 배지로 정의됨.
  - 집락(colony) 형성이 가능하여 순수 분리배양에 가장 많이 활용됨.
  - 균종 확인, 순수분리, 형태학적 연구, 항생제 감수성 시험에 사용됨.
  - 예시: 한천 평판배지, 경사배지, 심층배지.

- 액체 배지
  - 응고제가 없는 유동성 배지로 정의됨.
  - 접종균이 배지 전체에 균일하게 성장하므로 집락 관찰은 불가함.
  - 발효, 효소·대사산물 생산, 세포 성장 곡선 측정에 활용됨.
  - 예시: LB broth, nutrient broth.

- 반고체 배지
  - 한천 농도를 0.2~0.5%로 줄여 액체와 고체의 중간 특성을 갖도록 조성됨.
  - 산소 확산이 제한되어 혐기성 미생물 배양 및 세포 운동성 검사에 사용됨.
  - 예시: 운동성 시험 배지, 혐기성 균 배양 배지.

ⓒ 성분 조성에 따른 배지 분류
- 천연배지(Natural Medium)
  - ▸ 고기 추출물, 효모 추출물, 펩톤 등 복합 천연 성분으로 구성됨.
  - ▸ 장점 : 제조가 간단하고 대부분 세균 배양에 적합함.
  - ▸ 단점 : 성분 조성이 일정하지 않아 재현성이 낮음.
  - ▸ 예시 : Nutrient broth, TSB.

- 합성배지(Defined Medium)
  - ▸ 모든 성분을 화학적으로 규명하고 정량적으로 조절한 배지로 정의됨.
  - ▸ 장점 : 특정 영양소의 역할 및 대사 경로 연구에 적합함.
  - ▸ 단점 : 제조가 복잡하고 비용이 높음.
  - ▸ 예시 : 최소배지(minimal medium), 특정 아미노산 제한 배지.

- 복합배지(Complex Medium)
  - ▸ 천연 성분과 합성 성분을 혼합한 배지로 정의됨.
  - ▸ 장점 : 다양한 미생물 성장 지원에 실용적이며 연구·산업에 모두 활용됨.
  - ▸ 단점 : 천연 성분 변동 가능성이 존재함.
  - ▸ 예시 : LB 배지, YPD 배지.

ⓔ 용도에 따른 배지 분류
- 기본 배지(Basal Medium)
  - ▸ 일반적인 세포·미생물 생장을 지원하는 목적의 배지로 사용됨.
  - ▸ 예시 : Nutrient agar, LB broth.

- 선택배지(Selective Medium)
  - ▸ 특정 미생물만 성장하도록 억제제·항생제를 첨가한 배지로 사용됨.
  - ▸ 예시 : EMB agar(E. coli 선택), MacConkey agar(장내세균 선택).

- 감별배지(Differential Medium)
  - ▸ 미생물의 대사 산물에 따라 집락 색이 변하여 균종 구별이 가능하도록 설계된 배지임.
  - ▸ 예시 : 혈액한천배지(용혈성 여부), MacConkey agar(유당 발효 여부).

- 보강배지(Enriched Medium)
  - ▸ 까다로운 세균 성장을 위해 혈액·혈청·비타민·아미노산 등을 첨가한 배지로 사용됨.
  - ▸ 예시 : 혈액한천배지, 초콜릿한천배지.

- 특수배지(Special Medium)
  - ▸ 특정 연구·산업 목적에 맞추어 조성된 배지로 사용됨.
  - ▸ 예시 : 세포배양 배지(DMEM, RPMI 1640, FBS 첨가), 산업 발효용 배지, 환경 미생물 배지.

ⓜ 배지의 주요 성분 및 특성
- **탄소원** : 포도당, 자당, 젖당 → 세포 에너지원으로 사용됨.
- **질소원** : 아미노산, 펩톤, 효모 추출물 → 단백질·핵산 합성에 필요함.
- **무기염류** : 인산염, 황산염, Mg^{2+}, Ca^{2+}, Fe^{2+} → 효소 활성과 삼투압 조절에 기여함.
- **비타민·성장 인자** : 생장 조절 및 필수 대사 요소로 작용함.
- **혈청·호르몬** : 동물세포 배양에서 세포 부착·성장을 촉진함.
- **완충제**(Buffer) : $NaHCO_3$, HEPES 등이 pH 안정 유지에 사용됨.

ⓗ 배지 선택 시 고려사항
- **배양 목적** : 단순 증식·대사 산물 생산·단백질 발현 목적에 따라 배지 선택이 달라짐.
- **대상 생물** : 세포주·세균·효모·곰팡이·조류에 따라 적합한 배지가 다르게 선정됨.
- **경제성** : 대량 생산 시 저가 배지를, 연구 목적에는 합성배지를 주로 활용함.
- **무균성 확보** : 제조 후 반드시 멸균(Autoclave·여과 멸균) 절차가 수행됨.
- **재현성 확보** : 동일 조건에서 항상 같은 결과가 유지되도록 관리됨.

ⓢ 산업적 의의
- 배지 종류 및 특성은 의약품, 식품, 환경, 에너지 산업 전반에 활용됨.
- 항생제·효소·단백질 의약품 생산 시 배지 선택은 수율과 품질을 결정함.
- 식품 발효(요구르트·김치·맥주·와인)에서도 배지는 핵심 원리로 작용함.
- 환경 분야에서는 폐수 처리 미생물, 바이오리메디에이션 연구에 활용

② 저울 사용법

㉠ 저울 사용의 의의
- 배지 조성 시 원료(포도당, 아미노산, 무기염류 등)를 정확한 비율로 계량하는 것은 재현성 있는 배양 실험의 필수 조건으로 규정됨.
- 계량 오차는 세포 성장률, 대사산물 수율, 실험 결과의 신뢰성에 직접적으로 영향을 줌.
- 저울의 올바른 사용법과 관리법은 배양 기초 단계에서 반드시 습득해야 할 핵심 역량으로 요구됨.

㉡ 저울의 종류와 특성
- **천칭저울**(Balance)
  - ▸ 무게 비교 방식으로 질량을 측정하는 전통적 기구로 정의됨.
  - ▸ 정밀도가 낮아 현대 실험에서는 거의 사용되지 않으나 교육용으로 활용됨.

- 전자저울(Electronic Balance)
  - 전자식 로드셀 또는 자기부상 원리로 질량을 측정하는 기구로 정의됨.
  - 일반 실험실에서 가장 널리 사용됨.
  - 0.01 g 단위에서 최대 0.1 mg 단위까지 측정 가능함.

- 분석저울(Analytical Balance)
  - 정밀도가 매우 높은 전자저울로 정의됨.
  - 0.1 mg(0.0001 g)까지 측정 가능하며, 밀폐 챔버 구조를 갖추어 외부 공기흐름 · 정전기 · 먼지 영향을 최소화함.
  - 배지 소량 조제 및 미량 시약 조제에 주로 사용됨.

- 특수 저울
  - 미세 저울(microbalance, μg 단위), 산업용 대형 저울(kg 단위) 등이 포함됨.
  - 연구 목적 및 배지 제조 규모에 따라 선택이 요구됨.

ⓒ 저울 사용 절차

- 사전 점검
  - 저울이 수평인지 확인하고 수평조절 다리와 수평계(버블)를 맞춤.
  - 전원을 켜고 10~30분 예열하여 안정된 측정이 확보됨.
  - 캘리브레이션(교정)을 실시하고 표준추(standard weight)로 검증함.

- 계량 준비
  - 깨끗한 시약 용기 · 종이 · 스패출러를 준비함.
  - 용기 무게(tare)를 측정하여 0점으로 설정함.

- 시료 계량
  - 스패출러로 필요한 양을 덜어 저울 위에 올림.
  - 목표 무게에 도달할 때까지 소량씩 추가 또는 제거함.
  - 전자저울은 안정 표시(steady signal)가 켜진 후 측정값을 읽음.

- 계량 후 정리
  - 시료 용기는 뚜껑을 닫고 보관함.
  - 저울 위 · 주변의 시약 잔여물은 브러시 · 종이로 청소함.
  - 사용 후 저울 덮개를 닫아 먼지 유입을 방지함.

ⓓ 저울 사용 시 주의사항
- 저울은 진동 · 바람 · 온도 변화에 민감하므로 전용 측정대 · 차단 케이스에서 사용되어야 함.

- 손으로 직접 시약을 만지면 오차·오염이 발생하므로 반드시 스패출러·집게를 사용해야 함.
- 고체 시약은 건조 상태 확인이 필요하며, 흡습성 시약은 신속히 계량되어야 함.
- 액체 시약은 용기째 무게를 잰 후 감산 방식으로 계량함.
- 정전기 방지용 장치(ionizer)를 사용해야 하며, 이는 미량 계량 시 필수임.

> ▸ 미량 계량 시 주변 온도는 ±1℃ 이내로 유지되어야 함.
> ▸ 습도는 45~60% 범위에서 일정하게 유지되어야 함.
> ▸ 진동·공기 흐름을 차단할 수 있는 밀폐형 작업대 사용이 요구됨.

- SOP에 따라 측정값은 즉시 기록되고, 배지 조성표에 기재됨.

ⓜ 저울 유지·관리
- 정기 교정은 6개월~1년 주기로 공인기관에서 검정이 수행됨.
- 청결 관리는 사용 후 분말·액체 잔여물 제거를 통해 확보됨.
- 환경 관리는 일정한 온도·습도 유지 및 직사광선 차단으로 이루어짐.
- 전원 관리는 장시간 미사용 시 차단하며, 충격·이동을 최소화해야 함.

ⓗ 산업적 의의
- 저울 사용법 숙지는 연구실 및 생산 현장에서 재현성 있는 배지 조제를 보장함.
- 산업 규모에서는 미량 시약 계량의 정확성이 제품 품질(단백질 수율, 대사산물 농도)에 직결됨.
- 시험에서는 "저울의 종류·정확도·사용 절차·주의사항"이 빈출 항목으로 출제됨.
- GMP 규정에서는 저울 교정 기록 및 계량 기록을 반드시 문서화해야 함

③ 원료 정량

㉠ 원료 정량의 의의
- 원료 정량은 배지 조성 시 필요한 탄소원, 질소원, 무기염, 비타민, 성장 인자 등을 정확한 비율로 계량하는 절차로 정의됨.
- 실험실 규모에서는 mg~g 단위의 정밀 계량이 요구되며, 산업 생산 규모에서는 kg 단위 계량이 필요함.
- 정량 과정에서 발생하는 작은 오차도 세포 성장률, 대사 산물 수율, 단백질 발현 효율에 큰 영향을 줄 수 있음.
- 따라서 원료 정량은 단순한 "무게 재기"가 아니라, 연구·산업 현장에서 재현성, 신뢰성, 품질을 보장하는 핵심 절차로 규정됨.

㉡ 원료 정량 절차
- 조성표 확인

- ▸ 표준 배지 조성표(Standard medium recipe)를 확인하고, 목표 배양액 부피에 따라 필요한 원료량을 환산함.
- ▸ 예 : 글루코스 10 g/L, 펩톤 5 g/L, 효모추출물 3 g/L, NaCl 5 g/L → 2 L 배양액 조제 시 글루코스 20 g, 펩톤 10 g으로 환산됨.

- 저울 준비

  - ▸ 분석저울(0.1 mg 단위) 또는 전자저울(0.01 g 단위)을 사용함.
  - ▸ 저울은 반드시 수평 맞춤 · 교정 완료 · 0점 설정 후 사용됨.
  - ▸ 저울 주변 진동 · 바람 차단, 정전기 방지 조치가 요구됨.

- 계량 과정

  - ▸ 고체 원료 : 스패출러를 사용해 조금씩 덜어내며 목표 무게에 도달함.
  - ▸ 액체 원료 : 메스실린더, 피펫, 전자저울을 이용해 부피 또는 무게로 계량함.
  - ▸ 흡습성 시약(NaOH, KOH, 염화칼슘 등)은 신속 계량 후 즉시 밀봉해야 함.
  - ▸ 휘발성 물질(에탄올, 아세톤 등)은 감산법(용기 전체 무게 측정 후 차감)을 활용해야 함.

- 혼합 및 라벨링

  - ▸ 계량된 원료는 전용 용기에 옮겨 라벨(원료명, 무게, 담당자, 날짜)을 부착함.
  - ▸ 이후 배지 제조 단계로 이동하며, GMP 환경에서는 반드시 2인 교차 확인(Double check)이 수행됨.

ⓒ 원료 정량 시 고려사항

- 순도 보정 : 순도 95% 시약은 목표량보다 1.05배 계량해야 실제 농도가 맞음.
- 분자량 계산 : 몰 농도(mol/L) 맞춤 시 반드시 분자량에 따른 계산이 수행됨.
- 용해성 : 용해도가 낮은 물질은 보조 용매(에탄올, HCl 등)를 이용해야 함.
- 안정성 : 빛 · 열 · 산소에 민감한 원료는 차광 · 저온 상태에서 계량됨.
- 오염 방지 : 전용 스패출러와 전용 용기를 사용하여 교차 오염이 방지됨.

  - ▸ 고체 원료는 밀폐용기에 보관되어야 함.
  - ▸ 액체 원료는 차광병 또는 냉장 상태에서 보관되어야 함.
  - ▸ 고위험 시약은 반드시 PPE(보호안경 · 장갑) 착용 후 취급해야 함.

ⓓ 주요 원료별 정량 특성

- 탄소원(포도당, 자당, 글리세롤 등)

  - ▸ 세포의 주 에너지원으로 사용됨.
  - ▸ 농도가 과량일 경우 산소 결핍 · 산성화 · 대사 억제가 발생됨.
  - ▸ 예 : 포도당 10 g/L는 일반 배지에서 기본 농도로 사용됨.

- 질소원(펩톤, 효모추출물, 아미노산 등)
  > ▸ 단백질·핵산 합성에 필수적임.
  > ▸ 불균일 계량 시 성장 속도 차이가 발생함.

- 무기염류(NaCl, K_2HPO_4, $MgSO_4$ 등)
  > ▸ 삼투압 유지 및 효소 활성 조절에 기여함.
  > ▸ 과량 첨가 시 삼투압 불균형으로 세포 손상이 발생함.

- 비타민·성장 인자(비타민 B군, 혈청 성분 등)
  > ▸ 미량이지만 성장에 필수적인 요소임.
  > ▸ 과량 시 독성 효과가 나타나고, 누락 시 배양 실패가 발생함.

- pH 조절제($NaHCO_3$, HEPES 등)
  > ▸ 배지 완충작용을 담당함.
  > ▸ 부정확한 계량 시 세포 대사 효율이 저하됨.

ⓜ GMP 기반 원료 정량 관리
- 문서화 : 원료명·로트번호·사용량·계량자·확인자가 기록되어야 함.
- 추적성 확보 : 배치(batch)별 기록 관리가 수행되어 문제 발생 시 원인 규명이 가능함.
- 교차 확인 : 반드시 2인 이상의 확인 절차가 수행됨.
- 저울 교정 : 정기 교정 결과가 장비 사용일지에 기록됨.

ⓑ 산업적 의의
- 원료 정량은 연구실 단계에서는 실험 정확성을 보증하며, 산업 현장에서는 제품 품질 보증(QA)의 핵심 요소임.
- 특히 의약품·백신·효소·항생제 생산에서 원료 계량 오차는 생산 불량 및 규제 불합격으로 직결됨.

④ 클린벤치 작동법

㉠ 클린벤치의 개념
- 클린벤치는 무균 작업을 위해 HEPA(High Efficiency Particulate Air) 필터로 여과된 청정 공기를 작업대 내부로 불어 넣어 외부 오염원(먼지, 세균, 포자 등)을 차단하는 장비로 정의됨.
- 세포 배양, 배지 제조, 무균 시약 조제, 멸균 도구 취급 등에서 필수적으로 사용됨.
- 일반적으로 수평 기류형(Laminar flow hood)과 수직 기류형(Vertical clean bench)으로 구분됨.

ⓛ 클린벤치의 구조와 특성
- HEPA 필터
  - 0.3 μm 크기의 입자를 99.97% 이상 제거함.
  - 미생물·먼지·에어로졸 제거 효과가 확보됨.
- 송풍 시스템
  - 일정한 속도의 일방향(수평 또는 수직) 공기 흐름을 제공함.
  - 오염된 공기를 외부로 배출하지 않고 작업자 쪽으로 흘러 나감.
- 작업 공간
  - 내부는 스테인리스 등 청소가 용이한 재질로 제작됨.
  - UV 살균등, 형광등, 전기 콘센트가 내장됨.
- 차이점
  - 클린벤치는 샘플 보호용 장비임.
  - 작업자를 생물학적 위험으로부터 보호하지 못하므로, 고위험 병원체 취급 시에는 반드시 생물안전 작업대(BSC, Biosafety Cabinet)가 사용되어야 함.

ⓒ 클린벤치 작동 절차
- 작동 전 준비
  - 전원 및 송풍 장치를 점검함.
  - HEPA 필터 및 기류 상태를 확인함.
  - 작업대 내부를 70% 에탄올로 소독함.
  - UV 살균등을 15~30분간 켠 후 표면 멸균을 완료하고 반드시 소등함.
- 작동 시 사용법
  - 송풍 장치 가동 후 5~10분 안정화 과정을 거침.
  - 작업자는 멸균 가운·장갑·마스크를 착용함.
  - 멸균 도구와 시약은 기류를 방해하지 않는 중앙부에 배치함.
  - 손·팔 동작은 기류를 차단하지 않도록 수평·수직 방향으로 최소화함.
  - 불필요한 말, 빠른 동작, 과도한 물품 반입은 기류 교란을 유발하므로 금지됨.
- 작업 종료 후
  - 사용 기구는 즉시 멸균 처리됨.
  - 작업대 내부는 에탄올로 소독됨.
  - 송풍 장치를 5~10분 더 가동 후 전원을 차단함.
  - 필요 시 UV 살균등을 재가동한 뒤 종료함.

ⓔ 클린벤치 사용 시 주의사항
- 작업자 보호 불가 : 감염성 병원체 취급 시 클린벤치 대신 반드시 BSC 사용이 요구됨.
- 기류 차단 금지 : 종이, 큰 기구, 손 동작으로 공기 흐름을 막지 말아야 함.
- 장비 과적재 금지 : 내부를 과도하게 채우면 청정 기류가 교란됨.
- 정기 점검 필수 : HEPA 필터는 사용 주기(6~12개월)에 따라 교체되어야 함.
- UV 살균등 주의 : UV 노출은 작업자의 눈·피부에 위험하므로 반드시 작업 전 소등되어야 함.

ⓜ GMP 및 산업적 의의
- 클린벤치는 세포배양·배지 제조·무균 시험 등에서 샘플 무균성 보장의 핵심 장비임.
- GMP 기준에서는 클린벤치 사용 시 모든 작업 절차를 SOP로 문서화하고, 정기적으로 필터 점검·청정도 검사가 수행됨.

⑤ 멸균기 운전 및 점검

㉠ 멸균기 운전의 의의
- 멸균기는 배지·기구·시약의 무균성을 보장하는 핵심 장치임.
- 멸균기 운전은 단순한 버튼 조작이 아니라, 조건 설정·안전 확보·효과 검증까지 포함하는 정밀 절차로 규정됨.
- 운전과 점검이 철저히 수행되어야 배양 과정에서 오염이 발생하지 않으며 GMP 품질 보증 요건을 충족함.

㉡ 멸균기 운전 절차
- 사전 점검

> ▸ 외관 확인 : 도어 패킹·챔버 내부 상태·부식·균열 여부를 점검함.
> ▸ 계측기 확인 : 압력계·온도계·타이머의 정상 작동 여부를 점검함.
> ▸ 멸균 지표 준비 : 화학적 테이프, 생물학적 지표(포자 스트립)를 준비함.
> ▸ 용수 및 증기 공급 상태를 점검함.

- 적재(Loading)

> ▸ 멸균 대상은 과적재하지 않고 증기나 공기가 골고루 닿도록 배치함.
> ▸ 유리기구는 마개를 헐겁게 하거나 알루미늄 포일로 덮음.
> ▸ 액체 배지는 2/3 이하만 담아 끓어 넘침을 방지함.

- 운전(Operation)

> ▸ 고압증기멸균(Autoclave) : 121℃, 15~20분, 1.1~1.2 atm 조건을 유지함.
> ▸ 건열멸균 : 160~180℃에서 2시간 이상 처리됨.
> ▸ EO 멸균 : 저온(30~60℃)에서 EO 가스 주입 후 충분히 환기됨.

> - 방사선 멸균 : 규정된 조사 선량(kGy 단위)으로 처리됨.
> - 설정된 조건 도달 시 타이머가 가동되어 멸균 시간이 확보됨.

- 종료 후 점검(Post-check)

> - 압력이 완전 해제된 후 도어를 개방함.
> - 멸균 지표 확인 : Autoclave tape 변색 여부, 생물학적 지표 음성 여부를 확인함.
> - 잔류 EO · 잔류 H_2O_2 여부를 확인함(가스 멸균 시).
> - 멸균된 기구는 무균적으로 보관되거나 바로 사용됨.

ⓒ 멸균기 점검 항목

- 일일 점검

> - 도어 패킹, 챔버 청결 상태 확인.
> - 압력계 · 온도계 · 안전밸브 작동 여부 확인.
> - 운전 기록(온도 · 압력 · 시간) 확인.

- 정기 점검

> - 배관 · 밸브 · 스팀 트랩 누수 여부 점검.
> - EO 멸균기의 환기 시스템과 필터를 점검함.
> - 방사선 멸균기의 차폐 상태와 선량 균일성을 확인함.
> - 플라즈마 멸균기의 H_2O_2 공급 장치를 점검함.

- 성능 검증(Validation)

> - 화학적 지표 : 조건 도달 여부를 확인함.
> - 생물학적 지표 : 내열성 포자균 사멸 여부를 판정함.
> - 무균 시험 : 멸균 후 배양 시험을 실시하여 미생물 성장 없음이 확인됨.

ⓓ 멸균기 운전 및 점검 시 주의사항

- SOP 미준수 시 멸균 불완전 발생 → 오염 위험이 증가함.
- 과적재는 금지되며, 증기 · 기류 차단에 주의해야 함.
- EO 가스 멸균 후에는 반드시 충분한 에어레이션이 수행되어야 함.
- 방사선 멸균 시 작업자의 피폭 관리가 필수임.
- 모든 운전 · 점검 결과는 장비 사용일지에 즉시 기록되어야 함.

ⓔ 산업적 의의

- 멸균기 운전 및 점검은 연구실 실험의 재현성뿐 아니라 산업 생산 품질 보증(QA)의 핵심 절차임.
- 멸균 실패는 제품 전량 폐기 · 생산 중단 · 규제 불합격으로 직결됨.

2 배양 장비 준비

① 배지 멸균 이해

　㉠ 배지 멸균의 의의
　　• 배지는 세포와 미생물이 성장하는 환경을 제공하는 핵심 매체이므로, 외부 미생물 오염이 완전히 차단된 상태로 제공되어야 함.
　　• 배지가 오염되면 세포 증식이 방해되고, 대사 산물 분석 결과가 왜곡되며, 산업 현장에서는 제품 불합격 · 생산 중단으로 이어짐.
　　• 따라서 배지 멸균은 단순한 준비 과정이 아니라, 실험과 생산 품질을 보증하는 핵심 단계로 정의됨.

　㉡ 배지 멸균의 기본 원리
　　• 멸균은 배지에 존재할 수 있는 세균 · 곰팡이 · 포자 · 바이러스까지 모두 제거하는 과정으로 정의됨.
　　• 멸균 방법은 배지 성분의 열 안정성과 화학적 성질에 따라 달라짐.
　　• 일반적으로 고압증기멸균(Autoclave)이 가장 많이 사용되지만, 열에 민감한 성분은 여과멸균을 병행해야 함.
　　• GMP 환경에서는 멸균 조건(온도 · 압력 · 시간)에 대한 Validation(성능 검증)이 필수로 요구됨.

　㉢ 배지 멸균 방법
　　• 고압증기멸균(Autoclave)

> ▸ 121℃, 1.1~1.2 atm 조건에서 15~20분 처리됨.
> ▸ 대부분의 영양 배지와 일반 배지에 적용 가능함.
> ▸ 장점 : 확실하고 표준화된 멸균법으로 정의됨.
> ▸ 단점 : 당류 · 비타민 · 혈청 성분은 고온에서 분해될 수 있음.

　　• 여과멸균(Filtration)

> ▸ 0.22 μm 멸균 필터로 세균 · 곰팡이가 제거됨.
> ▸ 열에 민감한 성분(혈청 · 항생제 · 비타민 용액)에 사용됨.
> ▸ 단점 : 바이러스 · 마이코플라즈마는 완전 제거가 어려움.

　　• 분리 멸균법(분획 멸균)

> ▸ 내열성 성분은 Autoclave, 열민감성 성분은 여과멸균 후 멸균된 배지에 첨가됨.
> ▸ 예 : 기본 영양소는 고압멸균, 비타민 · 혈청은 멸균 후 첨가됨.
> ▸ 배지 성분 안정성을 유지하기 위한 표준적 방식으로 활용됨.

- 특수 멸균법
  - 방사선 멸균 : 산업용 대량 배지 · 시약 멸균에 적용됨.
  - 가스 멸균 : EO 가스는 배지에는 잘 사용되지 않으나, 포장 상태 멸균에 제한적으로 활용됨.

ㄹ) 배지 멸균 절차
- 사전 준비
  - 배지 성분의 계량 및 혼합이 완료됨.
  - 멸균기 내부 상태(청결 · 압력 · 온도계 정상 여부)를 확인함.
  - 멸균 지표(화학적 테이프, 생물학적 지표)를 준비함.
- 멸균 실행
  - Autoclave : 배지를 용기에 담아 2/3 이하로 채움.
  - 알루미늄 호일 또는 마개로 덮어 넘침 · 오염을 방지함.
  - 설정된 온도 · 압력 · 시간에 맞추어 운전함.
- 멸균 종료 후
  - 압력이 완전히 해제된 후 도어를 개방함.
  - 배지의 혼탁 · 침전 · 색 변화 여부를 확인함.
  - 필요 시 여과멸균 성분을 첨가한 후 무균적으로 혼합함.
- 보관
  - 멸균된 배지는 무균 작업대(클린벤치)에서 취급됨.
  - 냉장 보관하거나 즉시 사용됨.
  - 보관 중 변색 · 혼탁이 발생하면 재멸균 또는 폐기됨.

ㅁ) 주의사항
- 당류 · 아미노산 · 비타민은 고온에서 분해 가능하므로 반드시 멸균 후 첨가되어야 함.
- 배지에 포함된 pH 지시약(페놀 레드 등)은 멸균 과정에서 색 변화가 발생할 수 있음.
- Autoclave 종료 직후 갑작스러운 압력 해제는 배지 넘침 · 병 파손의 원인이 됨.
- 여과멸균 시 필터는 1회용만 사용되어야 하며, 멸균 필터 오염 여부가 반드시 점검되어야 함.
- 산업용 멸균에서는 잔류 EO · 방사선 선량 등 안전성 검증이 추가적으로 요구됨.

ㅂ) 산업적 의의
- 배지 멸균은 단순 위생 관리가 아니라, 제품 품질 · 안전성 보증의 핵심 단계로 정의됨.
- GMP 환경에서는 멸균 절차와 조건을 반드시 문서화하고, 검증 기록을 보관해야 함

② 배양기 멸균
   ㉠ 배양기 멸균의 의의
   • 배양기는 세포와 미생물이 일정한 온도·습도·기체 조건에서 배양되도록 제작된 장비임.
   • 배양기 내부는 고온다습하여 세균과 곰팡이가 쉽게 번식함.
   • 배양기 오염은 배양 실패와 데이터 오류로 이어짐.
   • 배양기 멸균은 단순한 청소가 아니라 품질 보증과 신뢰성 확보의 핵심 단계로 수행됨.

   ㉡ 배양기 멸균 방법
   • 고온 멸균
     ▸ 일부 CO_2 인큐베이터에는 180℃까지 가열하는 자동 멸균 사이클이 내장됨.
     ▸ 대부분의 세균·곰팡이·포자가 사멸됨.
     ▸ 장점 : 효과적이고 자동화 가능함.
     ▸ 단점 : 플라스틱과 전자부품이 손상될 수 있음.

   • 습열 멸균
     ▸ 90~95℃의 습열 또는 증기가 일정 시간 유지되어 내부가 소독됨.
     ▸ CO_2 라인·가습 수조·챔버 표면의 미생물이 제거됨.
     ▸ Autoclave 사용이 어려운 고정형 배양기에 적용됨.

   • UV 멸균
     ▸ 일부 배양기에는 260 nm 파장의 UV 램프가 내장됨.
     ▸ DNA 손상이 유발되어 세균과 곰팡이가 사멸됨.
     ▸ 장점 : 신속하고 간편함.
     ▸ 단점 : 그림자 영역에는 효과가 미흡함.

   • 화학적 멸균
     ▸ 70% 에탄올·차아염소산나트륨(NaOCl)·과산화수소(H_2O_2) 등이 내부 소독에 사용됨.
     ▸ 간단하고 저비용임.
     ▸ 단점 : 완전 멸균이 불가능하며 잔류 화학물에 주의가 필요함.

   • 필터 교체
     ▸ CO_2 인큐베이터에는 HEPA 필터가 장착됨.
     ▸ HEPA 필터는 주기적으로 교체되어 외부 오염원의 유입을 차단함.

ⓒ 배양기 멸균 절차
- 사전 준비
  - ▸ 내부 선반·수조를 분리하여 Autoclave 가능한 부품은 별도 멸균함.
  - ▸ 멸균 불가 부품은 70% 에탄올로 소독함.
- 멸균 실행
  - ▸ 고온 멸균 사이클을 가동하여 설정 시간 동안 유지함.
  - ▸ 화학 소독제를 분사하여 충분히 접촉시킴.
  - ▸ UV 램프를 가동하여 30분 이상 조사함.
- 멸균 종료 후 관리
  - ▸ 내부 건조 상태와 청결 상태를 확인함.
  - ▸ 소독제 잔류물을 제거함.
  - ▸ CO_2 라인과 수조에 멸균수를 보충함.

ⓔ 배양기 멸균 시 주의사항
- 실험 도중에는 멸균이 불가능하므로 반드시 실험 전·후에만 수행됨.
- UV 멸균은 작업자 안전을 위해 외부에서 작동되어야 함.
- 화학 소독제 과다 사용은 금속 부식과 플라스틱 손상을 유발함.
- HEPA 필터는 6개월~1년 주기로 교체되어야 함.
- 멸균 후에는 반드시 Validation(성능 검증) 시험을 수행하여 효과를 확인해야 함.

ⓜ GMP 및 산업적 의의
- GMP 환경에서는 배양기 멸균 절차와 결과가 장비 사용일지에 기록되어야 함.
- 멸균 효과 검증은 화학적 지표·생물학적 지표 시험·무균 시험으로 수행됨.
- 배양기 멸균 실패는 배양 데이터 오류와 제품 불합격으로 직결됨

③ 배양기 운전 준비

㉠ 배양기 운전 준비의 의의
- 배양기는 세포와 미생물을 일정한 환경에서 안정적으로 배양하기 위해 사용되는 장비임.
- 운전 준비 과정은 단순히 전원을 켜는 것이 아니라, 장비 상태 점검·환경 설정·안전 확인을 포함함.
- 준비가 미흡할 경우 세포 성장 실패·오염 발생·장비 고장으로 이어질 수 있음.
- 따라서 배양기 운전 준비는 배양 성공률과 재현성을 보장하는 핵심 절차로 정의됨.

ⓒ 설치 환경 확인
- 배양기는 진동이 없는 평평한 장소에 설치되어야 함.
- 직사광선·냉난방기 바람이 직접 닿는 곳은 피해야 함.
- 전용 전원(접지 포함)을 확보해야 함.
- CO_2 배양기의 경우 CO_2 가스 공급 장치와 연결 상태가 점검되어야 함.

ⓒ 장비 외관 및 구성 점검
- 외부 전원선·배선·스위치의 손상 여부를 확인함.
- 도어 패킹(door packing)이 손상·이탈되지 않았는지 점검함.
- 내부 선반·수조·팬·센서의 이상 유무를 확인함.
- 물통·가습 장치가 청결하게 준비되었는지 확인함.

ⓔ 운전 전 청결 및 멸균 상태 확인
- 내부는 70% 에탄올로 소독 후 건조됨.
- 수조는 멸균수로 채워지고, 오염 흔적이 없어야 함.
- HEPA 필터·CO_2 필터가 정상 상태이며 교체 주기를 준수해야 함.
- 필요 시 UV 멸균을 실행하여 내부 청정도가 확보됨.

ⓜ 제어계 및 계측기 준비
- 온도 센서·습도 센서·CO_2 센서가 정상 작동하는지 점검됨.
- 온도 설정값(예 : 37℃), 습도(약 95%), CO_2 농도(5%)가 기준에 맞게 조정됨.
- 디스플레이·경보 시스템이 정상 작동하는지 확인됨.
- 비상 정지 버튼 및 알람 기능이 점검됨.

ⓗ 배양기 가동 전 준비 사항
- 전원을 켠 후 일정 시간 예열하여 내부 조건이 안정화됨.
- 배양기 내부 온도·습도·CO_2 농도가 안정 상태에 도달할 때까지 대기함.
- 배양할 샘플·배지는 클린벤치에서 멸균 취급 후 배양기로 옮겨야 함.
- 운전 전 모든 준비 상태는 점검표에 기록되어 GMP 요건을 충족시킴.
- GMP 환경에서는 Validation 시험(온도 안정성·CO_2 농도 유지 시험 등)이 주기적으로 수행되어야 함.

④ 생물안전작업대(BSC) 점검 및 준비

㉠ 생물안전작업대(BSC)의 의의
- BSC(Biosafety Cabinet)는 작업자·시료·환경을 동시에 보호하기 위해 설계된 장비임.
- 일반 클린벤치와 달리, HEPA 필터를 통한 공기 흐름 제어로 감염성 물질 취급 시 안전성이 확보됨.

- 주로 미생물 배양·세포 배양·병원체 연구·GMP 무균 시험에서 사용됨.

ⓛ BSC의 기본 구조와 원리
- **전면 흡입구** : 외부 공기가 흡입되어 작업자에게 오염원이 노출되지 않음.
- **HEPA 필터** : 유입·배출되는 공기 중 입자와 미생물이 99.97% 이상 제거됨.
- **수직 기류** : 상부에서 하부로 흐르는 청정 공기가 시료를 보호함.
- **배출 공기** : 외부 배기로 배출되거나, 이중 필터링 후 실험실 내부로 재순환됨.

ⓒ BSC 사용 전 점검 항목
- 전원 및 송풍 장치가 정상 작동되는지 확인함.
- HEPA 필터의 압력 차계(magnehelic gauge) 수치를 확인하여 막힘 여부를 점검함.
- 전면 도어 개폐 상태와 개방 높이(20~25 cm)가 규정 범위 내인지 확인함.
- UV 살균등이 점등되는지, 조사 시간 설정이 적절한지 확인함.
- 내부 작업 공간과 표면이 70% 에탄올로 소독되었는지 확인함.

ⓔ BSC 사용 준비 절차
- 송풍 장치를 작동시키고 내부 기류가 안정화될 때까지 5~10분 대기함.
- 실험자는 멸균 가운·장갑·마스크를 착용함.
- 작업에 필요한 시약·기구는 최소한만 반입하고, 기류가 막히지 않도록 중앙부에 배치함.
- 오염 방지를 위해 깨끗한 물품에서 오염 가능성이 큰 물품 순으로 배치함.
- 알코올 램프·불꽃은 사용하지 않고, 필요 시 전기적 멸균 기구가 사용됨.

ⓜ BSC 사용 후 관리
- 작업 종료 후 내부 표면은 즉시 소독됨.
- 송풍 장치는 5~10분간 추가 가동 후 전원이 차단됨.
- 필요 시 UV 살균등을 15~30분간 점등하여 내부 청정도가 유지됨.
- 사용 기록은 장비 점검표에 남기고 GMP 문서화 기준을 준수함.

ⓗ 주의사항
- BSC는 작업자·시료·환경 보호를 모두 충족하지만, 화학적 독성 가스 제거는 불가능함.
- 화학약품 취급 시에는 반드시 화학 안전 캐비닛을 사용해야 함.
- 필터 교체 주기는 반드시 준수되어야 하며, 교체는 숙련된 인원이 수행해야 함.

⑤ 배양기 점검 및 준비
ⓐ 배양기 점검 및 준비의 의의
- 배양기는 세포와 미생물이 안정적으로 성장하도록 환경을 제공하는 핵심 장치임.

- 운전 전 점검과 준비가 미흡하면 세포 증식 실패 · 오염 발생 · 데이터 오류로 이어짐.
- 따라서 배양기 점검 및 준비는 배양 실험의 신뢰성과 산업 현장의 품질을 보장하는 핵심 절차로 정의됨.

ⓛ 배양기 외관 및 설치 상태 점검
- 배양기는 진동이 없는 평탄한 장소에 안정적으로 설치되어야 함.
- 전원선 · 전기 배선 · 스위치의 손상 여부가 확인되어야 함.
- 도어 패킹(door packing)의 손상 · 이탈 여부가 점검되어야 함.
- 외부 전원 접지 상태가 확인되고 전용 전원 라인이 확보되어야 함.

ⓒ 내부 구조 및 청결 상태 확인
- 내부 선반 · 수조 · 팬 · 센서에 파손 · 오염 흔적이 없어야 함.
- 가습 수조에는 멸균수가 채워져야 하며, 녹 · 곰팡이 · 침전물이 없어야 함.
- 챔버 표면은 70% 에탄올로 소독 후 건조 상태가 유지되어야 함.
- 필요 시 UV 멸균을 가동하여 내부 청정도가 확보되어야 함.

ⓔ 계측기 및 제어 시스템 점검
- 온도 센서 · 습도 센서 · CO_2 센서가 정상적으로 작동해야 함.
- 온도 설정값(예 : 37℃), 습도(약 95%), CO_2 농도(5%)가 기준 범위에 맞게 조정되어야 함.
- 디스플레이 · 알람 시스템이 정상적으로 동작해야 함.
- 비상 정지 버튼 및 알람 경보 기능이 시험 작동되어야 함.

ⓜ 배양기 운전 전 준비 사항
- 전원을 켜고 일정 시간 예열하여 내부 조건이 안정화되어야 함.
- 온도 · 습도 · CO_2 농도가 안정 상태에 도달할 때까지 대기해야 함.
- 배양 샘플과 배지는 클린벤치에서 무균 취급 후 배양기로 옮겨야 함.
- 운전 전 모든 점검 상태는 체크리스트에 기록되어야 하며, GMP 문서화 기준을 충족해야 함.
- GMP 환경에서는 Validation(온도 · 습도 · CO_2 안정성 검증)이 주기적으로 수행되어야 함.

ⓗ 주의사항
- 점검 항목 누락 시 배양 실패나 장비 고장으로 이어질 수 있음.
- 수조에 일반 수돗물을 사용하면 석회질 · 오염으로 세포 배양 실패 위험이 발생함.
- UV 살균은 작업자 안전에 유의하여 반드시 외부에서 작동되어야 함.
- 배양기 내부에 불필요한 물품을 적재하면 기류 · 온도 분포가 교란됨.

- 장기간 사용하지 않을 경우 내부 건조 · 소독 후 전원을 차단하여야 함.

⑥ 배양 장비 관련 센서 점검 및 관리
  ㉠ 센서 점검 및 관리의 의의
    - 배양 장비에는 온도 · 습도 · 가스 농도 등을 감지하는 다양한 센서가 내장되어 있음.
    - 센서가 오작동하면 설정 값과 실제 조건이 불일치하여 세포 성장 실패 · 오염이 발생함.
    - 센서 점검과 관리는 배양 실험의 정확성과 GMP 품질 보증을 위한 필수 절차로 정의됨.
  ㉡ 주요 센서의 종류와 기능
    - 온도 센서
      ▸ 챔버 내부 온도를 감지하여 37℃ 등 일정 온도가 유지되도록 제어함.
    - 습도 센서
      ▸ 내부 습도를 모니터링하여 증발 · 건조 현상을 방지함.
    - CO_2 센서
      ▸ 세포 배양 시 pH 완충을 위해 5% CO_2 농도를 감지 · 제어함.
    - O_2 센서
      ▸ 저산소 배양 조건(1~5% O_2)을 유지하는 특수 배양기에서 사용됨.
    - 압력 센서
      ▸ CO_2 가스 공급 라인과 필터 압력 차이를 감지하여 안정성을 확보함.
  ㉢ 센서 점검 절차
    - 사전 점검
      ▸ 전원 연결 상태 및 표시 화면의 정상 작동 여부를 확인함.
      ▸ 센서 케이블 · 연결부에 손상 · 이탈이 없는지 점검함.
    - 작동 확인
      ▸ 표준 온도계 · 습도계 · 가스 농도계를 이용하여 교차 검증함.
      ▸ CO_2 센서는 표준 가스(5% CO_2)로 캘리브레이션함.
      ▸ O_2 센서는 질소 치환 후 안정성 검증을 수행함.
    - 정기 교정
      ▸ 센서는 6개월~1년 주기로 교정 기관에서 정밀 검증을 받아야 함.
      ▸ 교정 결과는 반드시 문서화되어 추적성이 확보됨.
      ▸ GMP 환경에서는 Validation 시험(온도 안정성, CO_2 농도 정확성 등)이 병행됨.

ⓔ 센서 관리 방법
- 온도 센서 : 먼지·습기로부터 보호되고, 표준 온도계와 정기 비교가 수행되어야 함.
- 습도 센서 : 수조 청결을 유지하며, 석회질·곰팡이 발생 시 세척되어야 함.
- CO_2 센서 : 정기적 캘리브레이션이 수행되고, 필터 막힘 여부가 확인되어야 함.
- O_2 센서 : 사용하지 않을 때는 보호 캡을 씌워 산화 손상을 방지해야 함.
- 압력 센서 : 필터 교체 시 압력 차가 정상 범위인지 확인되어야 함.

ⓜ 주의사항
- 센서 점검 없이 장기간 사용하면 설정 값과 실제 값의 차이로 배양 실패가 발생함.
- 센서 케이블을 무리하게 당기면 접촉 불량이나 단선이 발생함.
- 교정 기록이 남지 않으면 GMP 기준을 충족할 수 없음.

3 배양업무 보조

① 균주·세포주의 해동

㉠ 해동의 의의
- 균주·세포주는 장기 보존을 위해 액체질소(-196℃) 또는 초저온 냉동고(-80℃)에서 동결보존됨.
- 보관된 세포를 실제 배양에 사용하려면 적절한 해동 과정이 요구됨.
- 해동 과정이 부적절하면 세포 손상·생존율 저하·오염 발생으로 이어짐.
- 따라서 균주·세포주의 해동은 배양 성공을 좌우하는 중요한 준비 절차로 정의됨.

㉡ 해동 준비 사항
- 작업자는 멸균 가운·장갑·마스크를 착용해야 함.
- 해동 작업은 무균 환경(클린벤치 또는 BSC)에서 수행되어야 함.
- 해동에 필요한 장비(37℃ 수조, 원심분리기, 배양기)는 사전 점검되어야 함.
- 해동 후 즉시 사용할 배지가 멸균 상태로 준비되어야 함.

㉢ 해동 절차
- 보관된 동결 바이얼을 액체질소 탱크 또는 -80℃ 냉동고에서 꺼냄.
- 바이얼을 37℃ 수조에서 빠르게 해동함(약 1~2분).
- 바이얼 외부는 70% 에탄올로 소독 후 BSC 내부로 옮김.
- 해동된 세포 현탁액을 미리 준비한 배지에 천천히 옮김.
- 필요 시 원심분리(1000 rpm, 5분)를 통해 동결보존액(DMSO 등)을 제거함.
- 상등액을 제거하고 새로운 배지로 세포를 현탁하여 배양기에 이식함.

ⓔ 해동 시 주의사항
- 해동은 빠르게, 이후 배지 희석은 천천히 이루어져야 세포 손상이 최소화됨.
- 바이얼을 장시간 상온에 두면 세포가 손상되고 오염 가능성이 높아짐.
- DMSO 등 동결보존액은 세포 독성이 있으므로 반드시 제거되어야 함.
- 해동 직후 세포 밀도가 낮으므로 적절한 배양기 조건(37℃, 5% CO_2)에서 회복 기간이 요구됨.

ⓜ GMP 및 산업적 의의
- GMP 환경에서는 해동 절차와 조건(시간·온도)이 SOP에 따라 문서화되어야 함.
- 해동 후 세포의 생존율과 오염 여부가 반드시 확인되어야 함.

② 균주·세포주의 접종

㉠ 접종의 의의
- 접종은 해동된 균주·세포주를 새로운 배지에 옮겨 증식이 가능하도록 시작하는 과정임.
- 접종이 올바르게 수행되지 않으면 세포 성장 실패·오염 발생·연구 데이터 오류로 이어짐.
- 따라서 접종은 배양 과정의 출발점으로, 무균 조작과 정확성이 필수적으로 요구됨.

㉡ 접종 준비 사항
- 접종은 반드시 생물안전작업대(BSC) 또는 클린벤치에서 수행되어야 함.
- 멸균된 배지·배양기구(피펫·플라스크·배양접시)는 사전에 준비되어야 함.
- 작업자는 멸균 가운·장갑·마스크·헤어캡을 착용하여 오염을 방지해야 함.
- 접종 기록지가 준비되어 균주명·세포주명·접종일자·작업자 정보가 기록되어야 함.

㉢ 접종 절차
- 해동·회수된 세포 현탁액을 무균적으로 준비된 배지 용기에 옮김.
- 부착성 세포 : 세포 현탁액을 플라스크 또는 배양접시에 골고루 분주함.
- 부유성 세포 : 세포 현탁액을 배양병에 접종하고, 적절한 교반 또는 정지 상태로 배양함.
- 접종된 용기는 즉시 배양기에 옮겨 37℃, 5% CO_2 조건에서 배양이 시작됨.

㉣ 접종 시 주의사항
- 접종 과정에서 외부 공기·손·장비로부터 오염이 발생하지 않도록 주의해야 함.
- 동일 세포주라도 다른 로트의 배지는 성분이 다를 수 있으므로 일관성 있는 배지가 사용되어야 함.
- 세포 밀도가 너무 낮거나 높으면 초기 성장이 지연되거나 과밀화가 유발됨.
- 접종 직후 플라스크를 심하게 흔들면 세포 부착이 방해됨.

ⓜ GMP 및 산업적 의의
- 접종 과정은 GMP 환경에서 SOP(Standard Operating Procedure) 문서에 따라 수행되어야 함.
- 접종 기록은 추적성을 보장하기 위해 배치(batch) 단위로 보관됨.
- 산업 현장에서는 균주 · 세포주의 접종이 제품 생산 균질성과 품질 관리에 직접적으로 연결됨

③ 무균조작 기술의 이해

㉠ 무균조작의 의의
- 무균조작은 외부 미생물 오염을 방지하고 세포 · 미생물이 순수하게 유지되도록 수행되는 조작으로 정의됨.
- 세포배양 · 미생물배양 · 의약품 생산 등에서 신뢰성 있는 결과와 안전성을 보장하는 필수 기술임.
- 무균조작 실패는 오염 · 세포 사멸 · 실험 데이터 오류로 이어짐.
- 따라서 무균조작 기술은 연구실과 GMP 생산 현장에서 가장 중요한 기본 역량으로 요구됨.

㉡ 무균조작의 기본 원칙
- 모든 배양 · 이식 작업은 무균 환경(BSC 또는 클린벤치)에서 수행되어야 함.
- 작업자는 멸균 가운 · 장갑 · 마스크 · 헤어캡을 착용해야 함.
- 실험에 사용하는 기구 · 배지는 멸균 상태가 유지되어야 함.
- 작업 공간은 청결히 유지되며, 멸균제(70% 에탄올)로 주기적으로 소독되어야 함.

㉢ 무균조작의 기본 기술
- 화염 멸균
  ▶ 플라스틱 외 기구는 불꽃 또는 알코올 램프를 통해 순간 멸균됨.
- 피펫 조작
  ▶ 멸균된 피펫을 사용하며, 피펫 끝은 공기 중에 오래 노출되지 않음.
- 배양 용기 취급
  ▶ 배양병 · 플라스크 · 페트리디쉬는 뚜껑을 완전히 열지 않고 기울여 사용됨.
- 시약 사용
  ▶ 멸균 시약은 무균 환경에서만 개봉되며, 사용 후 즉시 밀봉됨.

② 무균조작 절차
- **작업 전** : 실험 공간 · 기구 · 시약의 멸균 상태가 점검됨.
- **작업 중** : 기류를 막지 않도록 손 · 팔 위치를 조정하며, 오염 가능성이 있는 동작은 최소화됨.
- **작업 후** : 사용한 기구는 멸균 처리되고, 작업대 표면은 멸균제로 닦아 마무리됨.
- 모든 과정은 SOP에 따라 기록되고 GMP 문서 관리 절차를 충족해야 함.

⑩ 무균조작 시 주의사항
- 손 동작은 일정하게 유지되어야 하며, 빠른 움직임으로 기류가 방해되지 않아야 함.
- BSC 내부는 과도한 물품 적재를 피해야 함.
- 오염이 의심되면 즉시 작업을 중단하고 기구 · 시약을 교체해야 함.
- 알코올 램프 사용 시 화재 안전에 유의해야 함.

ⓗ GMP 및 산업적 의의
- 무균조작은 제약 생산에서 품질 관리와 직결되는 핵심 기술임.
- 오염 방지는 제품 리콜 · 환자 안전 문제와 직결되므로 철저한 관리가 요구됨.

④ 배양조건의 이해

㉠ 배양조건 이해의 의의
- 세포와 미생물의 성장 · 증식은 온도 · pH · 기체 조성 · 영양 상태 등 다양한 조건에 의해 결정됨.
- 최적의 배양조건이 설정되지 않으면 세포 성장이 저해되거나 대사 산물 수율이 저하됨.
- 배양조건 이해는 배양 성공률을 높이고 실험 및 산업 생산의 재현성과 품질을 보장하는 핵심 단계임.

㉡ 주요 배양조건

- 온도
  - 대부분의 포유류 세포는 37℃에서 최적 성장함.
  - 미생물은 온도 범위에 따라 저온균(0~20℃), 중온균(20~45℃), 고온균(45~80℃)으로 구분됨.
  - 배양기 온도 편차는 세포 성장률과 단백질 발현 수준에 직접적으로 영향을 줌.

- pH
  - 세포 배양에서는 pH 7.2~7.4 범위가 유지되어야 함.
  - 미생물은 산성균(pH 4 이하), 중성균(pH 6~8), 알칼리균(pH 9 이상) 등으로 구분됨.
  - pH 완충을 위해 CO_2-$NaHCO_3$ 시스템이나 HEPES buffer가 사용됨.

- 기체 조성
  - 포유류 세포 배양 : 5% CO_2 유지, O_2 농도는 보통 20%이나 저산소 조건에서는 1~5%로 조절됨.
  - 미생물 배양 : 호기성 · 혐기성 · 통성 혐기성 등 대사 특성에 맞는 기체 환경이 요구됨.
  - 기체 조성이 불일치하면 세포 대사 불균형이 발생함.
- 영양 공급
  - 배지는 세포 종류에 따라 필수 영양소 · 비타민 · 아미노산이 포함되어야 함.
  - 미생물 배양 시 탄소원(포도당 · 글리세롤)과 질소원(펩톤 · 아미노산)이 중요함.
  - 영양분이 부족하면 성장 정지, 과다하면 대사 불균형이 유발됨.

ⓒ 배양조건 설정 및 유지 방법
- 배양 전 : 배지 성분과 배양기의 설정값(온도 · pH · 가스 공급)이 확인되어야 함.
- 배양 중 : 센서(온도 · CO_2 · O_2) 값이 주기적으로 점검되고, 이상 시 즉시 교정되어야 함.
- 배양 후 : 세포 성장 곡선 · 배지 색 변화 · 대사 산물 농도를 분석하여 조건의 적정성이 검증됨.
- 모든 설정 · 유지 과정은 GMP 환경에서 기록 · 문서화되어야 함.

ⓔ 배양조건 관리 시 주의사항
- 온도 · pH · 기체 조건은 서로 상호작용하므로 단일 변수만 고려해서는 안 됨.
- 장비 고장 · 센서 오류는 조건 불안정으로 직결되므로 사전 점검이 필수임.
- 배양기의 과적재는 내부 환경 불균일을 유발하므로 배양 용기 간격이 확보되어야 함.

ⓜ 산업적 의의
- 배양조건의 이해는 연구실 실험뿐 아니라 백신 · 항체 · 효소 등 바이오 제품 생산의 핵심 기술임.
- 조건 최적화는 수율 향상과 비용 절감으로 이어져 산업적 경쟁력이 확보됨.
- GMP 기준에서는 배양조건 설정 · 점검 · 기록이 의무화되며, 불일치 시 배치 전체가 폐기됨.

⑤ 세포주 접종 및 모니터링
  ㉠ 세포주 접종의 의의
  - 세포주 접종은 해동 · 계대된 세포를 새로운 배양기에 분주하여 증식을 시작하는 핵심 과정으로 정의됨.
  - 무균적으로 올바르게 수행되지 않으면 세포 성장이 저해되거나 오염이 발생함.
  - 접종은 세포 생존율 · 배양 성공률 · 산업적 생산성에 직접적인 영향을 미침.

ⓛ 접종 준비 사항
- 작업자는 멸균 가운·장갑·마스크·헤어캡을 착용해야 함.
- 접종은 반드시 생물안전작업대(BSC) 또는 클린벤치에서 수행되어야 함.
- 멸균 배지·피펫·배양 플라스크·배양접시는 사전 준비되어야 함.
- 접종 기록지에는 세포주명·배치 번호·작업 일자·작업자가 기록되어야 함.

ⓒ 접종 절차
- 세포 현탁액은 멸균 피펫으로 준비된 배양기에 옮겨짐.
- 부착성 세포 → 균일하게 분주 후 일정 시간 부착이 유도됨.
- 부유성 세포 → 배양액에 접종 후 교반하거나 정지 상태로 유지됨.
- 접종 직후 배양기는 37℃, 5% CO_2 조건으로 설정되어 세포 성장이 시작됨.

ⓔ 세포 모니터링의 의의
- 세포 모니터링은 접종 후 세포의 상태와 성장 과정을 지속적으로 관찰하는 절차로 정의됨.
- 모니터링을 통해 세포 생존율·성장 속도·형태학적 변화가 확인됨.
- 오염 여부를 조기에 발견하여 불량 배양이 최소화됨.

ⓜ 모니터링 방법
- 현미경 관찰 → 세포 밀도·형태·부착 상태가 매일 확인됨.
- 배지 색 변화 → pH 지시제(페놀레드)의 색 변화를 통해 산성화 여부가 평가됨.
- 배지 혼탁도 → 세균·곰팡이 오염 여부를 판단하는 지표로 활용됨.
- 성장 곡선 작성 → 세포 수가 주기적으로 계수되어 증식 곡선이 도출됨.

ⓗ 모니터링 시 주의사항
- 세포 관찰 시 배양기는 장시간 열리지 않아야 함.
- 오염이 의심되면 해당 배양은 즉시 폐기되고 원인이 추적되어야 함.
- 동일 조건에서 반복 배양이 수행되어 결과의 재현성이 확보됨.

ⓐ GMP 및 산업적 의의
- GMP 환경에서는 접종 및 모니터링 기록이 SOP에 따라 문서화됨.
- 모니터링 결과는 배치(batch) 단위의 품질 관리와 직결됨.
- 세포 상태의 일관성은 항체·백신·세포치료제 생산의 품질을 좌우함.
- Validation 항목(세포 생존율 검증, 오염 확인 시험)이 수행되어야 함.

⑥ 계대배양 및 샘플확인
ⓐ 계대배양의 의의

- 계대배양(subculture)은 일정 밀도까지 성장한 세포를 새로운 배지로 옮겨 배양을 지속하는 과정으로 정의됨.
- 세포가 과밀화되면 성장 속도가 저하되고 세포사멸이 증가함.
- 계대배양은 세포의 대수증식기를 유지하여 실험·산업적 활용에 적합한 상태를 지속하는 핵심 절차임.

ⓛ 계대배양 준비 사항
- 클린벤치 또는 BSC는 멸균 소독되어 무균 환경이 확보되어야 함.
- 멸균된 배양기구(피펫·플라스크·배양병)와 배지가 준비되어야 함.
- 세포 종류에 따라 효소 처리(Trypsin-EDTA) 또는 기계적 방법으로 분리 준비가 필요함.
- 계대 시점은 세포 밀도가 70~80%일 때가 적절함.

ⓒ 계대배양 절차
- 부착성 세포

  ▸ 배지가 제거되고 PBS로 세척된 후, Trypsin-EDTA 용액이 처리됨.
  ▸ 세포가 떨어지면 배지가 첨가되어 효소가 중화됨.
  ▸ 세포 현탁액이 적절히 희석되어 새로운 플라스크에 분주됨.

- 부유성 세포

  ▸ 세포 현탁액 일부가 취해져 새로운 배지와 함께 새로운 용기에 접종됨.

- 모든 과정은 무균적으로 수행되며, 배양기는 즉시 37℃, 5% CO_2 조건으로 설정됨.

ⓔ 샘플확인의 의의
- 계대된 세포가 정상적으로 성장하는지 검증하는 절차로 정의됨.
- 세포의 형태·밀도·성장 곡선이 관찰되어 상태가 확인됨.
- 세포 오염 여부가 조기에 발견되어 불량 배양이 방지됨.

ⓜ 샘플확인 방법
- 현미경 관찰 → 세포 형태·밀도·부착·분열 상태가 확인됨.
- 배지 색 변화 → pH 지시제 색을 통해 산성화 여부가 판단됨.
- 오염 검사 → 배지 혼탁도·곰팡이 균사가 확인됨.
- 세포 계수기·혈구계산기로 세포 수와 생존율이 측정됨.

ⓗ 주의사항
- 계대 시 세포가 과도하게 희석되면 성장 지연이 발생함.
- 효소 처리 시간이 지나치면 세포 손상·생존율 저하가 유발됨.

- 오염된 샘플은 즉시 폐기되고 원인이 추적되어야 함.
- 기록은 SOP에 따라 문서화되어 GMP 기준을 충족해야 함.

Ⓐ GMP 및 산업적 의의
- 계대배양 및 샘플확인은 세포치료제 · 백신 · 단백질 생산 등 산업 공정의 핵심 관리 항목임.
- 세포 일관성이 유지되지 않으면 품질 불균일 · 제품 불합격으로 이어짐.
- GMP 환경에서는 계대 · 샘플확인 절차가 Validation(생존율, 오염 검사) 시험으로 검증됨.

⑦ 배양특성 파악

㉠ 배양특성 파악의 의의
- 배양특성은 세포 · 미생물이 배양 환경에서 나타내는 성장 양상과 대사 활동을 의미함.
- 배양특성이 파악되면 세포 성장 단계 · 생산성 · 최적 조건이 이해됨.
- 산업 현장에서는 품질 관리와 수율 향상을 위해 반드시 요구되는 분석 항목으로 정의됨.

㉡ 성장 곡선의 이해
- 세포 · 미생물은 일반적으로 지연기 → 대수기 → 정체기 → 사멸기 단계를 거침.
- 지연기 → 환경에 적응하며 세포 분열이 활발하지 않음.
- 대수기 → 세포 분열이 급격히 증가하여 대사 활동이 최적화됨.
- 정체기 → 영양분 고갈 · 노폐물 축적으로 성장 속도가 감소됨.
- 사멸기 → 세포 사멸이 증가하여 전체 생존율이 저하됨.

㉢ 주요 배양특성 지표
- 세포 밀도 → 현미경 관찰 · 세포 계수기로 측정됨.
- 생존율 → 트라이판 블루(trypan blue) 염색 등으로 확인됨.
- 형태학적 특성 → 부착성 세포의 모양 · 군집 형태, 부유성 세포의 크기 · 분산도가 관찰됨.
- 대사 산물 분석 → 포도당 소비율 · 젖산 생성량 · pH 변화 · 단백질 생산량 등이 활용됨.

㉣ 배양특성 분석 방법
- 현미경 관찰 → 세포 형태 · 분열 양상이 기록됨.
- 세포 계수 → 혈구계산기 또는 자동 세포계수기로 세포 수 · 생존율이 확인됨.
- 배지 분석 → 배지 내 영양분 · 노폐물 농도가 주기적으로 측정됨.
- 분광광도계 → 세포 현탁액의 흡광도(OD값)가 측정되어 미생물 성장 곡선이 작성됨.

㉤ 주의사항
- 세포 특성은 배지 조성 · 온도 · pH · 산소 공급 등 환경 변수에 따라 달라짐.

- 동일 세포주라도 계대 횟수에 따라 성장 속도 · 대사 활동이 변할 수 있음.
- 오염 여부를 병행 확인하지 않으면 배양특성이 왜곡됨.

ⓑ GMP 및 산업적 의의
- GMP 환경에서는 배양특성 데이터가 기록되어 품질 관리 지표로 활용됨.
- 배양특성 파악은 세포치료제 · 백신 · 단백질 의약품의 일관성 유지와 직결됨.
- 산업 현장에서는 배양특성 데이터를 기반으로 공정 최적화 · 비용 절감 · 수율 향상이 달성됨.
- Validation 항목(세포 성장 곡선, 대사 산물 분석, 오염 시험)이 수행되어야 함.

4 회수업무 보조

① 배양액 특성

㉠ 배양액 특성의 의의
- 배양액은 세포 · 미생물의 성장과 대사 활동이 반영된 최종 산물로 정의됨.
- 배양액의 특성이 분석되면 세포 성장 상태 · 대사 산물 · 오염 여부가 파악됨.
- 회수 단계에서 배양액 특성은 제품 품질 평가 및 공정 최적화의 핵심 자료로 활용됨.

㉡ 배양액의 주요 성분
- **대사 산물** : 포도당 소비량, 젖산 · 암모니아 생성량, 단백질 분비량이 포함됨.
- **영양분 잔존량** : 아미노산 · 비타민 · 무기염류의 소모 정도가 반영됨.
- **pH 변화** : 세포 대사에 따라 산성 또는 알칼리성으로 변동됨.
- **세포 파편 및 노폐물** : 죽은 세포 · 세포 잔해가 배양액에 포함됨.

㉢ 배양액 특성 분석 방법
- **화학적 분석** : pH 미터로 산도 측정, 전도도 측정기로 이온 농도 확인, HPLC · GC로 대사 산물 및 영양분 분석이 수행됨.
- **물리적 분석** : 탁도계로 혼탁도 측정되어 오염 여부 · 세포 밀도가 간접 확인됨, 색 변화는 pH 지시약(페놀레드 등)으로 관찰됨.
- **생물학적 분석** : 미생물 배양 검사를 통해 오염 여부가 확인됨, 세포 생존율 · 단백질 생산량이 평가됨.

㉣ 배양액 특성과 공정 관리
- 배양액 내 젖산 농도 상승은 세포 대사의 불균형을 의미함.
- 영양분 고갈은 세포 성장이 정체기로 진입했음을 나타냄.
- 배양액 특성은 회수 시점 결정의 기준이 됨.
- 불량 특성이 관찰되면 공정이 조정되거나 배양이 중단되어야 함.

◎ GMP 및 산업적 의의
- GMP 환경에서는 배양액 특성 분석 결과가 품질 관리(QC)의 핵심 자료로 사용됨.
- 배양액 데이터는 제품의 일관성·안전성·유효성을 입증하는 근거가 됨.

② 회수 공정기술 종류와 특성

㉠ 회수 공정기술의 의의
- 회수 공정은 배양된 세포·미생물 및 대사 산물로부터 목표 성분(단백질·효소·세포물질 등)을 얻는 단계로 정의됨.
- 공정기술의 선택은 생산물의 순도·수율·활성을 좌우함.
- 회수 기술 이해는 산업적 대량 생산과 품질 관리의 핵심 역량임.

㉡ 주요 회수 공정기술
- 원심분리(Centrifugation)
  - 고속 회전으로 세포·입자가 분리됨.
  - 장점 : 세포 수집이 빠르고 대량 처리 가능함.
  - 단점 : 세포 손상·장비 유지비 발생.

- 여과(Filtration)
  - 미세공극 필터로 세포·불순물이 제거됨.
  - 장점 : 단순하며 연속 공정 적용 가능함.
  - 단점 : 필터 막힘(fouling) 현상 발생.

- 침전(Precipitation)
  - 화학물질(예: 암모늄 황산염)로 단백질 침전이 유도됨.
  - 장점 : 단백질 분리 효율이 높음.
  - 단점 : 불순물이 함께 침전될 위험이 있음.

- 세포 파쇄(Cell Disruption)
  - 초음파·고압균질기·동결·해동으로 세포 내 물질 방출이 수행됨.
  - 장점 : 세포 내 단백질·효소를 직접 회수 가능함.
  - 단점 : 과도한 처리 시 단백질 변성이 발생함.

- 추출(Extraction)
  - 용매·계면활성제로 목표 성분이 용출됨.
  - 장점 : 지질·색소 등 소수성 물질 회수에 적합함.
  - 단점 : 용매 잔류 문제가 발생함.

- 흡착(Adsorption)
  - 고체 표면에 물질이 선택적으로 결합함.
  - 장점 : 특정 단백질 · 효소의 선택적 분리에 유리함.
  - 단점 : 흡착제 비용 · 재생 한계가 있음.

ⓒ 회수 기술 선택 시 고려사항
- 세포 · 미생물의 크기 · 밀도 · 구조적 특성.
- 목표 산물의 물리 · 화학적 안정성.
- 생산 규모와 비용 효율성.
- 공정 단순화 · 자동화 가능성.

ⓔ GMP 및 산업적 의의
- GMP 환경에서는 회수 공정의 조건(속도 · 압력 · 시약 농도 등)이 SOP에 따라 관리됨.
- 회수 단계는 최종 제품의 안전성 · 품질 일관성 확보와 직결됨.

③ 배양액 회수 조건

ⓐ 배양액 회수 조건의 의의
- 배양액 회수는 세포 · 미생물 배양 과정에서 생산된 대사 산물 · 단백질 · 효소 등을 얻는 핵심 단계로 정의됨.
- 회수 조건이 적절하지 않으면 세포 손상 · 산물 분해 · 오염 발생으로 이어짐.
- 따라서 배양액 회수 조건은 산물 안정성 · 수율 · 품질 확보를 위한 필수 기준임.

ⓑ 배양 시점에 따른 회수 조건
- 성장 곡선 기준 → 세포가 대수기 후반 또는 생산성 최대 시점에 회수됨.
- 대사 산물 기준 → 원하는 단백질 · 효소가 최고 농도에 도달했을 때 회수됨.
- 영양분 고갈 여부 → 포도당 · 아미노산 고갈 전 회수가 수행되어야 함.

ⓒ 배양 환경에 따른 회수 조건
- 온도 → 회수 과정에서 온도 상승은 단백질 변성을 유발하므로 4℃ 저온 조건이 유지됨.
- pH → pH가 극단적으로 변하면 단백질 안정성이 저하되므로 적정 범위(6.8~7.4)가 유지되어야 함.
- 용존산소(DO) → 산소 농도 저하는 대사 산물 분해 · 불균일을 초래하므로 주기적으로 관리됨.
- 교반 속도 → 과도한 교반은 세포 파편 발생 · 불순물 증가로 이어지므로 적정 범위가 유지됨.

ⓔ 회수 전 준비 조건
- 회수 장비(원심분리기 · 여과기 · 펌프)는 멸균 상태가 확보되어야 함.
- 배양액은 무균적으로 이송되어 오염 가능성이 최소화되어야 함.
- 회수 전 시료가 일부 채취되어 오염 검사 및 대사 산물 농도가 확인됨.

ⓜ GMP 및 산업적 의의
- GMP 환경에서는 배양액 회수 조건(시간 · 온도 · pH · 장비 설정)이 SOP에 따라 관리됨.
- 배양액 회수 조건은 최종 제품의 안전성 · 유효성 · 일관성을 결정하는 핵심 품질 기준임.

④ 회수 장비 작동법

㉠ 회수 장비 작동의 의의
- 회수 장비는 배양액으로부터 세포 · 대사 산물 · 단백질 등이 분리 · 정제되는 데 사용됨.
- 올바른 작동법 숙지는 생산물의 수율 · 순도 · 안전성을 보장하는 핵심 절차임.
- 회수 장비는 무균 상태에서 작동되어야 하며, 잘못된 운전은 오염 · 장비 손상을 초래함.

㉡ 주요 회수 장비와 작동법
- 원심분리기(Centrifuge)

  ▸ 작동 전 균형추(balance)가 맞추어져야 하며, 시료가 로터에 균등 장착됨.
  ▸ 설정 속도(RPM) · 시간 · 온도가 지정되어 회전이 시작됨.
  ▸ 작동 후 즉시 시료가 회수되며, 로터 · 챔버는 멸균 소독됨.

- 여과기(Filtration system)

  ▸ 멸균된 필터가 장착되고 압력 · 진공 조건이 확인됨.
  ▸ 배양액이 주입되어 세포 · 불순물이 분리됨.
  ▸ 필터 막힘(fouling) 발생 시 교체 또는 역세척(backwash)이 수행됨.

- 펌프 이송 장치(Pump system)

  ▸ 배양액이 회수 장치로 이송되며, 유량 · 압력이 적절히 조정됨.
  ▸ 과도한 압력은 세포 파편 · 단백질 변성을 초래함.
  ▸ 사용 후 CIP(Cleaning in Place)가 반드시 수행됨.

- 세포 분리기(Cell separator)

  ▸ 밀도차를 이용해 세포와 배양액이 연속적으로 분리됨.
  ▸ 작동 시 유입 속도 · 회전 속도 · 분리 효율이 점검됨.
  ▸ 장비는 무균 상태로 유지되며, 주기적으로 교정됨.

ⓒ 회수 장비 사용 시 주의사항
- 작동 전 장비의 전원·안전장치·경보 기능이 점검되어야 함.
- 모든 연결부는 누출·이탈이 없도록 고정되어야 함.
- 장비는 작업 전후 멸균 소독되어 무균 상태가 유지됨.
- 운전 중 소음·진동이 비정상적일 경우 즉시 중단·점검되어야 함.

ⓔ GMP 및 산업적 의의
- GMP 기준에서는 회수 장비 운전 기록이 장비 사용일지에 문서화됨.
- 장비 작동법은 SOP에 따라 표준화되며, 작업자는 교육을 받아야 함.
- 회수 장비의 올바른 운전은 제품 품질·공정 안전성을 보장하는 핵심 요소임.

⑤ 세포 분리 방법

ⓐ 세포 분리의 의의
- 세포 분리는 배양액에서 세포가 배지·대사 산물·불순물과 분리되는 과정으로 정의됨.
- 목적에 따라 세포 자체 활용 또는 세포 내·외부 산물 획득을 위해 수행됨.
- 적절한 분리 방법은 세포 생존율·생산물 수율·품질에 직접 영향을 미침.

ⓑ 세포 분리의 주요 방법
- 원심분리(Centrifugation)

  ▸ 원심력으로 세포가 침전되어 분리됨.
  ▸ 장점 : 빠르고 효율적인 세포 회수 가능.
  ▸ 단점 : 고속 회전 시 세포 손상 발생.

- 여과(Filtration)

  ▸ 세포 크기보다 작은 공극 필터로 세포가 물리적으로 분리됨.
  ▸ 장점 : 대량 처리·연속 공정 적합.
  ▸ 단점 : 필터 막힘(fouling) 발생.

- 밀도 구배 원심분리(Density gradient centrifugation)

  ▸ 세포가 밀도 차이에 따라 층별로 분리됨.
  ▸ 장점 : 세포 종류·상태별 정밀 분리 가능.
  ▸ 단점 : 시약 비용·시간 소요.

- 세포 스크리닝(Screening)

  ▸ 체(sieve)·미세망으로 세포 크기 차이에 따라 분리됨.
  ▸ 장점 : 단순·저비용.
  ▸ 단점 : 정밀도 낮고 소규모 적합.

- 유세포 분석기(Flow cytometry, FACS)
  - 세포 형질(크기 · 형광 표지)에 따라 개별 세포가 분리됨.
  - 장점 : 고순도 세포 집단 분리 가능.
  - 단점 : 고가 장비 · 전문 인력 필요.

ⓒ 세포 분리 시 고려사항
- 세포의 크기 · 밀도 · 구조적 특성에 맞는 방법이 선택되어야 함.
- 세포 손상 최소화를 위해 속도 · 압력 조건이 조정되어야 함.
- 분리 후 세포 생존율 · 오염 여부가 반드시 확인됨.
- 장비는 항상 멸균 상태로 유지됨.

ⓓ GMP 및 산업적 의의
- GMP 환경에서는 세포 분리 조건(속도 · 압력 · 시약)이 SOP에 따라 관리됨.
- 세포 분리 결과는 배치(batch) 기록에 문서화됨.
- Validation 시험(생존율 · 오염 검사)이 수행되어야 함.

핵심유형익히기

01
배지가 세포·미생물 배양에서 갖는 가장 기본적 의미는?
① 단순한 보관 용기
② 영양분과 환경 제공 매개체
③ 오염 방지 필터
④ 항생제 대체물

배지 기본 의미
- 배지는 세포·미생물이 성장·증식할 수 있도록 영양분과 환경을 제공함
- 연구 및 산업 생산에 필수적 매개체로 사용됨
- 배지 조성은 성장 속도와 대사 특성에 직접적 영향을 줌

02
고체 배지에 일반적으로 첨가되는 한천 농도 범위는?
① 0.05~0.1% ② 0.2~0.5%
③ 1.5~2.0% ④ 5.0% 이상

고체 배지 특징
- 한천은 15~20% 농도로 첨가되어 배지를 응고시킴
- 집락 형성과 순수 분리에 적합함
- 형태 관찰 및 항생제 감수성 시험에 활용됨

03
액체 배지 사용의 장점으로 옳은 것은?
① 집락 관찰 가능
② 대량 발효와 대사산물 생산에 유리
③ 혐기성 배양 전용
④ 고체 표면 연구에 적합

액체 배지 장점
- 발효·효소·대사산물 생산에 널리 사용됨
- 균일 성장으로 성장 곡선 측정에 유리함
- 대량생산 공정에서 필수적임

04
반고체 배지의 주요 활용 목적은?
① 집락 형태 관찰
② 세포 운동성 검사 및 혐기성 미생물 배양
③ pH 변화 측정
④ 혈액 성분 분석

반고체 배지 용도
- 한천 농도 02~05%로 액체·고체 중간 성질
- 산소 확산이 제한되어 혐기성균 배양에 유리
- 세포 운동성 검출 시험에도 사용됨

05
천연배지(Natural medium)의 단점으로 옳은 것은?
① 제조가 복잡함
② 성분 조성이 일정치 않아 재현성이 낮음
③ 특정 대사 연구에 적합함
④ 고비용임

천연배지 단점
- 고기 추출물, 펩톤 등 천연 성분 기반
- 성분 변동이 커 실험 재현성이 떨어짐
- 일반 배양에는 적합하지만 연구용에는 한계 존재

06
합성배지(Defined medium)의 장점은?
① 저비용
② 특정 영양소 역할 연구에 적합
③ 대부분 세균 배양 가능
④ 성분 조성 변동 허용

정답 01 ② 02 ③ 03 ② 04 ② 05 ② 06 ②

합성배지 장점
- 모든 성분이 화학적으로 규명된 배지
- 특정 영양소·대사 경로 분석 가능
- 실험 재현성이 높음

감별배지 예시
- 대사산물 차이에 따라 집락 색 변화 관찰
- 혈액한천 → 용혈성 여부 구분
- MacConkey agar → 유당 발효 여부 확인

07
복합배지(Complex medium)의 예시로 가장 적절한 것은?

① 최소배지(minimal medium)
② YPD 배지
③ 특정 아미노산 제한 배지
④ 혈액한천배지

복합배지 예시
- 천연 성분과 합성 성분 혼합
- YPD, LB 배지가 대표적
- 실험실 및 산업 현장에서 널리 쓰임

08
선택배지(Selective medium)의 기능으로 옳은 것은?

① 특정 미생물만 자라도록 억제 성분 첨가
② 대사산물에 따른 집락 색 구분
③ 까다로운 균 성장 위해 혈액 첨가
④ 동물세포 성장 전용

선택배지 특징
- 항생제·염료 등을 첨가해 특정 균만 성장 가능
- EMB agar, MacConkey agar 대표적 예시
- 균주 분리 및 확인에 사용됨

09
감별배지(Differential medium)의 대표적 예시로 옳은 것은?

① LB broth   ② EMB agar
③ 혈액한천배지   ④ YPD 배지

10
특수배지(Special medium)에 해당하지 않는 것은?

① DMEM
② RPMI 1640
③ Nutrient broth
④ FBS 첨가 배지

특수배지 구분
- 특정 목적에 맞춘 맞춤형 배지
- DMEM, RPMI, 혈청 첨가 배지 대표적
- Nutrient broth는 기본배지로 분류됨

11
배지의 주요 탄소원으로 사용되는 것은?

① 아미노산   ② 포도당
③ 철이온   ④ 비타민 B군

배지 탄소원
- 포도당은 대표적 에너지원
- 세포 성장·대사에 필수적
- 자당·젖당도 보조적으로 사용

12
배지의 주요 질소원에 해당하는 것은?

① 효모 추출물   ② 인산염
③ $NaHCO_3$ ④ Ca^{2+}

배지 질소원
- 단백질·핵산 합성에 필요
- 펩톤, 효모 추출물, 아미노산이 대표적
- 무기염은 보조적 역할 수행

정답 07 ② 08 ① 09 ③ 10 ③ 11 ② 12 ①

13
배지 완충제로 사용되는 물질 조합으로 적절한 것은?

① NaCl–KCl
② NaHCO₃–CO₂
③ CaSO₄–FeCl₃
④ MgSO₄–CaCl₂

배지 완충제
- NaHCO₃–CO₂, HEPES 등이 대표적
- 세포 성장 시 pH 변화를 안정화
- 세포 배양 효율 향상에 기여

14
배지 선택 시 "재현성 확보"와 가장 관련이 깊은 요소는?

① 무기염류 첨가 여부
② 동일 조건 반복 시 같은 결과 유지
③ 비용 절감
④ 배지 색 변화

재현성 확보
- 재현성은 연구와 생산의 신뢰성 핵심
- 배지 조성 변동은 실험 결과 변화를 초래
- 표준화된 배지 조제가 필수적임

15
배지 멸균 후 반드시 확인해야 할 사항은?

① 가격표   ② pH 변화와 혼탁 여부
③ 세포 밀도   ④ 성장 곡선

배지 멸균 후 점검
- 멸균 후 배지의 변색·침전·혼탁 여부 확인
- 이상 시 재멸균 또는 폐기 필요
- 실험 전 품질 보증 절차에 포함됨

16
순수 분리배양에서 가장 흔히 활용되는 배지 형태는?

① 액체 배지   ② 반고체 배지
③ 고체 배지   ④ 특수배지

순수 분리배양
- 고체 배지는 집락 형성 가능
- 균주 순수 분리와 형태학 연구에 사용
- 평판배지, 경사배지가 대표적

17
배지 선택 시 "대상 생물"에 따라 맞지 않는 조합은?

① 세포주–DMEM
② 효모–YPD
③ 조류–혈액한천
④ 장내세균–MacConkey agar

배지–대상 생물 매칭
- 조류 배양은 광합성 특수 배지가 필요
- 혈액한천은 까다로운 세균용 배지
- 대상 생물에 따라 최적 배지 선택 필수

18
산업적 관점에서 배지 선택이 직접적으로 영향을 미치는 요소는?

① 제품 수율과 품질   ② 멸균기 온도
③ 배양기 형태   ④ 현미경 배율

산업적 중요성
- 배지 선택은 수율·품질 관리와 직결됨
- 의약품, 식품 발효, 효소 생산에 큰 영향
- 산업적 생산 효율성을 좌우

19
무기염류 중 효소 활성 조절에 기여하는 이온은?

① Na^+, K^+ ② Mg^{2+}, Ca^{2+}, Fe^{2+}
③ Cl^-, NO_3^- ④ SO_4^{2-}, CO_3^{2-}

무기염류 역할
- Mg^{2+}, Ca^{2+}, Fe^{2+}는 효소 활성 필수 인자
- 삼투압 안정성에도 기여
- 과량 첨가 시 오히려 세포 손상 가능

정답 13 ② 14 ② 15 ② 16 ③ 17 ③ 18 ① 19 ②

20
배지 종류와 특성 이해가 산업 현장에서 중요한 이유는?
① 세포 형태 관찰 목적
② 제품 수율·품질 관리와 직결
③ 단순 비용 절감 효과
④ 현미경 기술 대체 가능성

산업적 의의
- 배지 선택은 생산물 품질과 수율을 결정
- GMP 품질 관리의 핵심 항목임
- 식품·제약·환경 산업 전반에 적용됨

21
저울 사용 전 가장 먼저 확인해야 할 사항은?
① 용기 라벨 부착 여부
② 전원선 청결 여부
③ 저울의 수평 및 교정 상태
④ 배양기 온도 설정

저울 사용 전 점검
- 저울은 수평계(버블)와 교정 상태 확인이 필수
- 수평이 맞지 않으면 측정값에 큰 오차가 발생함
- 정확한 계량을 위해 예열과 표준추 확인이 필요함

22
분석저울(Analytical balance)의 일반적인 측정 정밀도는?
① 0.1 g　② 0.01 g
③ 0.001 g　④ 0.0001 g

분석저울 특성
- 0.0001 g(0.1 mg)까지 측정 가능한 고정밀 저울임
- 밀폐형 챔버를 사용해 외부 환경 영향을 최소화함
- 미량 시약 계량 및 배지 조제에 활용됨

23
흡습성 시약을 계량할 때 권장되는 방법은?
① 상온 방치 후 계량
② 감산법으로 계량
③ 신속 계량 후 즉시 밀봉
④ 저울 덮개 개방 유지

흡습성 시약 계량
- $NaOH$, $CaCl_2$ 등은 공기 중 수분을 쉽게 흡수함
- 신속히 계량하고 즉시 밀봉하여 농도 오차를 방지함
- 무균 작업대 환경에서 취급하는 것이 바람직함

24
액체 시약 계량 시 가장 적절한 방법은?
① 직접 덜어내어 측정
② 감산법(용기 무게 측정 후 차감)
③ 저울에 직접 붓기
④ 시간 기준으로 유량 측정

액체 시약 계량
- 휘발성·점성 있는 액체는 감산법으로 계량해야 정확함
- 용기째 무게를 측정한 뒤 필요한 양을 빼내어 차감함
- 정확도 확보와 오염 방지에 효과적임

25
저울 사용 환경 관리 중 올바르지 않은 것은?
① 진동 차단
② 일정 온도·습도 유지
③ 정전기 방지
④ 직사광선에 노출

저울 사용 환경
- 온도·습도 변화와 빛은 측정 오차를 유발함
- 정전기와 진동도 미량 계량의 큰 방해 요인임
- 따라서 전용 밀폐 작업대 사용이 권장됨

정답 20② 21③ 22④ 23③ 24② 25④

26
원료 정량 과정에서 첫 단계로 수행해야 할 절차는?

① 저울 교정 ② 조성표 확인
③ 시약 용기 준비 ④ 시료 혼합

정량 절차 시작
- 표준 조성표를 먼저 확인해야 정확한 계량이 가능함
- 목표 배양액 부피에 따라 g/L 기준으로 환산해야 함
- 초기 확인이 누락되면 전체 배양에 오류가 발생함

27
글루코스 10 g/L, 펩톤 5 g/L, 효모추출물 3 g/L, NaCl 5 g/L 배지를 2 L 제조할 때 글루코스 필요량은?

① 5 g ② 10 g
③ 20 g ④ 40 g

조성 환산 계산
- 10 g/L × 2 L = 20 g이 됨
- 배지 제조 시 각 성분을 부피에 맞게 환산해야 함
- 기본 계산은 GMP 문서 기록에도 반영됨

28
원료 정량 시 GMP 기준에서 필수 문서화 항목이 아닌 것은?

① 원료명 ② 로트번호
③ 계량자·확인자 ④ 실험 가설

GMP 문서화
- 원료명, 로트번호, 계량량, 담당자 기록은 필수임
- 실험 가설은 GMP에서 요구하지 않음
- 목적은 추적성과 품질 보증 확보임

29
휘발성 물질(예: 에탄올) 계량에 적합한 방식은?

① 감산법
② 직접 저울 위 계량
③ 장시간 노출 후 계량
④ 고체 취급법 적용

휘발성 계량
- 휘발성 물질은 증발 손실을 최소화해야 함
- 감산법으로 용기 무게를 먼저 측정 후 차감하는 것이 안전함
- 밀봉·신속 취급도 필수임

30
원료 정량 시 순도 95%의 시약을 사용할 경우 필요한 조치는?

① 0.95배 계량 ② 1.05배 계량
③ 동일량 계량 ④ 사용하지 않음

순도 보정
- 순도 95% 시 실제 성분량이 부족하므로 1.05배 계량해야 함
- 계산 근거는 반드시 기록에 남겨야 함
- 정확한 농도 확보는 GMP 필수 항목임

31
무기염류 과량 첨가 시 발생하기 쉬운 문제는?

① 산소 결핍
② 삼투압 불균형으로 세포 손상
③ 세포 밀도 증가
④ 단백질 합성 촉진

무기염류 주의
- NaCl, $MgSO_4$ 등 과량 첨가 시 삼투압 불균형 발생
- 세포막 손상으로 성장 억제가 나타남
- 정확한 계량이 반드시 필요함

32
원료 정량 시 교차 확인(Double check)의 주된 목적은?

① 비용 절감 ② 오차·오염 방지
③ 성장 촉진 ④ 멸균 강화

교차 확인 절차
- 두 명 이상이 독립적으로 계량을 검증함
- 계량 오류나 오염 발생을 예방할 수 있음
- GMP 품질 관리에서 매우 강조되는 절차임

정답 26 ② 27 ③ 28 ④ 29 ① 30 ② 31 ② 32 ②

33
고체 원료 계량 시 반드시 지켜야 할 수칙은?
① 손으로 직접 취급
② 전용 스패츌러 사용
③ 오염된 용기 사용
④ 공기 중 방치

고체 원료 계량
- 전용 스패츌러를 사용해야 교차 오염을 방지함
- 소량씩 덜어내어 정밀 계량이 가능함
- 계량 후 밀폐 보관이 원칙임

34
원료 정량 과정에서 부적절한 예시는?
① 용해도 낮은 물질에 보조 용매 사용
② 빛·열 민감 물질 차광·저온 보관
③ pH 조절제 계량 정확도 유지
④ 고위험 시약을 맨손으로 취급

원료 취급 주의
- 고위험 시약은 반드시 보호구(PPE) 착용 필요
- 맨손 취급은 오염 및 사고 위험이 큼
- 보관·계량 모두 안전 절차가 전제됨

35
질소원의 불균일 계량 시 가장 우려되는 문제는?
① 성장 속도 차이 발생
② 삼투압 불균형
③ 세포 내 산소 과포화
④ 대사 억제 완화

질소원 계량 영향
- 펩톤, 효모추출물 계량 오차는 성장 속도 차이를 유발함
- 균주별 실험 결과의 신뢰도를 떨어뜨림
- 정확한 계량이 연구 재현성의 기반임

36
원료 정량 시 GMP 환경에서 특히 강조되는 절차는?
① 무작위 기록
② Validation 시험 병행
③ 시료 폐기
④ 임의 희석

Validation 검증
- Validation은 공정·절차의 적합성 검증 과정임
- 온도, 농도, 기록까지 검증이 필요함
- 산업 현장에서 불합격 방지의 핵심 절차임

37
원료 계량 후 라벨링에 반드시 포함되어야 할 정보는?
① 원료명·무게·담당자·날짜
② 실험 목적·결과
③ 현미경 배율
④ 실험실 위치

라벨링 원칙
- 계량 후 용기에는 원료명, 계량량, 담당자, 날짜를 표시해야 함
- 누락 시 혼동·오염 위험이 높음
- GMP 추적 관리의 기본 조건임

38
원료 정량 시 고체와 액체 계량의 차이로 옳은 것은?
① 고체는 감산법, 액체는 스패츌러 사용
② 고체는 스패츌러, 액체는 감산법 활용
③ 동일 방법 사용
④ 모두 피펫만 사용

고체·액체 계량 구분
- 고체는 스패츌러를 사용하여 소량 계량함
- 액체는 용기 무게 측정 후 감산법으로 계량함
- 방법 구분은 오차 최소화 목적임

정답 33 ② 34 ④ 35 ① 36 ② 37 ① 38 ②

39
원료 정량 중 분자량 계산이 필요한 경우는?
① 몰 농도 조제 시   ② 무기염류 혼합 시
③ pH 조절 시   ④ 탁도 측정 시

분자량 계산 필요성
- 몰 농도 조제는 분자량을 기반으로 계산해야 함
- mol/L 기준으로 정확한 농도를 맞추는 과정임
- 시험 출제 시 자주 등장하는 핵심 계산임

40
원료 정량 실패가 산업 현장에 미치는 가장 심각한 결과는?
① 배양 지연
② 제품 품질 불합격 및 전량 폐기
③ 실험 속도 증가
④ 세포 성장 과도 촉진

정량 실패 영향
- 원료 계량 오류는 생산품 불량·규제 불합격으로 직결됨
- 전량 폐기 및 생산 중단 같은 큰 손실 발생
- 품질 보증(QA)의 핵심 관리 항목임

41
클린벤치의 주된 목적은?
① 작업자 보호   ② 시료 보호
③ 화학물질 제거   ④ 방사선 차폐

클린벤치 개념
- HEPA 필터 공기를 통해 시료를 오염으로부터 보호함
- 작업자 보호 기능은 없으며, 이는 BSC가 담당함
- 무균 배양과 배지 조제에 필수적임

42
클린벤치와 생물안전작업대(BSC)의 차이점으로 옳은 것은?
① 클린벤치는 작업자 보호, BSC는 시료 보호
② 클린벤치는 시료 보호, BSC는 작업자·시료·환경 모두 보호
③ 둘 다 동일 기능 수행
④ 클린벤치는 방사선 차폐 기능 제공

장비 비교
- 클린벤치는 시료만 보호
- BSC는 시료·작업자·환경을 동시에 보호
- 감염성 병원체 취급 시 반드시 BSC 사용

43
클린벤치 내부 소독 시 가장 많이 사용하는 것은?
① 차아염소산나트륨
② 과산화수소
③ 70% 에탄올
④ 자외선 조사

클린벤치 소독
- 표면 소독에는 70% 에탄올이 가장 일반적
- 사용 전후 소독으로 무균 환경을 유지함
- UV는 보조적 살균 수단임

44
클린벤치 가동 전 UV 살균등은 몇 분간 점등 후 반드시 소등해야 하는가?
① 1~5분   ② 5~10분
③ 15~30분   ④ 60분 이상

UV 살균등 사용
- UV는 표면 멸균용으로 15~30분간 점등
- 작업 시작 전 반드시 소등해 작업자 안전을 확보해야 함
- 눈·피부 노출은 위험함

45
클린벤치 사용 중 피해야 할 동작은?
① 손과 팔의 일정한 움직임
② 기류 방해하는 빠른 동작
③ 중앙부 배치
④ 멸균 가운·장갑 착용

정답 39 ① 40 ② 41 ② 42 ② 43 ③ 44 ③ 45 ②

기류 방해 주의
- 빠른 동작은 laminar flow를 교란함
- 기류 방해는 오염 가능성을 높임
- 항상 일정한 움직임 유지가 중요함

46
클린벤치 내부에 과도한 물품 적재 시 문제점은?
① 온도 상승 ② 기류 교란
③ 자외선 차단 ④ 시료 보호 강화

내부 적재 관리
- 과적재는 공기 흐름을 막아 청정 환경이 깨짐
- 적정 수량만 배치해 기류가 원활해야 함
- SOP에 따라 배치량을 관리함

47
클린벤치 사용 시 반드시 금지되는 행위는?
① 중앙부에 기구 배치
② 에탄올 소독
③ 알코올 램프 사용
④ 멸균 가운 착용

화기 사용 금지
- 알코올 램프 불꽃은 클린벤치 내부 기류를 교란함
- 화재 위험까지 있어 사용 금지됨
- 대신 전기 멸균 장비를 사용함

48
멸균기의 대표적인 고압증기멸균 조건은?
① 100℃, 1 atm, 5분
② 121℃, 1.1~1.2 atm, 15~20분
③ 140℃, 3 atm, 10분
④ 180℃, 2 atm, 30분

Autoclave 조건
- 121℃, 11~12 atm, 15~20분이 표준
- 세균, 포자까지 완전 사멸 가능
- 가장 많이 사용되는 멸균법임

49
고온 멸균 시 분해 위험이 큰 성분은?
① 무기염 ② 당류 · 비타민
③ 단백질 ④ 금속 시약

열민감 성분
- 당류 · 비타민은 고온에서 쉽게 분해됨
- 따라서 여과멸균 후 첨가해야 함
- 분리 멸균법의 대표적인 적용 사례임

50
여과멸균 시 가장 많이 사용하는 필터의 공극 크기는?
① 1.2 μm ② 0.45 μm
③ 0.22 μm ④ 0.05 μm

여과멸균 필터
- 0.22 μm 필터가 세균 · 곰팡이 제거에 표준
- 바이러스 · 마이코플라즈마는 완전 제거 어려움
- 열민감 물질 멸균에 주로 활용됨

51
멸균기 적재 시 유리기구에 적용되는 원칙은?
① 마개를 단단히 막음
② 마개를 헐겁게 하거나 포일로 덮음
③ 밀봉 상태 유지
④ 내용물 가득 채움

적재 시 주의
- 증기 침투를 위해 마개는 헐겁게 해야 함
- 가득 채우면 끓어 넘침 위험이 있음
- 멸균 후 무균 상태로 보관해야 함

52
Autoclave 종료 후 도어 개방 시 주의해야 할 점은?
① 즉시 열어 내부 식힘
② 압력 완전 해제 후 개방
③ 냉각 없이 꺼내기
④ UV 조사 후 개방

정답 46 ② 47 ③ 48 ② 49 ② 50 ③ 51 ② 52 ②

도어 개방
- 내부 압력이 완전히 해제된 뒤 열어야 함
- 갑작스런 개방은 폭발·배지 넘침 위험 초래
- SOP에 따라 반드시 확인 후 개방해야 함

53
EO 멸균 후 반드시 수행해야 할 절차는?
① 가열 건조
② 고압 증기 처리
③ 충분한 에어레이션
④ UV 멸균

EO 멸균 주의
- EO 가스는 독성이 있으므로 잔류 제거 필요
- 에어레이션(환기) 과정이 필수임
- 검증 후 안전하게 사용 가능함

54
멸균기의 화학적 지표(테이프)는 무엇을 확인하는 데 사용되는가?
① 멸균 후 무균 상태 ② 조건 도달 여부
③ 세포 생존율   ④ 단백질 발현

화학 지표
- 온도·압력·시간 조건 도달 여부 확인용
- 완전 무균 보증은 생물학적 지표로 판정함
- 조건 모니터링에 널리 사용됨

55
멸균 검증에서 생물학적 지표로 사용하는 것은?
① 세포 배양액   ② 포자 스트립
③ HPLC 분석   ④ 전도도 측정

생물학적 지표
- 내열성 포자균(예: Bacillus stearothermophilus) 사용
- 멸균 후 생존 여부로 멸균 완전성을 확인함
- 가장 확실한 검증 방법임

56
멸균 불완전의 주요 원인이 아닌 것은?
① SOP 미준수
② 과적재
③ 증기 순환 부족
④ Validation 시험 수행

멸균 실패 원인
- Validation은 실패 방지가 목적임
- 미준수·과적재·순환 불량이 주된 원인
- 정기 검증과 기록 관리가 필수임

57
고압증기멸균 조건 중 일반적으로 가장 중요한 요소는?
① 색상 변화   ② 시간·온도·압력
③ 시약 종류   ④ 세포 종류

멸균 조건 3요소
- 온도, 압력, 시간은 멸균의 핵심 조건임
- 3가지가 충족되어야 완전 멸균 보장
- 조건 불충족 시 멸균 실패 발생

58
건열멸균이 일반적으로 적용되는 조건은?
① 100℃, 30분
② 121℃, 15분
③ 160~180℃, 2시간 이상
④ 4℃, 24시간

건열멸균 조건
- 160~180℃에서 2시간 이상 유지
- 유리기구, 금속 기구 멸균에 적합
- 열 안정성 재질에 한정됨

정답 53 ③ 54 ② 55 ② 56 ④ 57 ② 58 ③

59
멸균기 점검에서 일일 점검 항목이 아닌 것은?
① 도어 패킹 상태
② 압력계 · 온도계 작동
③ 생물학적 지표 시험
④ 운전 기록 확인

일일 점검 범위
- 일일 점검은 장비 상태와 계측기 확인 중심
- 생물학적 지표 시험은 정기 검증 시 수행
- 빈도에 따라 항목이 구분됨

60
멸균 실패가 산업 현장에 미치는 가장 심각한 결과는?
① 생산 지연
② 배양 속도 저하
③ 제품 전량 폐기 및 생산 중단
④ 품질 향상

산업적 영향
- 멸균 실패 시 GMP 불합격 → 전량 폐기 발생
- 생산 중단과 경제적 손실로 직결됨
- 철저한 관리가 반드시 요구됨

61
배지 멸균의 주된 목적은?
① 배양액 색상 유지
② 세포 대사 촉진
③ 외부 미생물 오염 차단
④ pH 안정성 보장

배지 멸균 의의
- 배지는 세포 · 미생물이 성장하는 기초 환경임
- 오염이 발생하면 실험 결과와 품질에 직접 영향
- 따라서 멸균은 핵심 필수 절차임

62
열민감성 성분(비타민 · 혈청 등)의 멸균에 가장 적합한 방법은?
① Autoclave   ② 건열멸균
③ 여과멸균   ④ EO 가스 멸균

여과멸균 활용
- 022 μm 필터로 세균 · 곰팡이 제거
- 열에 민감한 성분 보존 가능
- 바이러스 제거는 제한적임

63
분리 멸균법(분획 멸균)의 목적은?
① 비용 절감
② 내열성 · 열민감성 성분을 구분 멸균
③ 배지 색상 유지
④ 교반 속도 일정화

분리 멸균법
- 성분 안정성에 따라 멸균법을 달리 적용함
- 내열성 성분 → Autoclave, 민감성 성분 → 여과멸균
- 최종 혼합으로 배지 품질 확보

64
Autoclave 멸균 시 액체 배지를 2/3만 채우는 이유는?
① 산소 공급 증가
② 증기 침투 방해
③ 끓어 넘침 방지
④ 배지 색상 유지

액체 배지 적재 원칙
- 가득 채우면 멸균 중 끓어 넘침 발생
- 2/3 채움으로 안전성과 멸균 효율 확보
- 알루미늄 호일로 덮어 오염 방지도 필요

정답 59 ③   60 ③   61 ③   62 ③   63 ②   64 ③

65
배지 멸균 시 흔히 사용하는 검증 방법은?
① 전도도 측정
② 화학적 지표 · 생물학적 지표
③ HPLC 분석
④ 현미경 관찰

멸균 검증
- 화학적 지표: 조건 도달 여부 확인
- 생물학적 지표: 내열성 포자균 사멸 여부 확인
- GMP에서 Validation 필수 항목임

66
배양기 내부 오염이 발생하기 쉬운 이유는?
① 고온 건조 환경   ② 저온 건조 환경
③ 고온 다습 환경   ④ 저산소 환경

배양기 환경
- 고온(37℃) + 다습(95%)은 세균 · 곰팡이 번식 적합
- 따라서 정기 멸균 · 소독이 필수적임
- 관리 소홀 시 배양 실패로 직결됨

67
배양기 자동 고온 멸균 사이클의 일반적 조건은?
① 60℃, 1시간   ② 95℃, 30분
③ 180℃, 일정 시간   ④ 37℃, 24시간

고온 멸균 사이클
- CO_2 인큐베이터 일부에 내장된 기능
- 180℃ 고온으로 포자까지 사멸 가능
- 효과적이지만 일부 부품 손상 위험 있음

68
UV 멸균의 단점은?
① 비용이 높음
② 그림자 영역에 효과 미흡
③ 고온에서만 사용 가능
④ 필터 교체 필요

UV 멸균 한계
- 직접 조사된 표면만 멸균 가능
- 그림자 영역 · 차폐 부분은 사각지대 발생
- 보조 멸균 수단으로 활용됨

69
배양기 화학적 멸균에 많이 사용하는 것은?
① 질산
② 차아염소산나트륨 · 과산화수소 · 70% 에탄올
③ 아세톤
④ 염산

화학적 멸균
- 간단하고 비용 저렴
- 완전 멸균은 어려우며 잔류물 관리 필요
- 정기적 보조 소독제로 활용됨

70
배양기 멸균 후 반드시 수행해야 할 검증은?
① 색상 변화 관찰   ② Validation 시험
③ UV 조사 반복   ④ 환기 조절

멸균 검증
- Validation은 효과를 객관적으로 확인하는 절차임
- 화학 · 생물학적 지표, 무균 시험 포함
- GMP 필수 요건임

71
배양기 설치 환경으로 가장 적절한 것은?
① 진동이 없는 평탄한 장소
② 냉난방기 바람이 직접 닿는 곳
③ 직사광선이 강한 장소
④ 습기 많은 밀폐 공간

설치 환경
- 진동 없는 평탄한 장소가 안정적임
- 직사광선 · 냉난방기 바람은 피해야 함
- 전용 전원 확보가 필수적임

정답 65 ② 66 ③ 67 ③ 68 ② 69 ② 70 ② 71 ①

72
배양기 가습 수조에 반드시 사용해야 하는 물은?
① 수돗물 ② 증류수
③ 멸균수 ④ 미네랄워터

수조 관리
- 멸균수 사용으로 세균·곰팡이 번식 억제
- 수돗물 사용 시 석회질·오염 위험 있음
- 수조 청결 유지가 필수임

73
배양기 운전 전 필수 확인 사항이 아닌 것은?
① 내부 소독 상태
② 온도·습도·CO_2 설정
③ 실험 가설
④ 전원·센서 작동 여부

운전 전 점검
- 실험 가설은 필요 없음
- 나머지 설정·상태 점검은 필수임
- GMP 기준에서는 체크리스트 작성이 요구됨

74
CO_2 배양기에서 pH 완충에 가장 중요한 센서는?
① O_2 센서 ② 습도 센서
③ CO_2 센서 ④ 압력 센서

CO_2 센서 역할
- 세포 배양 시 5% CO_2 유지로 pH 안정화
- 센서 오작동 시 배지 산성화 발생
- 정기 교정이 반드시 필요함

75
BSC(생물안전작업대)의 주된 목적은?
① 시료 보호만
② 작업자·시료·환경 보호 모두
③ 작업자 보호만
④ 화학약품 증기 제거

BSC 개념
- HEPA 필터로 기류 제어 → 3중 보호
- 병원체·감염성 시료 취급에 필수
- 클린벤치와의 가장 큰 차이점임

76
BSC 사용 전 확인해야 할 항목은?
① HEPA 필터 압력차계
② 현미경 배율
③ 배양액 색상
④ 샘플 성장 속도

BSC 점검
- HEPA 필터 막힘 여부는 압력차로 확인
- 전원·송풍 장치 정상 여부도 점검 필요
- 안정적 기류 확보가 가장 중요함

77
BSC 내부 소독에 일반적으로 사용되는 것은?
① 자외선 조사만 ② 70% 에탄올
③ 증류수 세척 ④ 고온 멸균

BSC 소독
- 70% 에탄올로 표면 소독
- UV는 보조적 수단이며, 작업 전 소등 필요
- 정기적인 청결 관리가 핵심임

78
BSC 사용 시 기류 안정화를 위해 권장되는 대기 시간은?
① 즉시 사용 ② 1~2분
③ 5~10분 ④ 30분

기류 안정화
- 송풍 장치 가동 후 5~10분 대기해야 함
- 안정된 laminar flow 확보가 중요
- 급하게 작업 시 오염 가능성 증가

정답 72 ③ 73 ③ 74 ③ 75 ② 76 ① 77 ② 78 ③

79
BSC 사용 종료 후 일반적으로 수행하는 절차는?
① 즉시 전원 차단
② 내부 소독 후 5~10분 추가 가동
③ 실험 결과 기록
④ 현미경 관찰

종료 절차
- 내부 소독 후 송풍 장치 5~10분 추가 가동
- 청정 상태를 유지한 뒤 전원 차단
- UV 살균은 필요 시 보조적으로 사용

80
BSC에서 반드시 금지되는 행위는?
① 기류 차단
② 전면 도어 개방
③ 알코올 램프 사용
④ 위 모든 것

사용 금지 행위
- 기류 차단·과도한 개방·화기 사용은 모두 위험
- BSC 기능 저하 및 오염 위험을 높임
- SOP 준수가 안전 확보의 핵심임

81
세포 동결 보관 시 주로 사용하는 동결보호제는?
① NaCl
② 글리세롤 또는 DMSO
③ 포도당
④ 아세톤

동결보호제
- 글리세롤, DMSO는 세포 내 얼음결정 생성을 억제함
- 세포막 손상을 줄여 생존율을 높임
- 해동 과정에서도 필수적 역할을 함

82
세포 동결 보관 시 적절한 온도 조건은?
① -20℃
② -80℃ 또는 액체질소(-196℃)
③ 4℃
④ 상온

보관 온도
- 단기 → -80℃, 장기 → 액체질소
- 저온일수록 대사활동이 억제됨
- 4℃나 상온은 장기보관 불가

83
세포 해동 시 가장 적절한 방법은?
① 상온 방치
② 37℃ 수욕에서 신속 해동
③ -20℃에서 서서히 해동
④ UV 조사

세포 해동 원칙
- 빠른 해동으로 얼음 결정 재형성을 억제함
- 37℃ 수욕에서 신속히 해동하는 것이 표준임
- 해동 후 즉시 배지에 희석해야 함

84
세포 해동 후 바로 해야 할 절차는?
① 원심분리 후 보호제 제거
② 냉장 보관
③ 재동결
④ 배양 지연

보호제 제거
- DMSO 등은 세포에 독성이 있음
- 해동 후 즉시 원심분리로 제거해야 함
- 배지 교환으로 세포 생존율을 확보함

정답 79 ② 80 ④ 81 ② 82 ② 83 ② 84 ①

85
세포 접종 시 가장 중요한 원칙은?
① 무균 조작
② 대량 접종
③ 짧은 시간 노출
④ CO_2 농도 조절

무균 조작
- 접종은 외부 오염에 취약한 과정임
- 멸균 기구와 BSC 사용이 필수
- 오염 시 전체 배양이 실패함

86
무균 조작을 위해 가장 많이 사용하는 장비는?
① UV 조사기
② BSC(생물안전작업대)
③ 현미경
④ Autoclave

무균 장비
- BSC는 기류를 제어해 오염 차단
- 세포 · 미생물 접종 및 조작에 필수
- 클린벤치는 시료만 보호하므로 적합하지 않음

87
무균 조작 시 에탄올의 권장 농도는?
① 30%
② 50%
③ 70%
④ 99%

에탄올 농도
- 70%가 세포막 단백질 변성 효과 가장 높음
- 99%는 오히려 고정 효과로 살균력이 떨어짐
- 따라서 표준 소독제로 70% 사용

88
무균 조작에서 가장 피해야 할 동작은?
① 일정한 속도의 손 움직임
② 빠르고 과도한 움직임
③ 전용 기구 사용
④ 멸균 가운 착용

기류 방해
- 빠른 움직임은 BSC의 기류를 교란함
- 기류가 깨지면 외부 오염이 침투함
- 항상 일정하고 안정적인 동작 유지 필요

89
세포 접종 시 흔히 사용하는 기구는?
① 피펫 · 피펫터
② 현미경
③ 저울
④ Autoclave

접종 기구
- 피펫은 세포 현탁액을 정확히 옮기는 도구임
- 멸균된 팁 사용이 기본 원칙임
- 다회용은 멸균 · 세척 후 재사용 가능함

90
무균 조작 시 가장 중요한 개인 보호구(PPE)는?
① 멸균 가운 · 장갑 · 마스크
② 안전화
③ 귀마개
④ 방열 장비

PPE 착용
- 작업자 호흡 · 피부로부터 시료를 보호함
- 작업자 또한 병원체로부터 보호받음
- 실험실 기본 안전수칙임

91
접종 과정에서 흔히 발생하는 오염 원인은?
① 피펫팅 시 에어로졸 발생
② 배양기 온도 불안정
③ 배지 색상 변화
④ 세포 밀도 증가

오염 요인
- 피펫팅 과정에서 미세한 에어로졸이 발생함
- 공기 중 확산으로 교차 오염 유발
- 천천히 조작해 방지해야 함

정답 85 ① 86 ② 87 ③ 88 ② 89 ① 90 ① 91 ①

92
무균 조작 시 반드시 지켜야 할 구역 원칙은?
① 청결구역과 오염구역 분리
② 모든 구역 혼합 사용
③ 냉동고 근처에서만 사용
④ 창문 열어 환기

구역 관리
- 청결구역/오염구역은 반드시 분리해야 함
- 동선과 기구도 분리해 관리해야 함
- 교차 오염 방지의 핵심 원칙임

93
배양 조건 중 가장 기본적인 요소가 아닌 것은?
① 온도
② 습도
③ 색상
④ pH

기본 조건
- 온도, 습도, pH, CO_2는 필수 조건임
- 색상은 배양 조건에 직접적 영향 없음
- 환경 인자 제어가 생존율을 좌우함

94
대부분의 포유류 세포 배양에서 표준으로 사용하는 온도는?
① 25℃
② 30℃
③ 37℃
④ 42℃

배양 온도
- 포유류 세포는 인체 체온인 37℃에서 최적 성장
- 온도 변동은 세포 생존율을 급격히 낮춤
- 일부 세포주는 특수 조건이 필요함

95
포유류 세포 배양 시 일반적으로 사용하는 CO_2 농도는?
① 1%
② 5%
③ 10%
④ 20%

CO_2 조건
- 5% CO_2는 $NaHCO_3$ 완충 시스템과 조화를 이룸
- pH를 7.2~7.4로 안정화시킴
- CO_2 센서 정기 점검이 필수임

96
세포 배양 시 배지의 적정 pH 범위는?
① 5.0~5.5
② 6.0~6.5
③ 7.2~7.4
④ 8.0~8.5

배지 pH
- 대부분의 포유류 세포는 pH 7.2~7.4에서 최적 성장
- pH 변화는 배지 색(phenol red)으로 확인 가능
- 산성화는 세포 사멸로 이어짐

97
세포 배양 중 배지가 황색으로 변하는 원인은?
① 산성화(젖산 축적)
② 알칼리화
③ 산소 과포화
④ 오염 없는 정상 상태

배지 색 변화
- Phenol red 지시약 : 산성 시 노란색, 알칼리 시 자주색
- 황색은 젖산 축적에 따른 산성화 신호임
- 배지 교환이 필요함

98
세포 배양 중 배지가 자주색으로 변할 경우 원인은?
① 산성화
② 알칼리화(CO_2 부족)
③ 세포 밀도 증가
④ 멸균 불완전

알칼리화 원인
- CO_2 공급 부족 → $NaHCO_3$ 완충이 불완전
- 배지 색이 자주색으로 변함
- CO_2 농도 점검 및 공급 필요

정답 92 ① 93 ③ 94 ③ 95 ② 96 ③ 97 ① 98 ②

99
세포 배양 조건 중 습도의 중요성은?
① 배양액 증발 방지　② 세포 대사 촉진
③ 색상 변화 억제　　④ 배양기 냉각 유지

습도의 역할
- 95% 이상 습도는 배양액 증발 방지 효과
- 증발은 농도 변화를 유발해 세포 손상 초래
- 따라서 수조 관리가 중요함

100
세포 배양 조건이 일정하지 않을 경우 발생하는 문제는?
① 세포 성장 균일성 저하
② 오히려 대사 향상
③ 품질 안정성 증가
④ 오염 억제

조건 불안정 영향
- 온도·습도·CO_2 불안정 → 세포 성장 불균일
- 대량 생산에서 제품 품질 불량으로 이어짐
- 배양 조건 유지가 핵심 관리 포인트임

101
배양 오염의 가장 흔한 원인은?
① 배양기 결함　　② 무균 조작 미흡
③ 배지 색 변화　　④ 고온 배양

오염 주요 원인
- 무균 조작이 불완전하면 외부 미생물이 쉽게 유입됨
- 피펫팅·접종 과정에서 가장 빈번히 발생
- 교육과 훈련을 통한 예방이 필요함

102
세포 배양 시 오염을 빠르게 확인할 수 있는 방법은?
① 배양기 온도 점검　② 현미경 관찰
③ 무게 측정　　　　④ 필터 교체

오염 확인법
- 현미경으로 비정상 세포·세균·곰팡이를 조기 관찰 가능
- 세포 형태 이상, 부유물 증가로 쉽게 구분됨
- 정기 관찰이 필수적임

103
배양 오염 방지를 위한 기본 원칙이 아닌 것은?
① 무균 조작 철저　　② 청결·오염 구역 분리
③ PPE 착용　　　　　④ 고의적 혼합 배양

오염 방지 원칙
- 의도적 혼합은 연구 목적 외에는 금지됨
- 청결 구역 관리와 PPE 착용이 기본임
- SOP 준수로 예방 가능

104
세포 배양 시 곰팡이 오염의 특징적 징후는?
① 급속한 pH 하락
② 필라멘트성 구조 관찰
③ 투명한 부유물
④ 세포 밀도 증가

곰팡이 오염
- 현미경에서 필라멘트(사상체) 형태로 확인됨
- 빠른 번식으로 배양을 전면 폐기해야 함
- 항진균제 사용은 제한적임

105
세포 배양에서 마이코플라스마 오염이 위험한 이유는?
① 크기가 커서 쉽게 걸러짐
② 현미경에서 쉽게 식별 가능
③ 세포 대사·유전자 발현 교란
④ 고온에 쉽게 사멸

마이코플라스마 위험성
- 현미경으로 관찰이 어려움
- 세포 대사·유전자 발현에 치명적 영향
- PCR, ELISA 등 특수 검출법 필요

정답 99 ①　100 ①　101 ②　102 ②　103 ④　104 ②　105 ③

106
세포 배양 시 항생제를 남용하면 발생할 수 있는 문제는?

① 세포 성장 촉진
② 오염 은폐 및 내성균 발생
③ 배양액 증발
④ CO_2 부족

항생제 남용 위험
- 오염을 일시적으로 숨기지만 근본 해결 불가
- 내성균 발생으로 장기적으로 위험 증가
- 항생제 의존 배양은 권장되지 않음

107
작업 중 에어로졸 발생 시 가장 먼저 해야 할 조치는?

① 즉시 작업 중단 및 표면 소독
② 환기 차단
③ 실험 기록 삭제
④ 고온 멸균

에어로졸 대응
- 에어로졸은 공기 중으로 빠르게 확산됨
- 작업을 즉시 멈추고 표면 소독을 시행해야 함
- 재작업 전 환기와 안전 확보 필요

108
생물안전등급(BSL) 중 일반 교육·연구용 미생물에 해당하는 것은?

① BSL-1   ② BSL-2
③ BSL-3   ④ BSL-4

BSL-1
- 위해성이 낮은 미생물 취급 등급
- 기본 실험실 안전수칙만으로 관리 가능
- 교육용, 기본 연구용에 해당됨

109
인체 감염 가능성이 있는 병원성 미생물 취급에 해당하는 BSL은?

① BSL-1   ② BSL-2
③ BSL-3   ④ BSL-4

BSL-2
- 감염 위험이 있으나 치료 가능 미생물 취급
- BSC 사용, 폐기물 멸균 필수
- 대부분의 임상 샘플 실험이 해당됨

110
공기 전파 고위험 병원체(결핵균 등)에 해당하는 BSL은?

① BSL-1   ② BSL-2
③ BSL-3   ④ BSL-4

BSL-3
- 호흡기 전파 병원체 취급
- 밀폐 시설, 고도 안전장치 필요
- 작업자 보호구 강화가 필수

111
에볼라바이러스 같은 고위험 병원체 취급은 어떤 BSL에 해당하는가?

① BSL-1   ② BSL-2
③ BSL-3   ④ BSL-4

BSL-4
- 치명적 감염, 치료·백신 부재 병원체 취급
- 최고 수준의 생물안전시설에서만 가능
- 국가 지정 연구소에서만 수행됨

112
생물안전 실험실에서 기본적으로 금지되는 행위는?

① 음식 섭취   ② 장갑 착용
③ 기록 작성   ④ 전용 기구 사용

정답 106 ② 107 ① 108 ① 109 ② 110 ③ 111 ④ 112 ①

금지 행위
- 실험실 내 음식 섭취는 절대 금지
- 오염물 섭취 위험으로 안전사고 발생
- PPE 착용과 기록 작성은 필수

PPE 착용 순서
- 마스크 → 가운 → 보안경 → 장갑 순서가 표준
- 오염원이 외부에서 안쪽으로 침투하지 않도록 함
- 실험실 안전교육의 기본 항목임

113
감염성 폐기물 처리의 가장 일반적 방법은?

① 소각 또는 Autoclave 멸균
② 냉동 보관
③ 희석 처리
④ 매립

폐기물 처리
- Autoclave 멸균 또는 소각이 표준 절차
- 위해성 폐기물은 일반 매립 불가
- 법적 규제에 따라 관리됨

114
생물안전사고 발생 시 즉시 보고해야 할 대상은?

① 동료
② 연구책임자 및 안전관리부서
③ 가족
④ 외부 연구소

보고 체계
- 사고 발생 시 즉시 연구책임자·안전부서에 보고
- 신속 대응과 2차 확산 차단 목적
- 공식 절차를 따른 보고가 필수임

115
개인보호구(PPE) 착용 순서로 옳은 것은?

① 가운 – 장갑 – 마스크 – 보안경
② 마스크 – 가운 – 보안경 – 장갑
③ 보안경 – 장갑 – 마스크 – 가운
④ 장갑 – 가운 – 보안경 – 마스크

116
배양 중 화학물질(포름알데히드 등) 노출 시 가장 먼저 해야 할 일은?

① 환기·노출 차단
② 기록 삭제
③ 장비 세척
④ 결과 보고 중단

화학물질 노출 대응
- 환기를 통해 농도를 낮추고 노출원을 차단
- 노출자는 즉시 안전구역으로 이동
- 2차 피해 방지를 위한 초기 대응임

117
화재 발생 시 클린벤치 내부 불꽃을 끄는 가장 적절한 방법은?

① 물로 직접 소화
② 알코올로 소화
③ CO_2 소화기 사용
④ 그대로 두기

화재 대응
- 클린벤치 내부 화재는 CO_2 소화기로 진압
- 물 사용은 전기 설비 손상·감전 위험이 큼
- 소화 후 작업 중단 및 안전 점검 필요

118
실험실 감염사고 예방을 위한 핵심 원칙은?

① SOP 준수와 교육 훈련
② 비용 절감
③ 실험속도 향상
④ 무균조작 생략

감염 예방
- SOP 준수는 안전 관리의 핵심
- 정기 교육·훈련으로 작업자 역량 강화
- 사고 발생 확률을 크게 낮출 수 있음

정답 113 ① 114 ② 115 ② 116 ① 117 ③ 118 ①

119
오염사고 발생 후 가장 중요한 조치는?
① 즉시 폐기 및 소독
② 실험 결과 보고
③ 장비 점검
④ 배양기 가동

사고 대응
- 오염된 시료는 즉시 폐기·소독해야 함
- 오염 확산을 막는 것이 최우선
- 사후 기록과 원인 분석은 후속 조치임

120
생물안전 관리가 산업 현장에서 중요한 이유는?
① 비용 절감 목적
② 생산 속도 향상
③ GMP 품질·작업자 안전·환경 보호 모두와 직결
④ 단순 규제 준수

산업적 의의
- 생물안전은 GMP 품질 관리와 직결됨
- 작업자·환경 보호까지 아우르는 핵심 체계
- 산업 생산의 안정성과 신뢰성을 확보함

정답 119 ① 120 ③

05 분리·정제 준비

1 정제 버퍼 준비

① 정제 버퍼의 원리 및 특성

　㉠ 정제 버퍼의 의의
- 정제 버퍼(buffer)는 단백질·효소·핵산 등 생체분자의 안정성이 유지되면서 불순물이 제거되도록 사용되는 완충 용액으로 정의됨.
- 정제 과정에서 pH·이온 강도·염 농도가 일정하게 유지되어 목적 단백질의 구조·활성이 보존됨.
- 정제 버퍼의 적절한 조성은 정제 효율과 최종 제품 품질을 결정하는 핵심 요소임.

　㉡ 정제 버퍼의 기본 원리
- 완충 작용 → 약산과 짝염기가 공존하여 pH 변화가 억제됨.
- 이온 강도 조절 → NaCl 등의 염이 첨가되어 단백질 간 비특이적 결합이 억제됨.
- 단백질 안정화 → 글리세롤·DTT·EDTA 등의 첨가제가 포함되어 변성·산화가 방지됨.
- 특이적 분리 보조 → 친화 크로마토그래피·이온 교환 크로마토그래피 등에서 목적 분자의 결합·용출이 제어됨.

　㉢ 정제 버퍼의 주요 성분과 특성
- **완충제**(Buffering agent)
  - Tris-HCl, 인산염(Phosphate), HEPES 등이 사용됨.
  - 선택 기준 : 원하는 pH 범위(예 : Tris는 pH 7~9에서 안정함).
- **염**(Salt)
  - NaCl, KCl 등이 첨가되어 단백질 비특이적 결합이 억제됨.
- **보호제**(Protective agent)
  - 글리세롤 : 단백질 구조 안정화.
  - DTT/β-ME : 이황화 결합 환원, 산화 방지.
  - EDTA : 금속 이온 제거로 금속 의존적 분해효소 억제.

- 특수 첨가제
  - ▸ Detergent(예 : Triton X-100) : 막단백질 용해에 사용됨.
  - ▸ Imidazole : Ni-NTA 친화 크로마토그래피에서 비특이적 결합 억제에 사용됨.

ㄹ) 정제 버퍼 사용 시 주의사항
- pH는 목적 단백질 안정 범위에서 항상 유지되어야 함.
- 버퍼 조성은 정제 목적(이온 교환·친화·겔 여과)에 맞게 설계되어야 함.
- 금속 이온·산화제는 단백질 변성을 유발하므로 반드시 제거되어야 함.
- 모든 버퍼는 멸균 여과 후 보관되며, 장기간 보관 시 변질 방지가 필요함.

ㅁ) GMP 및 산업적 의의
- GMP 환경에서는 정제 버퍼 조성·제조 방법·사용 기록이 SOP에 따라 관리됨.
- 동일한 배치(batch) 내에서는 반드시 동일 조성이 유지됨.
- Validation 항목(버퍼 pH 안정성, 멸균 검증)이 수행되어야 함.

② 산과 염기

㉠ 산의 정의와 특성
- 아레니우스 정의 → 산은 수용액에서 H^+ 이온을 내놓는 물질로 정의됨.
- 브뢴스테드-로우리 정의 → 산은 양성자(H^+)를 주는 물질로 정의됨.
- 루이스 정의 → 산은 전자쌍을 받아들이는 물질로 정의됨.
- 산은 pH 7 미만에서 존재하며 신맛을 나타냄.
- 금속과 반응하여 H_2 기체가 발생하고, 염기와 반응하여 염과 물을 생성함.

㉡ 염기의 정의와 특성
- 아레니우스 정의 → 염기는 수용액에서 OH^- 이온을 내놓는 물질로 정의됨.
- 브뢴스테드-로우리 정의 → 염기는 양성자(H^+)를 받는 물질로 정의됨.
- 루이스 정의 → 염기는 전자쌍을 내어주는 물질로 정의됨.
- 염기는 pH 7 초과에서 존재하며 쓴맛·미끈거림이 특징임.
- 산과 반응하여 중화 반응이 일어남.

㉢ 산·염기의 세기와 이온화
- 강산·강염기 → 수용액에서 거의 완전히 이온화됨.
  - ▸ 예 : $HCl \rightarrow H^+ + Cl^-$, $NaOH \rightarrow Na^+ + OH^-$.
- 약산·약염기 → 부분적으로만 이온화되어 평형이 형성됨.
  - ▸ 예 : $CH_3COOH \rightleftharpoons CH_3COO^- + H^+$.

ⓔ 산·염기의 중화 반응
- 산의 H^+와 염기의 OH^-가 반응하여 물과 염이 생성됨.
- 예 : $HCl + NaOH \rightarrow NaCl + H_2O$.
- 예 : $H_2SO_4 + 2KOH \rightarrow K_2SO_4 + 2H_2O$.

ⓜ pH와 pOH
- $pH = -\log[H^+]$, $pOH = -\log[OH^-]$.
- 25℃ 수용액에서 pH + pOH = 14가 성립됨.
- 산성 : pH 〈 7, 중성 : pH = 7, 염기성 : pH 〉 7.
- 측정 방법 : 지시약, pH 시험지, pH meter 사용됨.

ⓗ 생물학적 의의
- 효소 활성은 특정 pH 범위에서 최적화됨.

> 예 : 펩신은 pH 2, 트립신은 pH 8에서 활성이 나타남.

- 혈액은 pH 7.4로 유지되며, 체내 완충계(탄산-중탄산·단백질 완충계)가 이를 조절함.
- 시험 포인트 : 산·염기 정의 비교, 강산 vs 약산 구분, 중화 반응식, pH 계산이 자주 출제됨.

③ 질량 단위 및 환산

㉠ 질량 단위의 의의
- 질량 단위는 물질의 양이 수치화되어 비교·계산이 가능하도록 정의된 표준 값임.
- 바이오공정에서는 세포 수·배지 성분·시약 첨가량 측정에 필수적으로 사용됨.
- 질량 단위를 정확히 이해·환산하면 실험 결과의 정확성과 재현성이 보장됨.

㉡ 국제단위계(SI) 질량 단위
- 기본 단위 → 그램(g), 킬로그램(kg), 밀리그램(mg), 마이크로그램(μg).
- 1 kg = 1000 g, 1 g = 1000 mg, 1 mg = 1000 μg.
- 질량은 전자저울·미량저울로 측정됨.

㉢ 농도 단위와 환산
- 중량 퍼센트(w/w%) = 용질 질량 / 전체 용액 질량 × 100.
- 중량/부피 퍼센트(w/v%) = 용질 질량 / 용액 부피 × 100.
- 몰농도(M, mol/L) = 용질 몰 수 / 용액 부피(L).
- 몰랄농도(m, mol/kg) = 용질 몰 수 / 용매 질량(kg).
- 노르말농도(N) = 당량(eq)/용액 부피(L).

ⓔ 단위 환산 예
- g ↔ mg ↔ μg ↔ ng : 1 g = 1000 mg = 1,000,000 μg = 10^9 ng.
- M ↔ mM ↔ μM : 1 M = 1000 mM = 1,000,000 μM.
- 예 : 2 g/L 글루코오스 = 2 mg/mL = 2000 μg/mL.
- 예 : 0.1 M NaCl = 100 mM = 100,000 μM.

ⓜ 질량 단위 및 환산 시 주의사항
- 소수점 · 지수 표기법(10^{-3}, 10^{-6} 등)이 정확히 적용되어야 함.
- 실험 기록지에는 단위가 반드시 명확히 기입됨.
- 단위 혼용은 데이터 오류를 초래하므로 SI 단위가 우선 사용됨.
- 시험 포인트 : g↔mg 환산, M↔mM 환산, % 농도 계산이 자주 출제됨.

ⓗ 산업적 의의
- 산업 현장에서는 원료 투입량 · 배지 조성 · 제품 농도가 단위 환산으로 관리됨.
- 질량 단위 환산 능력은 생산 공정의 정확성과 비용 효율성을 좌우함.
- GMP 환경에서는 단위 표기 오류가 제품 불합격으로 이어짐.

④ 용량 단위 및 환산

㉠ 용량 단위의 의의
- 용량 단위는 액체 · 기체 부피가 수치로 표현된 기준임.
- 세포 배양 · 배지 조성 · 시약 조제 등에서 용량 단위 이해와 환산은 실험 재현성과 공정 관리에 필수적임.
- 배양액 조성 · 시약 희석 · 영양분 첨가 시 오차 없는 환산이 필요함.

㉡ 국제단위계(SI) 용량 단위
- 기본 단위 → 리터(L).
- 세부 단위 → 밀리리터(mL), 마이크로리터(μL), 나노리터(nL).
- 환산 관계 → 1 L = 1000 mL = 1,000,000 μL = 10^9 nL.
- 실험실에서는 mL · μL 단위가 주로 사용되며, 미량 취급 시 마이크로피펫이 활용됨.

㉢ 농도 계산과의 관계
- 용량 단위는 질량 단위와 결합되어 농도 계산에 활용됨.
- 예 : 1 g 포도당을 100 mL에 녹이면 1% (w/v) 용액이 됨.
- 예 : 10 mg 단백질을 1 mL 용액에 녹이면 10 mg/mL 용액이 됨.

㉣ 용량 단위 환산 예
- 0.25 L = 250 mL = 250,000 μL.
- 50 μL = 0.05 mL.

- 2.5 mL = 0.0025 L.
- 실험 예 : 500 mL 배지 제조 시 50X 첨가제 10 mL 투입 → 최종 농도 1X가 됨.

ⓜ 용량 단위 및 환산 시 주의사항
- 피펫 · 실린더 · 부피 플라스크 눈금은 정확히 읽혀야 함.
- 20℃ 용량 기준을 따르며, 온도에 따른 부피 변화에 유의해야 함.
- 농도 계산 시 단위 혼용(g/L, mg/mL, μg/μL 등)은 피해야 함.
- 시험 포인트 : L↔mL↔μL 환산, 농도 계산, 용액 희석이 자주 출제됨.

ⓗ GMP 및 산업적 의의
- 산업 현장에서는 원료 투입량 · 배지 조성 · 시약 희석이 정확히 관리됨.
- 용량 단위 환산 오류는 제품 불량 · 품질 불균일의 원인이 됨.
- GMP 문서에는 용량 단위가 반드시 SI 기준으로 기록되며, 작업자는 환산 능력을 갖추어야 함.

⑤ 원료 칭량 및 혼합

㉠ 원료 칭량과 혼합의 의의
- 원료 칭량은 실험이나 생산에 필요한 정확한 양을 계량하는 과정임.
- 혼합은 계량된 원료를 균질하게 섞어 원하는 조성을 얻는 과정임.
- 칭량 · 혼합 단계에서의 오류는 후속 공정 전체에 영향을 미치므로 정확성 · 재현성 · 무균성 확보가 필수임.

㉡ 원료 칭량의 기본 원칙
- 모든 원료는 전자저울 · 미량저울을 사용하여 소수점 단위까지 정확히 측정해야 함.
- 칭량 전 저울은 영점 조정(Zeroing)과 교정(Calibration)을 반드시 수행해야 함.
- 원료는 습기 · 온도 · 정전기 영향을 받을 수 있으므로 전처리(건조 · 보관 상태 확인)가 필요함.
- 칭량 후 즉시 라벨링 · 봉인 처리하여 혼동 · 혼입을 방지해야 함.
- 원료 포장재도 함께 기록 · 보관하여 추적성을 높이는 것이 원칙임.

㉢ 혼합의 원칙과 방법
- 균질 혼합을 위해 교반기, 혼합기, 자석교반기(magnetic stirrer) 등을 사용함.
- 고체 혼합 → 분말 원료는 체질 후 섞어 균일화함.
- 액체 혼합 → 비중 · 점도가 다른 액체는 교반 속도를 조절하여 혼합함.
- 고체-액체 혼합 → 고체를 점차적으로 액체에 첨가하여 용해 · 분산을 유도함.
- 혼합 과정에서는 용해 순서가 중요하며, 특정 염류는 과포화 · 침전을 방지하기 위해 저온에서 용해해야 함.

ⓔ 원료 칭량 및 혼합 시 주의사항
- 무균 작업대 또는 클린룸 환경에서 수행해야 함.
- 동일 원료라도 로트(lot) 번호 · 제조일자를 기록하여 추적성을 확보해야 함.
- 교반 속도가 지나치면 거품 발생 · 단백질 변성이 일어날 수 있음.
- 시약 첨가 순서를 잘못 적용하면 반응 실패 · 침전 발생으로 이어짐.
- 독성 시약은 반드시 PPE(보호안경, 장갑, 마스크)를 착용하고 환기 시설을 가동해야 함.

ⓜ 예시 계산
- 배지 조성 → 포도당 10 g, 글루타민 0.5 g, NaCl 8 g을 1 L 증류수에 녹여 제조함.
- 10X 완충액 1 L 제조 → 각 성분을 최종 농도의 10배로 칭량 후 혼합해야 함.
- 100 mL 1 M NaCl 용액 → NaCl (58.44 g/mol) 기준 5.844 g을 칭량하여 증류수에 녹임.

ⓗ GMP 및 산업적 의의
- GMP 환경에서는 칭량 · 혼합 과정 전체를 이중 확인(double check)해야 함.
- 칭량 기록지에는 원료명 · 로트 번호 · 칭량 값 · 작업자 · 검증자 서명이 포함되어야 함.
- 혼합 장비는 사용 전후 멸균 세척(CIP · SIP)이 수행되어야 함.
- 공정 밸리데이션 시 혼합 균질성(homogeneity test)이 필수 검증 항목임.

⑥ 원료 특성 및 취급법

㉠ 원료 특성의 의의
- 원료는 배지 · 시약 · 첨가제 · 완충액 등 바이오공정의 기초를 구성하는 물질임.
- 각 원료는 화학적 · 물리적 · 생물학적 특성이 달라 취급법도 달라야 함.
- 원료 특성을 올바르게 이해해야 정확한 공정 운영과 제품 품질이 보장됨.

㉡ 주요 원료의 분류와 특성
- 탄소원 → 포도당, 자당, 글리세롤 등은 세포 성장 · 에너지 대사에 이용됨.
- 질소원 → 아미노산, 펩톤, 효모 추출물은 단백질 합성에 필요함.
- 무기염류 → NaCl, KCl, $MgSO_4$ 등은 삼투압 조절 · 효소 보조因자로 작용함.
- 비타민 · 보조因자 → 세포 대사 · 효소 반응 활성화에 필요함.
- 완충제 → 인산염, Tris 등은 pH 유지에 사용됨.
- 항생제 → 페니실린, 스트렙토마이신 등은 오염 방지를 위해 배지에 첨가됨.

㉢ 원료 취급법
- 저장 조건

▸ 당류 · 아미노산 : 상온 또는 저온 보관, 습기 차단 필요.
▸ 무기염류 : 건조 상태 유지, 흡습 방지 포장 필요.
▸ 비타민 · 항생제 : 빛 · 열에 민감하므로 냉장 보관.

- 조제 방법
  ▸ 필요한 양을 정확히 칭량하여 멸균수에 용해.
  ▸ 불용성 물질은 교반 · 가열하여 완전히 용해시킴.
  ▸ 사용 전 반드시 여과 멸균(0.22 μm 필터 등) 수행.

- 취급 시 주의사항
  ▸ 로트 번호별 사용 기록을 남겨야 함.
  ▸ 흡습 · 산화 · 분해로 품질이 저하되므로 유효기간 준수.
  ▸ 독성 원료는 반드시 PPE 착용 후 취급.

ⓔ 원료 관리의 중요성
- 원료 변질은 배양 실패 · 생산물 불량 · 실험 오류를 초래함.
- 동일 배치에서는 동일 원료만 사용해야 일관성이 유지됨.
- 원료 관리 상태는 GMP 품질 감사 시 핵심 점검 항목임.

ⓜ GMP 및 산업적 의의
- 원료 입고 시 CoA(성적서, Certificate of Analysis)를 확인해야 함.
- 모든 원료는 승인된 공급업체에서만 구입해야 함.
- 칭량 · 조제 · 보관 전 과정은 SOP에 따라 기록 · 관리해야 함.
- 원료 관리 시스템은 LIMS(Laboratory Information Management System)와 연계되어야 함.

⑦ 여과멸균 원리
  ㉠ 여과멸균의 의의
  - 여과멸균은 고온 멸균이 불가능한 열 민감성 시약 · 배지 · 단백질 · 항생제를 무균화하기 위해 사용됨.
  - 물리적으로 미생물 · 세포 · 진균 포자를 여과막을 통해 제거하는 원리임.
  - 화학적 성분 변성을 방지하면서 무균 상태를 확보할 수 있음.

  ㉡ 여과멸균의 원리
  - 멸균용 필터는 미세 공극(pore size)을 통해 입자 크기 차이로 미생물을 차단함.
  - 일반적으로 0.22 μm 공극 크기 필터가 세균 제거에 사용됨.
  - 세포 · 박테리아 · 곰팡이 포자는 차단되지만, 바이러스 · 독소는 통과할 수 있음.
  - 따라서 여과멸균은 미생물 제거에는 효과적이나 절대적 멸균은 아님.

ⓒ 여과필터의 종류와 특성
- 셀룰로오스 아세테이트 → 단백질 비특이적 흡착이 적음.
- 폴리설폰(PS) → 내화학성이 우수하여 다양한 시약에 사용됨.
- 나일론 → 기계적 강도가 높고 내구성이 요구될 때 사용됨.
- PVDF → 단백질 결합이 낮아 단백질 용액 멸균에 적합함.

ⓔ 여과멸균 절차
- 여과 장치와 필터를 멸균 상태로 준비함.
- 시료 용액을 필터를 통해 압력 또는 진공으로 통과시킴.
- 여과 후 멸균 용기에 담아 무균적으로 보관함.
- 사용한 필터는 재사용하지 않고 폐기함.

ⓜ 여과멸균 시 주의사항
- 공극 크기가 적절하지 않으면 미생물이 완전히 제거되지 않음.
- 필터 막힘(fouling) 발생 시 압력을 조절하거나 필터를 교체해야 함.
- 멸균 대상 용액과 필터 재질 간 화학적 반응 여부를 사전 검토해야 함.
- 바이러스·소형 독소는 차단되지 않으므로 필요 시 추가 멸균법을 병행해야 함.

ⓗ GMP 및 산업적 의의
- GMP 환경에서는 여과멸균 기록(필터 종류·공극 크기·배치 번호)을 SOP에 따라 관리해야 함.
- 제약·바이오 산업에서는 백신·단백질 의약품·배지·혈청 멸균에 활용됨.
- 필터 성능은 주기적으로 무균성 시험(Integrity Test)으로 검증되어야 함.

⑧ 여과멸균 장치 운전 및 점검

㉠ 여과멸균 장치 운전의 의의
- 여과멸균 장치는 멸균 필터와 펌프·압력 조절 장치가 결합된 시스템으로, 액체 시료를 무균적으로 여과하기 위해 사용됨.
- 올바른 운전법은 시료 무균성·필터 성능·산물 안정성 확보에 필수적임.
- 운전·점검이 부적절하면 오염·필터 파손·시료 손실이 발생함.

㉡ 장치 운전 절차
- 사전 준비 → 필터 공극 크기(일반적으로 0.22 μm)·재질 확인.
  ▸ 장치 전체 멸균 소독 후 무균 환경(BSC 등)에서 조립.
  ▸ 압력 게이지·펌프·유량 조절기 정상 작동 여부 점검.
- 운전 단계 → 시료를 멸균 용기에 준비 후 연결부 누출 여부 확인.

- 일정 압력 또는 진공을 가하여 시료를 필터로 통과시킴.
- 여과 중 유량이 일정한지 모니터링.
- 여과 완료 후 무균적으로 수집 용기에 옮겨 밀봉 보관.

• 종료 후 관리 → 사용 필터는 재사용하지 않고 폐기.

- 장치 내부는 세척 · 건조하여 재오염을 방지함.

ⓒ 점검 항목
- 필터 상태 → 외관 손상 · 막힘 · 포장 무결성 확인.
- 압력 · 유량 → 과도하면 필터 파손, 부족하면 여과 불완전 발생.
- 연결부 → 호스 · 밸브 · 체결부 누출 여부 확인.
- 장치 기록 → 사용 필터 로트 번호 · 교체 일자 · 점검 결과 기록.

ⓔ 운전 및 점검 시 주의사항
- 필터는 사용 직전 멸균 포장에서 개봉해야 함.
- 여과액 성분과 필터 재질 간 반응 가능성을 사전 검토해야 함.
- 장치 점검 누락은 오염 · 불량 제품 발생으로 이어짐.

ⓜ GMP 및 산업적 의의
- GMP 환경에서는 장치 운전 · 점검 결과가 SOP에 따라 문서화됨.
- 여과멸균 장치는 IQ/OQ/PQ 등 적격성 평가가 주기적으로 수행되어야 함.
- 장치 사용 이력은 품질 감사 · 추적성 확보의 핵심 자료임.

2 정제장비 준비

① 목적산물의 물리 · 화학적 특성

㉠ 물리 · 화학적 특성 이해의 의의
- 목적산물(단백질, 효소, 핵산 등)의 물리 · 화학적 성질이 정제 장비와 공정 조건 선택의 기준이 됨.
- 분자량, 전하, 소수성, 안정성 등을 파악하여 효율적이고 손실이 적은 정제가 가능해짐.
- GMP 환경에서는 목적산물 특성 데이터를 근거로 표준 공정이 확립됨.

㉡ 주요 물리적 특성
- 분자량(Molecular weight)

  - 단백질 : 수천~수십만 Da, 핵산 : 수만~수백만 Da로 정리됨.
  - 분자량에 따라 겔 여과 크로마토그래피와 초여과막 선택이 달라짐.

- 형태(Morphology)
  - ▸ 단량체, 이량체, 복합체 등 구조적 상태가 구분됨.
  - ▸ 단백질은 1차~4차 구조 단계가 존재하며 복합체 형성 여부가 안정성과 정제 효율에 영향을 줌.
  - ▸ 안정성 유지를 위해 보조 인자(cofactor) 필요 여부가 고려됨.
- 용해도(Solubility)
  - ▸ 수용성·소수성 정도에 따라 버퍼 조성과 첨가제가 달라짐.
  - ▸ 염 농도와 pH 변화에 따라 소금 용출(salting-in)·염석(salting-out) 현상이 나타남.

ⓒ 주요 화학적 특성
- 등전점(pI)
  - ▸ 단백질의 순전하가 0이 되는 pH 값으로 정의됨.
  - ▸ 이온 교환 크로마토그래피에서 결합·용출 조건의 핵심 요소가 됨.
- 전하 상태(Charge property) : 산성/염기성 아미노산 잔기 분포에 의해 전하 특성이 결정됨.
- 소수성(Hydrophobicity)
  - ▸ 막단백질은 소수성이 커서 계면활성제 사용이 요구됨.
  - ▸ 소수성 상호작용 크로마토그래피(HIC) 선택 기준이 됨.
- 안정성(Stability) : 온도, pH, 산화·환원 조건에 따라 변성 여부가 달라짐.

ⓓ 목적산물 특성 분석 방법
- 겔 전기영동(SDS-PAGE)로 분자량이 확인됨.
- 등전점 전기영동(IEF)으로 pI 값이 측정됨.
- HPLC, LC-MS로 순도와 구조가 분석됨.
- 분광광도계(UV, IR)로 흡광 특성이 확인됨.

ⓔ GMP 및 산업적 의의
- 목적산물 특성 파악으로 정제 장비(여과기, 크로마토그래피 컬럼)와 운전 조건이 최적화됨.
- 데이터가 표준 제조지침(SOP)에 반영되고 품질관리(QC) 기준이 수립됨.

② 분리·정제 공정의 종류 및 원리

ⓐ 분리·정제 공정의 의의
- 배양액에서 목적 산물을 고순도로 회수하는 과정으로 정의됨.
- 생산물의 순도, 수율, 안정성 확보에 핵심 단계가 됨.
- 공정 선택이 목적 산물의 분자량, 전하, 소수성 등 물리·화학적 특성에 의해 좌우됨.

ⓛ 주요 분리 · 정제 공정의 종류와 원리
- 여과(Filtration)
  ▸ 공극 크기 차이를 이용하여 세포 · 불순물이 제거됨.
  ▸ 마이크로필터(0.2~0.45 µm)로 세균이 제거됨.
  ▸ 한외여과(ultrafiltration)로 단백질 · 효소가 농축 · 정제됨.

- 원심분리(Centrifugation)
  ▸ 밀도 차이를 이용하여 세포 · 세포 파편 · 불순물이 분리됨.
  ▸ 대량 세포 회수 및 초기 정제 단계에 사용됨.

- 침전(Precipitation)
  ▸ 염(예 : 암모늄 황산염) 또는 유기용매(에탄올, 아세톤 등)로 단백질이 침전됨.
  ▸ 공정이 단순 · 저비용이며 대량 전처리에 적합함.

- 크로마토그래피(Chromatography)
  ▸ 이온 교환 : 단백질 전하(pI) 차이를 이용함.
  ▸ 친화성 : 특정 리간드-단백질의 특이 결합이 활용됨.
  ▸ 겔 여과(SEC) : 분자 크기 차이에 따라 분리됨.
  ▸ 소수성 상호작용(HIC) : 소수성 정도 차이에 의해 분리됨.
  ▸ 역상(RP-HPLC) : 소수성 컬럼과 극성 이동상으로 소수성 물질 및 제약 원료가 분리 · 분석됨.

- 전기영동(Electrophoresis)
  ▸ 전기장을 이용하여 전하 · 분자량에 따라 분리됨.
  ▸ 연구 · 분석 및 QC 단계에서 제한적으로 활용됨.

- 추출(Extraction)
  ▸ 용매 친화성 차이를 이용하여 지질 · 색소 등이 분리됨.
  ▸ 수용성 · 소수성 물질 분리에 모두 적용 가능함.

- 흡착(Adsorption) : 고체 표면에 선택적 결합 원리를 이용하여 특정 단백질 · 효소 · 대사산물이 회수됨.

ⓒ 공정 선택 시 고려사항
- 목적 산물의 크기, 전하, 소수성, 안정성이 검토됨.
- 생산 규모와 비용 효율성이 평가됨.
- 정제 순서가 초기 대량 처리에서 고순도 단계 순으로 설계됨.
- 자동화 · 연속 공정 적용 가능성이 검토됨.

② GMP 및 산업적 의의
- 공정 조건(압력, 속도, pH, 버퍼 조성)이 SOP에 따라 관리됨.
- 재현성·일관성 미확보 시 제품 불합격으로 이어짐.

③ 분리 · 정제 공정 장비

㉠ 장비 이해의 의의
- 분리·정제 공정 장비는 배양액에서 목적 산물을 효율적이고 안전하게 분리하기 위해 사용됨.
- 장비의 종류와 원리를 정확히 이해해야 공정 최적화와 품질 관리가 가능함.
- GMP 환경에서는 장비의 적격성 평가(IQ/OQ/PQ)와 사용 기록이 필수임.

㉡ 주요 분리 · 정제 장비

- 여과 장비(Filtration unit)

  ▸ 멤브레인 필터, 한외여과(ultrafiltration) 장치, 나노여과 장치가 포함됨.
  ▸ 용도 : 세포 제거, 단백질 농축, 바이러스 여과.
  ▸ 특징 : 연속 공정 적용 가능, 막 오염(fouling) 관리 필요.

- 원심분리기(Centrifuge)

  ▸ 고속 회전으로 세포, 세포 파편, 불순물을 분리함.
  ▸ 용도 : 대량 세포 회수, 초기 정제 단계.
  ▸ 특징 : 균형 유지, 온도 조절, 속도·시간 설정이 필수.

- 크로마토그래피 장치(Chromatography system)

  ▸ 컬럼(Column), 펌프, 검출기, 분획기 등으로 구성됨.
  ▸ 종류 : 이온 교환, 친화성, 겔 여과, 소수성 크로마토그래피.
  ▸ 특징 : 고순도 분리 가능, 목적 단백질 특성에 맞는 버퍼가 필요.

- 세포 파쇄 장비(Cell disruption equipment)

  ▸ 초음파 처리기, 고압균질기, 동결·해동 장치가 포함됨.
  ▸ 용도 : 세포 내 단백질·효소 방출.
  ▸ 특징 : 과도한 처리 시 단백질 변성이 발생할 수 있음.

- 추출 및 흡착 장치

  ▸ 용매 추출기, 흡착 칼럼이 포함됨.
  ▸ 용도 : 지질, 색소, 특수 대사 산물 분리.
  ▸ 특징 : 선택적 분리 가능, 용매 잔류 관리가 필요함.

ⓒ 장비 사용 시 주의사항
- 사용 전후 반드시 세척 · 멸균해야 함.
- 운전 조건(속도, 압력, 온도, pH)은 SOP에 따라 관리해야 함.
- 고장, 이상 소음, 진동은 즉시 점검해야 함.
- 기록지는 장비명, 운전 조건, 사용 일자, 작업자 서명을 포함해야 함.

ⓔ GMP 및 산업적 의의
- GMP 환경에서는 장비 검증과 유지보수 기록이 필수임.
- IQ(설치 적격성), OQ(운전 적격성), PQ(성능 적격성) 단계별 검증을 통해 신뢰성이 확보됨.
- 장비 적절성은 최종 제품의 안전성 · 유효성 · 일관성을 결정함.

④ 농축공정 원리

㉠ 농축공정의 의의
- 농축공정은 대량 배양액에서 목적 성분(단백질, 효소, 핵산 등)의 농도를 높여 후속 정제를 효율화하는 과정임.
- 수율 증대 · 정제 효율 향상 · 저장 안정성 확보를 위한 핵심 기술임.
- 대량 생산에서는 초기 단계에서 부피를 줄여 장비와 비용을 절감함.

㉡ 농축공정의 기본 원리
- 물리적 원리 : 용매(물)를 제거하거나, 불필요한 저분자 물질을 제거하여 고분자 농도를 높임.
- 막 여과(Ultrafiltration, UF / Nanofiltration, NF) : 반투과성 막을 통해 용매 · 저분자 물질은 통과시키고, 고분자는 잔류시킴.
- 증발(Evaporation) : 열을 가해 용매를 기화시켜 용질 농도를 높임.
- 침전(Precipitation) : 특정 염 또는 유기용매를 첨가하여 단백질을 침전시켜 농축 효과를 얻음.
- 동결건조(Lyophilization) : 시료를 급속 동결 후 진공 상태에서 용매를 승화시켜 건조 · 농축함.

㉢ 농축공정의 주요 방법과 특성
- 한외여과(UF)
  ▸ MWCO(분자량 차단 기준)에 따라 단백질 · 효소를 농축함.
  ▸ 저온 조건에서 수행 가능하여 단백질 안정성이 보존됨.
- 나노여과(NF) : 저분자 물질 제거에 효과적이며, 탈염 후 농축이 가능함.
- 진공 증발 : 낮은 온도에서 용매를 제거하여 열에 민감한 물질 보호 가능.

- 동결건조 : 장기 보존에 유리하고 단백질 · 효소 제형화에 활용됨.
    - ▸ 장점 : 안정성이 높음.
    - ▸ 단점 : 시간 소요가 크고 비용이 높음.

ㄹ) 농축공정 시 주의사항
- 단백질 변성 방지를 위해 온도 · pH · 이온 강도를 적절히 유지해야 함.
- 막 여과 시 fouling(막 오염)과 투과율 감소를 관리해야 함.
- 증발 · 동결건조 과정에서 시료 손실 가능성이 있음.
- 농축 배치별 균질성을 확보하지 못하면 최종 품질 불균일이 발생함.

ㅁ) GMP 및 산업적 의의
- 농축공정 조건(막 종류, 압력, 온도, pH)은 SOP에 따라 관리됨.
- 농축 단계는 생산 수율과 제품 품질 일관성에 직결되므로 철저히 기록 · 검증되어야 함.

⑤ 농축공정 장비

㉠ 농축공정 장비의 의의
- 농축공정 장비는 배양액에서 목적 산물의 농도를 높여 후속 정제 단계를 효율화하기 위해 사용됨.
- 공정 조건(압력, 온도, 막 종류 등)에 따라 장비의 성능과 결과가 달라짐.
- GMP 생산에서는 장비의 적정성 평가와 주기적 점검이 필수임.

㉡ 주요 농축공정 장비와 특성
- 한외여과 장치(Ultrafiltration system, UF)
    - ▸ 반투과성 막(MWCO: 분자량 차단 기준)을 사용하여 저분자 물질을 제거하고 단백질 · 효소 농축에 활용됨.
    - ▸ 장점 : 저온에서 수행 가능, 단백질 안정성 보존.
    - ▸ 단점 : 막 오염(fouling) 발생 시 효율 저하.

- 나노여과 장치(Nanofiltration, NF)
    - ▸ 저분자 불순물 · 염을 제거하면서 목적 성분을 농축하는 시스템임.
    - ▸ 탈염과 농축을 동시에 수행할 수 있어 공정 단축이 가능함.

- 진공 증발기(Vacuum evaporator)
    - ▸ 낮은 압력에서 용매를 증발시켜 열에 민감한 물질도 농축 가능함.
    - ▸ 주로 대량 처리용으로 사용됨.

- 동결건조기(Lyophilizer, Freeze dryer)
  - ▸ 시료를 급속 동결 후 진공 상태에서 용매를 승화시켜 건조·농축함.
  - ▸ 장점 : 장기 보존, 단백질·효소 안정성 유지.
  - ▸ 단점 : 설치·운영 비용이 높고 시간 소요가 큼.
- 회전 증발기(Rotary evaporator)
  - ▸ 소규모 실험실에서 용매 제거와 농축에 널리 사용됨.
  - ▸ 회전 플라스크를 진공 상태에서 가열하여 용매를 빠르게 제거함.

ⓒ 장비 운전 및 관리
- 장비는 사용 전후 반드시 세척·멸균해야 함.
- 막 시스템은 주기적으로 세척(CIP)과 교체가 필요함.
- 증발기와 동결건조기는 온도·압력 센서의 정기적 교정이 요구됨.
- 운전 조건은 SOP에 따라 설정·기록해야 함.

ⓔ GMP 및 산업적 의의
- GMP 환경에서는 농축 장비의 적격성 평가(IQ/OQ/PQ)와 유지보수 기록이 필수임.
- 농축 장비는 제품 수율·품질 균질성 확보와 직결되므로 철저히 관리되어야 함.

⑥ 크로마토그래피 이해

㉠ 크로마토그래피의 의의
- 크로마토그래피는 이동상(mobile phase)과 고정상(stationary phase) 간 상호작용 차이를 이용해 혼합물 성분을 분리·정제하는 기술임.
- 목적 단백질·핵산·대사산물을 고순도로 분리할 수 있어 연구와 산업 생산에서 필수임.
- 선택성과 재현성이 높아 GMP 품질 관리에서도 중요한 기술임.

㉡ 크로마토그래피의 기본 원리
- 시료 혼합물을 컬럼에 주입하면, 성분이 고정상과 결합 정도에 따라 이동 속도가 달라짐.
- 결합력이 약한 성분은 먼저 용출(elution)되고, 강한 성분은 늦게 용출됨.
- 각 성분의 용출 시간(retention time) 차이를 이용해 분리·정제가 이루어짐.

㉢ 주요 크로마토그래피 종류와 특성
- 이온 교환 크로마토그래피(Ion exchange chromatography)
  - ▸ 단백질 전하 차이를 이용해 분리함.
  - ▸ 양이온 교환체(CM-Cellulose), 음이온 교환체(DEAE-Cellulose) 등이 사용됨.

- 친화 크로마토그래피(Affinity chromatography)
  - ▸ 리간드-단백질 간 특이적 결합을 이용함.
  - ▸ 예 : Ni-NTA 컬럼은 His-tag 단백질 분리에 사용됨.

- 겔 여과 크로마토그래피(Size exclusion chromatography, SEC)
  - ▸ 분자 크기 차이를 이용함.
  - ▸ 큰 분자는 먼저 용출되고, 작은 분자는 컬럼 기공을 통과하며 늦게 용출됨.

- 소수성 상호작용 크로마토그래피(HIC)
  - ▸ 단백질 소수성 정도에 따라 분리함.
  - ▸ 염 농도가 높을수록 소수성 결합이 강화됨.

- 역상 크로마토그래피(RP-HPLC)
  - ▸ 소수성 컬럼과 극성 이동상을 이용해 소수성 물질을 분리함.
  - ▸ 고해상도로 제약 원료 및 분석 목적에 적합함.

② 크로마토그래피 운용 요소
- 컬럼 충진제 선택(이온 교환체, 친화 리간드, 겔 비드 등).
- 이동상의 pH, 이온 강도, 버퍼 조성.
- 유속(flow rate), 압력, 컬럼 길이와 직경.
- 시료 전처리(여과, 원심분리)를 통한 불순물 제거.

⑩ 크로마토그래피 사용 시 주의사항
- 컬럼 충진 시 공기 방울 혼입을 방지해야 함.
- 시료 주입량이 과도하면 분리 효율이 저하됨.
- 컬럼 재사용 시 세척 및 보관 조건(pH, 보존액)을 준수해야 함.
- 고압 액체 크로마토그래피(HPLC) 운용 시 압력 과부하를 방지해야 함.

⑭ GMP 및 산업적 의의
- 컬럼 사용 이력(배치 번호, 충진제 종류, 사용 횟수)을 관리해야 함.
- 크로마토그래피는 항체·효소·백신 등 고부가 단백질 정제의 핵심 공정임.

⑦ 정제용 컬럼 및 레진 충진
  ㉠ 정제용 컬럼과 레진의 의의
  - 컬럼(column)은 크로마토그래피에서 시료와 고정상(resin)이 접촉하는 핵심 장치임.
  - 레진(resin)은 목적 산물의 전하, 소수성, 친화성, 크기에 따라 선택적으로 결합·분리되는 매질임.
  - 컬럼과 레진 충진의 정확성은 분리 효율·재현성·제품 품질을 결정함.

ⓒ 컬럼의 구조와 종류
- 유리 컬럼 : 소규모 연구용으로 사용되며, 내용물 확인이 용이함.
- 스테인리스 컬럼 : 고압(HPLC)에 사용 가능하며, 내구성이 높음.
- 프리팩(pre-packed) 컬럼 : 제조사에서 균일하게 충진된 일회용 또는 재사용 컬럼으로, 재현성이 높음.
- 공정용 대형 컬럼 : 직경 수십 cm~수 m 규모로 제작되어 산업 규모 단백질 정제에 활용됨.

ⓒ 레진의 종류와 특성
- 이온 교환 레진 : 단백질의 전하(pI)에 따라 결합·용출됨. (예: DEAE, CM)
- 친화성 레진 : 리간드-단백질 간 특이적 결합을 이용함. (예: Ni-NTA, Protein A/G)
- 겔 여과 레진 : 크기 배제 원리(SEC)를 이용함. (예: Sephadex)
- 소수성 레진 : 단백질의 소수성 차이에 따라 분리됨. (예: Phenyl-Sepharose)

ⓔ 레진 충진의 원리와 방법
- 원리 : 레진 입자가 균일하게 충진되어야 시료와의 접촉 면적이 일정해지고, 분리 효율이 높아짐.
- 습식 충진 : 레진을 버퍼에 현탁 후, 중력 또는 펌프를 이용해 컬럼에 충진함.
- 건식 충진 : 건조 레진을 투입 후 버퍼로 팩킹하여 균일하게 정렬함.
- 팩킹 조건 확인 : 유속과 압력 변화를 측정하여 충진 상태를 평가함.

ⓜ 컬럼 및 레진 관리
- 컬럼은 사용 전후 CIP(Clean-In-Place) 또는 세척·멸균을 수행해야 함.
- 레진은 사용 목적에 따라 재생(regeneration)하거나 교체해야 함.
- 저장 시 보존액(예: 20% 에탄올, NaN_3)을 사용하여 미생물 오염을 방지함.
  단, NaN_3는 독성이 강하고 폭발 위험이 있으므로 취급·폐기에 주의가 필요함.
- 레진의 성능 저하(결합력 감소, 비특이적 결합 증가)는 주기적으로 QC 점검으로 확인해야 함.

ⓗ GMP 및 산업적 의의
- 컬럼 충진·재생·보관 절차는 SOP에 따라 문서화되어야 함.
- 컬럼 일련번호, 레진 로트 번호, 사용 횟수는 추적 관리되어야 함.
- 컬럼 충진 불량은 분리 효율 저하·제품 불합격으로 직결되므로 철저한 관리가 필요함.

핵심유형익히기

01
정제 버퍼가 정제 과정에서 수행하는 핵심 기능은?
① 단백질 변성 유도
② pH · 이온 강도 유지로 안정성 보존
③ 염 농도 0으로 유지
④ 세포 파쇄 억제

> 정제 버퍼 핵심 기능
> - 약산/짝염기 완충으로 pH 변동을 억제함
> - NaCl 등으로 비특이적 결합을 줄여 수율 · 순도를 개선
> - 첨가제로 구조 · 활성(산화/환원, 금속효소) 안정화

02
다음 중 일반적으로 버퍼제로 쓰이는 물질이 아닌 것은?
① Tris-HCl
② HEPES
③ 인산염(Phosphate)
④ 페놀 레드

> 버퍼제 선택
> - Tris, HEPES, 인산염은 대표적 완충제
> - 페놀 레드는 pH 지시약으로 버퍼제 자체가 아님
> - 버퍼제는 원하는 pH 범위/온도에서 안정해야 함

03
이온 강도 조절 목적으로 가장 흔히 넣는 염은?
① $CaCl_2$
② NaCl
③ NH_4NO_3
④ $AgNO_3$

> 이온 강도와 비특이적 결합
> - NaCl은 비특이적 정전기 상호작용을 완화
> - 적정 농도는 결합/용출 선택성 최적화에 중요
> - 과도하면 결합 상실, 부족하면 비특이적 결합 증가

04
금속 의존성 분해효소(Metalloprotease) 활성을 억제하려고 넣는 첨가제는?
① DTT
② EDTA
③ 글리세롤
④ Imidazole(저농도)

> 금속 이온 킬레이션
> - EDTA는 2가 금속이온을 킬레이트하여 효소 활성을 억제
> - 금속 의존성 단백질에는 사용 주의(활성 상실 위험)
> - 대신 특이 억제제 또는 최적 pH로 대체하기도 함

05
산화로 인한 이황화 결합 형성 · 응집을 막기 위한 환원제 조합으로 옳은 것은?
① EDTA/Imidazole
② DTT/β-ME
③ NaCl/KCl
④ Tris/HEPES

> 환원 환경 유지
> - DTT, β-mercaptoethanol은 -SH 보호로 변성/응집 방지
> - 농도 과다 시 향후 크로마토그래피에 영향 가능
> - 필요 최소 농도로 사용하고 환기 · 안전 준수

06
막단백질 용해를 돕는 첨가제는?
① Triton X-100
② 글리신
③ NaH_2PO_4
④ 글루타민

> 계면활성제 사용
> - 비이온성 계면활성제(Triton X-100 등)로 막단백질 용해
> - 농도/종류에 따라 단백질 활성 · 결합에 영향
> - 친화/이온교환 단계와의 호환성 확인 필수

정답 01 ② 02 ④ 03 ② 04 ② 05 ② 06 ①

07
Ni-NTA 친화 크로마토그래피에서 비특이적 결합 억제를 위해 세척 버퍼에 흔히 넣는 것은?

① EDTA 고농도
② Imidazole 저농도
③ 높은 농도 DTT
④ 0 mM NaCl

Imidazole의 역할
- 저농도 Imidazole은 비특이적 결합 단백질 제거
- 용출 단계에서는 고농도로 His-tag 단백질 용출
- 농도 구배 설계가 순도·수율에 핵심

08
정제 버퍼 설계 시 "가장 먼저" 고려할 요소로 적절한 것은?

① 장비 제조사
② 실험실 위치
③ 컬럼 색상
④ 목적 단백질의 pH 안정 범위

pH 안정 범위 우선
- 단백질 안정 pH를 벗어나면 변성/활성 소실
- 그다음 이온 강도, 첨가제 호환성 순으로 최적화
- 정제 단계별로 버퍼가 달라질 수 있음

09
장기간 버퍼 보관 시 권장되는 조치로 옳은 것은?

① 실온 개방 보관
② 멸균 여과 후 냉장·차광 보관
③ 매 사용 전 끓이기
④ NaCl 제거

버퍼 보관 원칙
- 0.22 μm 여과로 미생물 제거 후 보관
- 저온·차광으로 산화/분해 억제
- 사용 전 시각적 이상(침전/혼탁) 점검

10
GMP 관점에서 동일 배치(batch) 내 버퍼 관리 원칙은?

① 작업자 재량으로 조성 변경 가능
② 동일 조성·동일 기록 유지
③ 필요 시 염 농도 가변
④ pH는 대략적 유지

GMP 버퍼 관리
- SOP에 따른 동일 조성·제조·라벨·기록 유지
- 버퍼 밸리데이션(무균/안정성) 문서화 필수
- 변경은 변경관리(Change Control) 절차로만

11
브뢴스테드-로우리 정의에서 산과 염기의 의미는?

① 산 : 전자쌍 공여, 염기 : 전자쌍 수용
② 산 : H^+ 공여, 염기 : H^+ 수용
③ 산 : OH^- 공여, 염기 : H^+ 공여
④ 산 : H^+ 수용, 염기 : OH^- 공여

산·염기 정의
- 브뢴스테드-로우리: 산(H^+ donor), 염기(H^+ acceptor)
- 아레니우스/루이스와 비교해 두문항 자주 출제
- 버퍼 설계의 이론적 기반

12
강산의 예로 옳은 것은?

① CH_3COOH ② NH_3
③ HCl ④ H_2CO_3

강산/약산 구분
- 강산/강염기는 거의 완전 이온화
- 약산/약염기는 평형 존재(K_a, pK_a 개념)
- 완충 범위는 $pK_a \pm 1$이 실용적

정답 07 ② 08 ④ 09 ② 10 ② 11 ② 12 ③

13
중화 반응 예로 옳은 식은?

① HCl + NaOH → NaCl + H₂O
② HCl + NH₃ → NH₄ClO
③ CH₃COOH → CH₃COO⁻ (단독)
④ NaOH → Na⁺ + OH⁻ (단독)

중화 반응
- H^+와 OH^-가 만나 물과 염 형성
- 산-염기 당량 맞춤이 핵심
- 적정으로 농도 산출 가능

14
Tris 버퍼의 실용 pH 범위로 가장 적절한 것은?

① 2~4   ② 5~6
③ 7~9   ④ 10~12

Tris 특징
- pKa(~81, 25℃) 부근에서 완충력 우수
- 온도·이온강도에 pKa 민감 → 실제 pH 재확인
- 금속 킬레이터와 호환성도 점검

15
0.1 M 용액은 몇 mM인가?

① 0.1 mM   ② 1 mM
③ 10 mM   ④ 100 mM

몰농도 환산
- 1 M = 1000 mM = 10^6 μM
- 소수점/지수 표기 주의
- 희석계획표와 함께 관리

16
2 g/L 포도당 용액의 농도 표기를 mg/mL로 바꾸면?

① 0.02 mg/mL   ② 0.2 mg/mL
③ 2 mg/mL   ④ 20 mg/mL

단위 전환 예
- 2 g/L = 2 mg/mL(∴ 1 g/L = 1 mg/mL)
- 필요 시 μg/mL로도 변환: 2000 μg/mL
- 계산식과 근거를 기록

17
100 mL의 1 M NaCl 용액 제조에 필요한 NaCl 질량(분자량 58.44 g/mol)은?

① 0.5844 g   ② 5.844 g
③ 58.44 g   ④ 584.4 g

몰농도 제조
- n = C×V = 1 mol/L × 01 L = 01 mol
- m = n×MW = 01 × 5844 = 5844 g
- 용해 후 부피 맞추기(정용) 준수

18
아래 중 올바른 부피 환산은?

① 1 L = 100 mL
② 1 L = 1000 mL
③ 1 mL = 1000 μL = 10^6 nL
④ 50 μL = 0.5 mL

부피 환산 포인트
- 1 L = 1000 mL = 10^6 μL = 10^9 nL
- 50 μL = 005 mL가 정확
- 피펫 눈금·온도 조건 확인 필수

19
칭량 전 저울 사용에서 가장 먼저 해야 할 일은?

① 저울 위치 변경
② 영점 조정(Zeroing)과 교정 확인
③ 팬 위를 손으로 닦기
④ 바람막이 제거

칭량 전 점검
- 영점·교정 확인 후 사용해야 미량 오차를 줄임
- 예열·수평 확인, 표준추 검증이 바람직함
- 바람·정전기·진동은 최소화해야 함

정답 13 ① 14 ③ 15 ④ 16 ③ 17 ② 18 ②,③ 19 ②

20
흡습성 분말을 칭량할 때 적절한 방법은?
① 개방 공간에서 천천히 계량
② 빠르게 계량 후 즉시 밀봉
③ 공기 중 방치 후 측정
④ 습한 곳에서 계량

흡습성 시약 취급
- 수분 흡착으로 질량이 변해 오차 발생
- 신속 계량 · 즉시 밀봉 · 건조제 동반 보관이 핵심
- 가능하면 저습 환경에서 작업

21
액체 원료의 정밀 계량에 가장 적합한 방법은?
① 눈금 실린더 임의 읽기
② 스푼으로 덜어내기
③ 감산법(용기 무게 측정 후 차감)
④ 손으로 들어 올려 추정

감산법 원리
- 휘발 · 점성 영향 최소화로 정확도 향상
- 용기째 무게를 재고 덜어낸 질량을 계산
- 누설 · 증발 방지도 병행

22
고체-액체 혼합 시 일반적 권장 순서는?
① 액체를 고체에 붓기
② 고체를 액체에 천천히 가하며 용해
③ 동시에 투입
④ 순서 무관

혼합 순서
- 분진 · 응집 · 침전을 줄이려면 고체를 분할 투입
- 교반으로 용해 · 분산을 유도
- 발열 반응 시 냉각 병행

23
교반 속도가 과도할 때 주된 위험은?
① 용해 증가
② 혼합 균질성 향상
③ 오염 감소
④ 거품 · 전단에 의한 단백질 변성

교반 최적화
- 과도한 전단은 단백질 변성 · 활성 저하를 유발
- 거품은 공기 접촉 · 산화 · 오염 위험 증가
- 속도 · 임펠러 형상 · 시간을 최적화

24
10X 완충액 1 L를 만들 때 각 성분 칭량의 원칙은?
① 최종 1X 기준으로 계량
② 10배로 계량하여 혼합
③ 절반으로 줄여 계량
④ 농도는 임의 조정

농축 완충액 제조
- 저장 · 편의를 위해 고농도(10X)로 제조
- 사용 시 1/10로 희석하여 1X로 사용
- pH는 희석 후 재점검하는 것이 안전

25
NaCl 5% (w/v) 용액 200 mL 제조에 필요한 NaCl 질량은?

① 5 g   ② 10 g
③ 20 g   ④ 40 g

w/v 계산
- 5%(w/v)=5 g/100 mL → 200 mL에 10 g
- 정확한 용해 후 부피 정용이 중요
- 기록지에 계산 근거를 남김

정답 20 ②   21 ③   22 ②   23 ④   24 ②   25 ②

26
원료 라벨링에서 필수 항목이 아닌 것은?
① 원료명　　② 로트 번호
③ 작업자·검증자　④ 실험 가설

라벨링·추적성
- 원료명·농도·로트·일자·작업자 필수
- 추적성 확보는 GMP 핵심 요건
- 가설은 라벨 정보가 아님

27
당류·아미노산의 대표적 저장 주의사항은?
① 고온·고습 보관
② 상온 또는 저온, 건조 보관
③ 빛에 노출
④ 개방 용기 장기 보관

저장 조건
- 당류·아미노산은 습기·열에 민감
- 건조·차광·밀봉 보관으로 품질 보존
- 유효기간·CoA 확인 필수

28
비타민·항생제 원료의 일반적 보관 조건은?
① 상온·개방
② 냉장·차광, 필요 시 냉동
③ 고온·건조
④ 상온·UV 조사

빛·열 민감 원료
- 분해·산화 쉬우므로 저온·차광
- 용액은 여과 멸균 후 분주·냉장 권장
- 사용 전 활성을 재확인

29
단백질 용액 멸균에 여과멸균을 사용하는 주된 이유는?
① 비용 절감
② 고온 멸균보다 변성 위험이 낮음
③ 장비가 필요 없음
④ 바이러스 완전 제거 가능

여과멸균 선택
- 0.22 µm로 세균·진균 제거, 성상 보존
- 열로 인한 구조 변형을 회피
- 바이러스 제거는 제한적이므로 주의

30
여과멸균 표준 공극 크기는?
① 1.2 µm　　② 0.8 µm
③ 0.45 µm　 ④ 0.22 µm

표준 공극
- 세균 제거 표준: 0.22 µm
- 0.45 µm는 예여과·탁도 저감에 사용
- 대상·점도에 맞춰 단계 여과 적용

31
단백질 비특이적 흡착이 적어 멸균 여과에 자주 쓰이는 재질은?
① 나일론
② 셀룰로오스 아세테이트
③ 유리섬유
④ 폴리에틸렌

필터 재질 선택
- 셀룰로오스 아세테이트·PVDF는 단백질 결합 낮음
- 시료 성분·용매와의 화학적 적합성 확인
- 파일럿 테스트로 회수율 검증

정답 26 ④　27 ②　28 ②　29 ②　30 ④　31 ②

32
여과 시 유량이 급감하고 압력이 상승할 때 가장 먼저 의심할 문제는?

① 용액 온도 상승 ② 필터 막힘(fouling)
③ pH 상승 ④ 염 농도 저하

Fouling 대응
- 입자·단백질 응집체에 의한 막공 막힘
- 예여과, 교체, 역세척(가능 시)로 대응
- 점도·농도·온도 최적화 병행

33
여과멸균 장치 조립·운전은 어느 환경에서 하는 것이 가장 적절한가?

① 개방 벤치
② BSC/클린벤치의 무균 환경
③ 배양기 내부
④ 현미경대 위

무균 조립
- 필터·라인·수집 용기는 무균 조작으로 연결
- 연결부 누설·오염 차단이 핵심
- 완료 후 즉시 라인 폐쇄·밀봉

34
필터 개봉 시점과 폐기 원칙으로 옳은 것은?

① 미리 개봉해 바람을 쐰다
② 사용 직전에 개봉, 1회 사용 후 폐기
③ 여러 번 재사용
④ 멸균 안 된 채 보관

멸균 무결성
- 포장 무결성 유지 후 직전 개봉
- 1회 사용 후 교차 오염 방지 위해 폐기
- 무결성 시험(Integrity test) 기록화

35
여과멸균에서 바이러스·독소 제거 한계에 대한 올바른 인식은?

① 완전 제거 가능
② 부분 제거 가능, 추가 공정 필요
③ 제거 불가
④ 고온 가열과 동일

공정 한계
- 0.22 μm는 세균 중심, 바이러스는 통과 가능
- 바이러스 여과막/저온 보존/불활화 공정 병행
- 위험평가 기반 다중 장벽 설계

36
여과멸균 장치 점검 항목이 아닌 것은?

① 압력·유량 ② 필터 외관·로트
③ 연결부 누설 ④ 시료의 색상 선호도

점검 체크리스트
- 압력·유량 안정성, 필터 상태, 누설 점검 필수
- 로트·사용 시간·교체 주기 기록
- 색상 선호도는 품질과 무관

37
원료 혼합 시 침전이 발생했다. 가장 먼저 확인할 사항은?

① 용기 모양
② 첨가 순서·pH·이온 강도
③ 작업자 키
④ 저울 브랜드

침전 트러블슈팅
- 인산염/금속염, 단백질/염 농도, pH 변화가 원인
- 첨가 순서 재설계·완충 조정·온도 관리로 해결
- 사전 소규모 시험으로 리스크 저감

정답 32 ② 33 ② 34 ② 35 ② 36 ④ 37 ②

38
GMP 관점에서 칭량·혼합 기록에 반드시 포함되어야 할 것은?
① 실험자의 개인 소감
② 원료명·로트·칭량값·시간·작업자/검증자 서명
③ SNS 공유 링크
④ 장비 사진만

문서화 원칙
- 추적성·재현성 확보를 위한 필수 항목
- 변경·일탈 시에는 CAPA 및 변경관리 절차
- 기록의 실시간 작성·보전이 핵심

39
단백질 정제 장비·조건 선택의 기준이 되는 것은?
① 실험자의 경험
② 목적산물의 물리·화학적 특성
③ 장비 가격
④ 실험실 크기

장비 선택 기준
- 분자량, 전하, 소수성, 안정성이 주요 기준
- 특성에 맞는 버퍼·장비를 사용해야 손실 최소화
- GMP 공정에서는 데이터 기반 표준화가 요구됨

40
단백질 분자량 측정을 위해 가장 널리 사용하는 방법은?
① 자외선 분광법
② HPLC
③ 겔 전기영동(SDS-PAGE)
④ 원심분리

SDS-PAGE
- 분자량 차이에 따른 이동 거리로 분석
- 단백질 순도·크기 확인에 기본적 기법
- QC와 연구 현장에서 표준 분석법임

41
단백질의 등전점(pI) 값은 무엇을 의미하는가?
① 용해도 최대점
② 순전하가 0이 되는 pH
③ 변성 시작점
④ 최대 흡광 파장

등전점
- 단백질이 전하 중성을 띠는 pH
- 이온 교환 크로마토그래피 조건 설정의 핵심
- pI 부근에서는 용해도가 낮아 침전이 잘 발생

42
소수성이 큰 막 단백질 정제 시 필요한 보조제는?
① 금속 이온
② 계면활성제(Detergent)
③ 고분자 가교제
④ 고체 지지체

막 단백질 정제
- 막 단백질은 소수성이 커서 용해가 어려움
- Triton X-100, CHAPS 등 계면활성제를 첨가
- 단백질 구조 유지와 용해성 확보에 필수

43
단백질 안정성에 영향을 주는 주요 인자가 아닌 것은?
① pH
② 온도
③ 전하 상태
④ 분광광도계 종류

안정성 인자
- 온도, pH, 산화·환원 조건이 변성·활성에 직접적 영향
- 분광광도계 종류는 분석 도구로 안정성과 무관
- 공정 최적화 시 반드시 안정성 데이터 확보

정답 38 ② 39 ② 40 ③ 41 ② 42 ② 43 ④

44
배양액에서 세포·불순물을 밀도 차로 분리하는 공정은?

① 크로마토그래피　② 원심분리
③ 침전　　　　　　④ 전기영동

> **원심분리**
> - 밀도·크기 차이를 이용한 초기 분리법
> - 대량 세포 회수·전처리에 효과적
> - RPM·시간·온도 조건이 핵심

45
단백질 정제에서 암모늄 황산염을 이용하는 공정은?

① 원심분리　　② 침전
③ 추출　　　　④ 전기영동

> **염석 침전**
> - 단백질 용해도 감소로 침전 유도
> - 단순·저비용, 대량 전처리에 적합
> - 침전 후 재용해·투석 과정이 필요

46
크로마토그래피에서 이동상과 고정상 상호작용 차이를 이용한 분리 원리는?

① 추출　　　　　　② 원심분리
③ 크로마토그래피　④ 증발

> **크로마토그래피 원리**
> - 고정상 결합 차이로 이동 속도 차 발생
> - 특이적·비특이적 상호작용 활용
> - 분리·정제·분석에 모두 활용됨

47
크로마토그래피 중 리간드-단백질 결합을 이용하는 방식은?

① 이온 교환　② 친화성
③ 겔 여과　　④ 소수성

> **친화 크로마토그래피**
> - His-tag, Protein A/G 등 리간드-단백질 결합 이용
> - 특이적 결합·용출로 고순도 확보
> - 항체·재조합 단백질 정제에 표준 적용

48
크로마토그래피에서 분자 크기 차이를 이용하는 방법은?

① SEC(겔 여과)　② 이온 교환
③ 소수성　　　　④ 역상

> **SEC**
> - 크기가 큰 분자는 먼저 용출, 작은 분자는 늦게 용출
> - 분자량 분리·탈염·완충 교환에 활용
> - 해상도는 낮지만 단순·재현성이 높음

49
단백질의 소수성 차이를 이용하는 크로마토그래피는?

① 이온 교환
② 친화성
③ 소수성 상호작용(HIC)
④ 겔 여과

> **HIC**
> - 염 농도가 높을수록 소수성 결합 강화
> - 소수성 차이에 따라 분리 가능
> - 막단백질·부분 정제에 자주 사용

50
고해상도 분리에 적합하며 의약품 분석에도 활용되는 방법은?

① 원심분리　② 침전
③ RP-HPLC　④ 전기영동

> **RP-HPLC**
> - 역상 크로마토그래피로 고해상도 분리 가능
> - 제약 원료·단백질·펩타이드 분석 표준
> - 고압 장비와 정밀 제어 필요

정답 44 ②　45 ②　46 ③　47 ②　48 ①　49 ③　50 ③

51
전기장을 이용해 단백질 전하 · 분자량 차로 분리하는 기법은?

① 추출　　　　　② 전기영동
③ 크로마토그래피　④ 여과

> **전기영동**
> • 전하 · 크기 차이에 따라 이동
> • 연구 · QC 분석에 사용
> • 정제보다는 확인 · 분석 목적 중심

52
용매 친화성 차이를 이용해 지질 · 색소를 분리하는 방법은?

① 추출　　　　　② 전기영동
③ 크로마토그래피　④ 원심분리

> **추출**
> • 소수성 · 극성 차이를 활용
> • 유기용매 · 이온성 용매로 분리 가능
> • 대사산물 · 지질 정제에 효과적

53
공정 선택 시 가장 중요한 고려 요소는?

① 목적 산물 특성 · 규모 · 비용 효율성
② 실험자의 취향
③ 장비 디자인
④ 연구실 위치

> **공정 선택 기준**
> • 목적 산물 특성과 생산 규모
> • 비용 · 시간 · 재현성도 함께 고려
> • GMP 환경에서는 표준화 문서화 필요

54
크로마토그래피 장치 기본 구성에 포함되지 않는 것은?

① 컬럼　　　　② 펌프
③ 검출기　　　④ 현미경

> **장치 구성**
> • 컬럼 · 펌프 · 검출기 · 분획기 포함
> • 현미경은 별도의 분석 장비
> • 자동화된 FPLC/HPLC 시스템 활용

55
세포 내 단백질 방출을 위해 사용하는 장비는?

① 원심분리기　　② 세포 파쇄기
③ 증발기　　　　④ 크로마토그래피 컬럼

> **세포 파쇄**
> • 초음파, 고압균질기, 동결 · 해동법 활용
> • 파쇄 조건 과도 시 변성 · 손실 발생
> • 후속 정제 단계와 연계됨

56
크로마토그래피 장비 사용 시 주의사항으로 옳지 않은 것은?

① 컬럼 공기 혼입 방지
② 시료 과량 주입
③ 사용 전후 세척 · 멸균
④ 운전 조건 기록

> **주의사항**
> • 과량 주입은 분리 효율 저하 유발
> • 조건 · 세척 · 보관 철저히 준수해야 함
> • 재현성 · 품질 관리에 필수

57
GMP 환경에서 장비 검증 단계가 아닌 것은?

① IQ　　　　② OQ
③ PQ　　　　④ SQ

> **장비 검증**
> • IQ: 설치 적격성, OQ: 운전 적격성, PQ: 성능 적격성
> • 정기적 검증 · 기록 보관이 필수
> • SQ 단계는 GMP 검증 용어가 아님

정답 51 ②　52 ①　53 ①　54 ④　55 ②　56 ②　57 ④

58
정제 장비 기록에 반드시 포함되지 않는 것은?
① 장비명　　② 운전 조건
③ 사용 일자　④ 연구자의 취미

기록 항목
- 장비명, 조건, 일자, 작업자/검증자 서명 필수
- 취미 등은 품질 관리와 무관
- 문서화는 추적성과 GMP 준수의 핵심

59
농축공정의 주요 목적은?
① 배양액 부피 증가
② 목적 성분 농도 상승과 수율 증대
③ 장비 세척 시간 단축
④ 오염 억제

농축공정 의의
- 부피를 줄이고 목적 성분을 농축
- 후속 정제 효율과 저장 안정성을 향상
- 산업적 생산성 확보에 필수 단계임

60
한외여과(UF)의 주요 원리는?
① 용매 기화
② 반투과성 막을 통한 분자량 차단
③ 전하 차이
④ 소수성 결합

한외여과
- MWCO 기준에 따라 단백질·효소를 농축
- 저온 조건에서 안정적 수행 가능
- 저분자 불순물 제거와 농축 동시 수행

61
단백질 농축 시 동결건조(Lyophilization)를 사용하는 이유는?
① 속도가 빠름
② 장기 보존과 안정성 확보 가능
③ 저비용 처리
④ 고온 멸균 가능

동결건조 장점
- 진공 상태에서 승화 → 구조·활성 보존
- 제형화 및 장기 저장에 유리
- 비용·시간 소요가 큰 단점 존재

62
나노여과(NF)의 주된 활용은?
① 단백질 크기 분석
② 저분자 불순물·염 제거
③ 단백질 구조 변성
④ 세포 농축

나노여과
- 염과 저분자 제거 후 목적 성분 농축
- 탈염·정제 공정을 단축 가능
- 막 선택성·압력 조건 최적화 필요

63
진공 증발(Vacuum evaporation)의 장점은?
① 고온에서도 안정적
② 무균 상태 유지
③ 저온에서도 용매 제거 가능
④ 전기영동 대체 가능

진공 증발
- 낮은 압력에서 용매를 증발시킴
- 열 민감성 단백질 보호 가능
- 대량 처리에 적합함

정답 58 ④　59 ②　60 ②　61 ②　62 ②　63 ③

64
농축공정 시 가장 주의해야 할 문제는?
① 전하 불균형
② 단백질 변성과 손실
③ 농도 상승
④ 비용 감소

주의사항
- 온도 · pH · 이온 강도 유지 필요
- 막 fouling, 증발 시 손실 관리
- 균질성 확보 실패 시 품질 불균일 발생

65
소규모 실험실에서 용매 제거와 농축에 주로 사용하는 장비는?
① UF 시스템
② 회전 증발기(Rotary evaporator)
③ 동결건조기
④ HPLC

회전 증발기
- 진공 · 가열 · 회전으로 용매 빠르게 제거
- 실험실 표준 농축 장비
- 소규모 샘플 처리에 적합

66
농축공정 장비 중 대량 단백질 농축에 가장 널리 사용되는 것은?
① 한외여과 장치   ② 원심분리기
③ 전기영동 장치   ④ 추출 장치

UF 시스템
- 대량 단백질 · 효소 농축에 필수
- 막 오염 관리가 효율 유지 핵심
- 압력 · 유량 모니터링 필요

67
동결건조기의 주요 단점은?
① 단백질 안정성 저하
② 시간 소요와 고비용
③ 용매 제거 불가
④ GMP 적용 불가

동결건조 단점
- 안정성은 우수하나 시간이 오래 걸림
- 설비 투자 · 운영 비용이 높음
- 대량 생산 시 비용 부담이 큼

68
농축공정에서 GMP 관리가 필요한 이유는?
① 농축 조건이 최종 품질 · 수율과 직결
② 단순 편의성 확보
③ 장비 가격 절감
④ 연구자 선호도 반영

GMP 관리 의의
- 조건 · 기록 · 검증이 제품 품질 균질성 보장
- 농축 불량은 생산 전체 불합격으로 연결
- 밸리데이션 수행이 필수

69
크로마토그래피의 기본 원리는?
① 전기적 분리
② 이동상-고정상 상호작용 차이
③ 질량 차
④ 용매 기화

기본 원리
- 성분별 결합 차로 이동 속도 달라짐
- 특이적 · 비특이적 상호작용 모두 활용
- 분석 · 정제에 광범위하게 사용됨

정답 64 ②　65 ②　66 ①　67 ②　68 ①　69 ②

70
크로마토그래피 운용 시 결합력이 약한 성분은 어떻게 용출되는가?
① 가장 늦게　　② 가장 먼저
③ 무작위　　　④ 고정상에 남음

> **용출 순서**
> - 결합 약한 성분이 먼저 빠져나옴
> - 결합 강한 성분은 늦게 용출
> - 분리 효율은 조건·매질 선택에 좌우됨

71
이온 교환 크로마토그래피에서 분리 기준은?
① 분자량　　　② 전하 차이(pI)
③ 소수성　　　④ 용해도

> **이온 교환**
> - 단백질 전하 차이를 이용
> - 양이온 교환체(CM), 음이온 교환체(DEAE) 활용
> - pH·염 농도 조건 제어가 중요

72
His-tag 단백질 정제에 주로 사용되는 방식은?
① 이온 교환
② 친화 크로마토그래피
③ 겔 여과
④ 소수성

> **친화성 원리**
> - Ni-NTA 컬럼이 His-tag 단백질과 결합
> - 특이적 결합으로 고순도 확보
> - 재조합 단백질 정제 표준 기술

73
SEC(겔 여과 크로마토그래피)의 분리 원리는?
① 전하　　　② 크기 차
③ 소수성　　④ 리간드 결합

> **SEC 원리**
> - 큰 분자는 먼저, 작은 분자는 늦게 용출
> - 분자량 분리·탈염·완충 교환에 효과적
> - 단점: 해상도가 낮음

74
소수성 상호작용 크로마토그래피(HIC)에서 결합을 강화하는 조건은?
① 낮은 염 농도　　② 높은 염 농도
③ 중성 용매　　　④ 고온

> **HIC 원리**
> - 염 농도가 높을수록 소수성 결합 강화
> - 염 농도 감소 시 용출
> - 단백질 소수성 차이 활용

75
RP-HPLC의 주요 특징은?
① 저해상도·저비용
② 소수성 컬럼·극성 이동상
③ 크기 배제 원리
④ 리간드 특이 결합

> **RP-HPLC**
> - 소수성 컬럼 + 극성 이동상
> - 고해상도 분리, 의약품 분석에 필수
> - 고압 장비 운용이 필요

76
크로마토그래피에서 시료 과량 주입 시 발생하는 문제는?
① 분리 효율 저하　　② 결합력 강화
③ 용출 속도 일정　　④ 순도 향상

> **과량 주입**
> - 컬럼 용량 초과 시 밴드 확산
> - 분리 해상도·재현성 모두 저하
> - 적정 주입량 유지가 중요

정답　70 ②　71 ②　72 ②　73 ②　74 ②　75 ②　76 ①

77
크로마토그래피 운용 시 컬럼 보관 조건으로 적절한 것은?
① 증류수 방치
② 보존액(예: 20% 에탄올)
③ 고온 건조
④ 진공 상태 유지

> 컬럼 보관
> - 보존액으로 미생물 오염 방지
> - NaN₃ 등 독성 방부제도 사용 가능
> - 보관 전 세척 · 폐색 방지 필수

78
크로마토그래피 공정에서 GMP 관리가 필요한 이유는?
① 장비 가격 책정
② 표준화 · 재현성 확보
③ 연구자 편의
④ 데이터 삭제

> GMP 관리
> - 컬럼 · 레진 · 조건 이력 관리 필수
> - 재현성 · 일관성 확보가 핵심
> - 불량 발생 시 원인 추적이 가능해야 함

79
크로마토그래피에서 컬럼(column)의 주된 역할은?
① 단백질 변성
② 시료와 고정상(resin)의 접촉 공간 제공
③ 시약 혼합
④ 세포 파쇄

> 컬럼 의의
> - 시료가 레진과 접촉하며 분리 · 정제가 이루어짐
> - 충진 상태의 균일성이 효율에 직접 영향
> - 연구용 소형부터 산업용 대형까지 다양

80
공정용 대형 컬럼은 주로 어떤 용도로 사용되는가?
① 연구용 소량 분리
② 산업 규모 단백질 정제
③ 세포 파쇄
④ 분석용 소분석

> 대형 컬럼
> - 직경 수십 cm ~ 수 m까지 제작
> - 항체 · 효소 · 백신 대량 정제에 필수
> - 재현성 · 자동화 시스템 적용

81
레진(resin)의 선택 기준이 아닌 것은?
① 단백질 전하(pI)   ② 소수성 정도
③ 리간드 특이성   ④ 실험자의 취미

> 레진 선택
> - 이온 교환 · 친화성 · 겔 여과 · 소수성 특성에 따라 결정
> - 목적 산물의 물리 · 화학적 특성과 일치해야 함
> - 취미나 임의 선택은 부적절

82
겔 여과 크로마토그래피(SEC)에 쓰이는 대표 레진은?
① DEAE   ② Ni-NTA
③ Sephadex   ④ Protein A

> SEC 레진
> - Sephadex 등 다공성 겔 비드 사용
> - 분자량에 따라 분리되는 크기 배제 원리
> - 완충 교환 · 탈염에도 활용

83
항체 정제에 가장 많이 쓰이는 레진은?
① Protein A   ② CM-Cellulose
③ DEAE   ④ Sephadex

정답 77 ② 78 ② 79 ② 80 ② 81 ④ 82 ③ 83 ①

Protein A 레진
- Fc 영역과 특이적으로 결합
- 항체 정제 표준 기술
- 높은 선택성으로 고순도 확보

84
레진 충진(packing) 시 가장 중요한 것은?
① 균일한 충진 밀도 ② 공기 방울 혼입
③ 임의 투입 ④ 보관액 제거

충진 원리
- 레진 입자가 균일해야 시료 분리 효율 유지
- 유속·압력 변화로 충진 상태 확인
- 불균일 충진은 밴드 왜곡 초래

85
레진을 버퍼에 현탁하여 충진하는 방법은?
① 건식 충진 ② 습식 충진
③ 동결 충진 ④ 기화 충진

습식 충진
- 레진을 버퍼 현탁 후 컬럼에 주입
- 중력·펌프를 이용해 균일화
- 대형 컬럼 충진 시 표준 방식

86
레진을 건조 분말 상태로 넣은 뒤 버퍼로 팩킹하는 방법은?
① 습식 충진 ② CIP 충진
③ 건식 충진 ④ 멸균 충진

건식 충진
- 건조 레진 투입 후 버퍼로 팩킹
- 균일 분포·충진 밀도 관리가 핵심
- 연구용·소규모에서 활용 가능

87
컬럼 충진 상태를 확인하는 대표 지표는?
① pH ② 유속·압력 곡선
③ 시료 색상 ④ 작업자 경험

충진 상태 확인
- 유속·압력 변화로 충진 균일성 평가
- 밴드 폭·분리 효율로도 검증
- 정기적 성능 시험이 필수

88
레진 재생(regeneration) 목적은?
① 새로운 레진 구매 절감
② 레진 성능 유지·재사용
③ 컬럼 색상 변화
④ 단백질 변성

레진 재생
- 세척·보존액 처리로 재사용 가능
- 성능 저하 시 교체
- QC 점검으로 결합력 검증

89
레진 보관액으로 가장 흔히 쓰이는 것은?
① 70% 메탄올 ② NaOH 용액
③ 20% 에탄올 ④ Tris-HCl

보관액
- 20% EtOH → 미생물 오염 방지
- NaN_3도 쓰이나 독성·폭발 위험 주의
- 보관 전 세척 필수

90
레진 성능 저하의 징후가 아닌 것은?
① 결합력 감소 ② 비특이적 결합 증가
③ 압력 상승 ④ 버퍼 농도 일정

성능 저하 확인
- 결합력 약화·비특이적 결합 증가
- 압력 변화·분리 효율 저하
- 버퍼 농도 일정은 성능과 무관

정답 84 ① 85 ② 86 ③ 87 ② 88 ② 89 ③ 90 ④

91
컬럼과 레진 관리를 GMP에서 강조하는 이유는?
① 비용 절감
② 제품 품질 · 일관성 확보
③ 연구자 편의
④ 장비 디자인

GMP 관리
- 컬럼 충진 · 재생 · 보관 절차 문서화
- 로트 · 일련번호 추적 관리
- 불량은 분리 효율 저하 · 불합격 직결

92
밸리데이션(Validation)의 정의는?
① 장비 청소 절차
② 공정 · 장비가 의도된 성능을 지속 달성함을 입증
③ 연구자 경험 공유
④ 시약 혼합 방법

Validation
- IQ/OQ/PQ로 적격성 평가
- 재현성 · 일관성 확보 핵심
- 문서화 · 검증 필수

93
GMP에서 SOP(Standard Operating Procedure)의 목적은?
① 비용 절약
② 작업자 자유 확대
③ 표준화 · 재현성 확보
④ 장비 소음 감소

SOP 의의
- 작업 절차 표준화 · 재현성 보장
- 모든 작업자 동일 조건 준수
- 문서 기반 품질 관리의 근간

94
공정 밸리데이션 시 확인하지 않는 항목은?
① pH 안정성   ② 멸균 검증
③ 시료 색상 선호도 ④ 장비 성능

밸리데이션 항목
- pH · 온도 · 멸균 · 장비 성능 확인
- 색상 선호도는 과학적 기준 아님
- 품질 관리와 직결된 변수만 검증

95
장비 적격성 평가 단계 중 PQ는 무엇을 의미하는가?
① 설치 적격성   ② 운전 적격성
③ 성능 적격성   ④ 소음 적격성

PQ 단계
- 성능이 실제 요구 수준 충족 여부 확인
- 실제 시료 · 조건 기반 테스트
- 제품 품질 보장과 직결

96
GMP 품질 감사에서 원료 · 컬럼 · 레진 관리 기록이 중요한 이유는?
① 비용 검증   ② 추적성과 일관성 확보
③ 연구자 평가   ④ 장비 색상

감사 항목
- 원료 CoA, 컬럼 · 레진 사용 이력 관리
- 추적성 확보는 품질 · 안전성 보증 핵심
- 변경 · 일탈 CAPA로 관리

97
Validation 실패 시 올바른 대응은?
① 무시하고 진행
② 재시험 · 원인 분석 후 CAPA 적용
③ 연구자 임의 수정
④ 결과 삭제

정답 91 ② 92 ② 93 ③ 94 ③ 95 ③ 96 ② 97 ②

실패 대응
- 원인 규명 · 재검증 실시
- 시정 · 예방조치(CAPA) 문서화
- 재현성 회복 후 생산 진행

Fouling 대책
- 예여과 · 희석으로 막 막힘 방지
- 역세척 · 주기적 세척(CIP) 병행
- 막 수명 연장 및 성능 안정화

98
GMP 환경에서 분리 · 정제 준비 단계 관리의 최종 목표는?
① 비용 절감
② 연구자 만족
③ 제품의 안전성 · 유효성 · 균질성 보장
④ 장비 수명 연장

최종 목표
- 환자 안전 · 품질 보증이 핵심
- 균질성 · 재현성 유지로 규제 충족
- 모든 절차 · 기록이 이 목표에 귀속됨

99
한외여과(UF)에서 MWCO란 무엇을 의미하는가?
① 필터의 두께
② 막이 차단할 수 있는 분자량 기준
③ 단백질 용해도
④ 막의 소수성 정도

MWCO 정의
- Molecular Weight Cut-Off
- 특정 분자량 이상은 차단, 이하 분자는 투과
- 단백질 · 효소 농축 설계에 필수 지표

100
UF 수행 시 막 fouling(막 오염)을 줄이는 방법은?
① 고농도 단백질 직접 투입
② 예여과 · 희석 후 UF 적용
③ 압력 과도하게 증가
④ 온도 무관

101
동결건조 과정에서 "승화(sublimation)"란?
① 액체 → 기체 전환
② 고체 → 기체 직접 전환
③ 액체 → 고체 전환
④ 기체 → 액체 전환

승화 원리
- 동결 상태 고체가 진공에서 직접 기체로 변환
- 액체 상태 거치지 않아 단백질 구조 보존
- Lyophilization의 핵심 물리 원리

102
진공 증발기 사용 시 주의해야 할 점은?
① 고온 가열 필수
② 저압 유지와 온도 제어
③ 공기 혼입 필요
④ 시료 과량 투입

진공 증발 주의
- 저압 조건에서 온도 제어로 열 민감성 물질 보호
- 기포 · 스케일 발생 관리 필요
- 균일한 농축 유지가 중요

103
농축공정 중 가장 시간이 오래 걸리는 방식은?
① 한외여과   ② 나노여과
③ 진공 증발   ④ 동결건조

동결건조 단점
- 승화 원리로 구조 안정성 보존
- 장점은 크지만 시간 · 비용이 매우 큼
- 대량 산업 공정에선 병목 요소가 될 수 있음

정답 98 ③ 99 ② 100 ② 101 ② 102 ② 103 ④

104
크로마토그래피 컬럼 충진 시 공기 방울 혼입이 생기면 어떤 문제가 발생하는가?
① 분리 효율 향상
② 밴드 왜곡 및 효율 저하
③ 압력 안정
④ 시료 농축

공기 방울 영향
- 컬럼 내부 유속 불균일 → 분리 왜곡
- 충진 시 완전 탈기 · 버퍼 사용 권장
- 압력 프로파일 확인으로 점검

105
컬럼 습식 충진 시 사용하는 액체는?
① 메탄올
② 완충액(Buffer)
③ 유기용매
④ 휘발유

습식 충진 원칙
- 레진을 버퍼에 현탁 후 충진
- 중력 · 펌프 이용 균일 충진
- pH · 이온 강도 조건 일관 유지

106
레진 보존액으로 NaN_3를 사용할 때 주의야야 할 점은?
① 폭발성 · 독성이 있어 안전 취급 필요
② 무해성으로 자유 사용
③ 냉동 보관 필요
④ 공기 중 안정

NaN_3 취급
- 강독성 · 폭발 위험 존재
- 취급 · 폐기 시 PPE · 안전 지침 준수
- 대체 방부제 검토 가능

107
컬럼 보관 전 반드시 수행해야 하는 절차는?
① 세척 · 멸균 후 보존액 충전
② 공기 주입
③ 고온 건조
④ 냉동 보관

보관 절차
- 세척 후 보존액(20% EtOH 등) 충전
- 미생물 오염 방지 목적
- 조건 · 일자 기록 필수

108
컬럼 충진 불량이 발생하면 어떤 결과로 이어질 수 있는가?
① 분리 효율 저하
② 제품 불합격
③ GMP 위반
④ 모두 해당

충진 불량 영향
- 밴드 왜곡 · 효율 저하
- 순도 · 수율 하락으로 불합격 가능
- GMP 관리 미준수로 품질 리스크

109
GMP에서 IQ는 무엇을 의미하는가?
① Installation Qualification
② Internal Quality
③ Instrument Quantification
④ Initial Quality

IQ 정의
- 설치 적격성 평가
- 장비 설치 · 환경 · 매뉴얼 검증
- 밸리데이션의 첫 단계

정답 104 ② 105 ② 106 ① 107 ① 108 ④ 109 ①

110
GMP에서 OQ는 무엇을 의미하는가?
① Output Quality
② Operation Qualification
③ Order Quantity
④ Optical Quantification

OQ 정의
- 운전 적격성 평가
- 온도 · 압력 · 속도 등 조건 검증
- SOP에 맞게 작동하는지 확인

111
GMP에서 PQ는 무엇을 의미하는가?
① Performance Qualification
② Product Quantity
③ Protein Quality
④ Process Quorum

PQ 정의
- 성능 적격성 평가
- 실제 조건 · 시료에서 요구 성능 충족 확인
- 최종 품질 확보 단계

112
GMP 문서화 원칙에 포함되지 않는 것은?
① 실시간 기록
② 작업자 · 검증자 서명
③ 변경 · 이탈 기록
④ 임의 삭제 허용

문서화 원칙
- 실시간 · 정확 기록
- 변경 · 이탈은 CAPA로 관리
- 삭제 · 수정은 승인 절차 필요

113
공정 밸리데이션에서 가장 중요한 목적은?
① 작업자 숙련도 평가
② 공정 재현성과 일관성 확보
③ 장비 가격 산정
④ 연구자 편의성

Validation 목적
- 반복 수행 시 동일한 결과 도출
- 제품 품질 · 안전성 보장
- 규제 준수의 핵심 근거

114
장비 세척(CIP) · 멸균(SIP) 절차 관리가 중요한 이유는?
① 장비 수명 연장
② 오염 방지와 GMP 적합성 확보
③ 작업자 편의성
④ 전력 절감

CIP/SIP 관리
- 교차 오염 · 잔류물 방지
- 제품 안전 · 규제 충족 보장
- 세척 밸리데이션도 필수 항목

115
GMP 환경에서 LIMS(Laboratory Information Management System)를 사용하는 목적은?
① 연구자의 실험 편의성
② 데이터 · 원료 · 장비 기록 관리 및 추적성 확보
③ 장비 가격 확인
④ 단순 분석

LIMS 의의
- 원료 · 시약 · 장비 · 실험 데이터 통합 관리
- 추적성 · 문서화 · 전자 기록 시스템
- 규제 대응과 데이터 무결성 보장

정답 110 ② 111 ① 112 ④ 113 ② 114 ② 115 ②

116
CAPA(Corrective and Preventive Action)의 의미는?
① 비용 분석
② 시정 및 예방 조치
③ 장비 보관 방법
④ 용액 조제 방법

CAPA 정의
- 문제 발생 시 원인 규명 · 시정
- 재발 방지 예방 조치 포함
- GMP 품질 관리 핵심 도구

117
GMP에서 "Change Control"이 필요한 경우는?
① 공정 · 장비 · 원료 변경 시
② 단순 문서 복사
③ 연구자 교체
④ 시험지 채점

Change Control
- 모든 변경은 사전 승인 · 문서화 필요
- 품질 · 안전성에 영향 평가 후 시행
- 승인 없이 변경 시 GMP 위반

118
GMP 환경에서 분리 · 정제 준비 단계의 품질 관리 궁극적 목적은?
① 작업자 만족
② 생산 속도 향상
③ 환자 안전 · 품질 일관성 확보
④ 장비 수명 연장

최종 목표
- 안전성 · 유효성 · 균질성 보장
- 제품 불합격 · 리콜 예방
- 규제 · 국제 기준 충족

119
여과멸균 공정에서 가장 일반적으로 사용하는 필터 공극 크기는?
① 1.0 μm ② 0.45 μm
③ 0.22 μm ④ 0.05 μm

표준 공극 크기
- 022 μm → 세균 차단 표준
- 045 μm는 예비 여과에 사용
- 바이러스 제거에는 한계가 있음

120
여과멸균 후 반드시 확인해야 하는 시험은?
① 단백질 구조 분석
② 무균성 시험(Integrity test)
③ 색상 비교
④ 점도 측정

무균성 시험
- 필터 무결성 · 기포점 시험으로 확인
- 기록 · 검증은 GMP 핵심
- 합격 시에만 사용 가능

121
여과 장치 운전 시 압력이 지나치게 높아지는 주된 원인은?
① 시료 농도 감소 ② 필터 막힘(fouling)
③ pH 증가 ④ 온도 일정

압력 상승 원인
- 입자 · 단백질 침착으로 막 오염
- 예여과 · 희석 · 필터 교체로 대응
- 장치 기록에 즉시 반영

122
여과 장치 점검 항목으로 적절하지 않은 것은?
① 압력 · 유량 ② 연결부 누설 여부
③ 필터 로트 번호 ④ 작업자의 취미

정답 116 ② 117 ① 118 ③ 119 ③ 120 ② 121 ② 122 ④

점검 항목
- 압력 · 유량, 연결부, 로트 기록 확인
- 취미 등은 품질 관리와 무관
- 문서화 · 검증이 필수

123
여과멸균 후 용액 보관 시 올바른 조건은?
① 상온 개방 보관
② 멸균 용기 밀봉 · 냉장 · 차광 보관
③ 고온 보관
④ UV 직사광선 노출

보관 원칙
- 무균 용기 밀봉 · 냉장 · 차광
- 변질 · 오염 방지
- 라벨링 · 기록은 필수

124
여과멸균 장치 운전 시 가장 먼저 확인해야 하는 사항은?
① 실험자의 숙련도
② 필터 공극 크기와 재질 적합성
③ 실험실 위치
④ 온도계 브랜드

사전 확인
- 시료 성분과 필터 재질 호환성 확인
- 0.22 μm 사용 여부 · 재질 적합성 검토
- 재질 불일치 시 단백질 손실 · 변성 위험

125
여과 완료 후 필터는 어떻게 처리하는 것이 원칙인가?
① 세척 후 재사용   ② 고온 건조 후 보관
③ 1회 사용 후 폐기   ④ 냉동 보관

폐기 원칙
- 교차 오염 · 성능 저하 방지 위해 1회 사용
- 재사용 시 GMP 위반 · 품질 불량 발생
- 폐기 기록도 문서화

126
크로마토그래피 컬럼 사용 이력 관리 시 반드시 기록해야 하는 것은?
① 컬럼 일련번호 · 레진 로트 · 사용 횟수
② 작업자의 나이
③ 연구실 위치
④ 장비 색상

사용 이력 관리
- 일련번호 · 로트 · 사용 조건 · 횟수 기록
- 추적성 확보로 불량 원인 파악
- GMP 품질 감사 핵심 항목

127
컬럼 재사용 시 반드시 수행해야 하는 절차는?
① 세척 · 보관액 충전
② 즉시 재사용
③ 공기 건조
④ 소독 불필요

재사용 절차
- CIP · 세척 후 보존액(EtOH 등) 충전
- 미생물 오염 방지
- 보관 조건 · 이력 기록 필요

128
레진 성능 검증에 포함되지 않는 것은?
① 결합력 테스트
② 압력 프로파일 확인
③ 분리 효율 평가
④ 연구자의 선호도

성능 검증
- 결합력 · 압력 · 분리 효율 검증
- QC 시험으로 재사용 여부 판단
- 선호도는 무관

정답 123 ② 124 ② 125 ③ 126 ① 127 ① 128 ④

129
공정 밸리데이션 시 검증 항목이 아닌 것은?
① pH 안정성
② 무균성
③ 장비 성능
④ 연구자의 경험담

밸리데이션 항목
- 공정 변수 · 품질 지표 검증
- 무균성 · 안정성 · 성능 필수
- 경험담은 과학적 검증이 아님

130
GMP에서 Change Control의 올바른 절차는?
① 변경 즉시 시행
② 변경 승인 · 문서화 후 시행
③ 변경 기록 생략
④ 변경 사후 보고 불필요

Change Control
- 사전 승인 · 문서화
- 품질 영향 평가 후 실행
- 변경 미관리 시 GMP 위반

131
CAPA의 주요 목적은?
① 문제 은폐
② 시정 · 예방 조치로 재발 방지
③ 실험자 교체
④ 비용 절감

CAPA 관리
- 원인 분석 · 시정 조치
- 재발 방지 예방 조치
- 문서화 · 추적성 확보 필수

132
GMP 환경에서 Validation 실패 시 올바른 대응은?
① 무시하고 진행
② 원인 분석 · 재검증 · CAPA 적용
③ 결과 삭제
④ 임의 수정

Validation 실패 대응
- 문제 원인 규명
- 재시험 · 시정 조치 실시
- 예방 대책 수립 후 승인

133
농축 · 정제 공정에서 산업적으로 가장 중요한 관리 포인트는?
① 제품 수율 · 순도 · 일관성
② 작업자 개인 능력
③ 장비 브랜드
④ 연구자의 경험담

산업 관리 핵심
- 수율 · 순도 · 일관성이 품질 직결
- GMP 관리 · 문서화 필수
- 시장 경쟁력 확보 요건

134
크로마토그래피 컬럼 충진 불량으로 발생할 수 있는 문제는?
① 제품 수율 향상   ② 분리 효율 저하
③ 안정성 증가   ④ 시간 단축

충진 불량 영향
- 밴드 왜곡 · 분리 효율 저하
- 순도 · 수율 하락
- 제품 불합격으로 이어질 수 있음

정답 129 ④ 130 ② 131 ② 132 ② 133 ① 134 ②

135
여과멸균 필터 Integrity Test의 목적은?
① 색상 확인
② 필터 성능 · 무결성 검증
③ pH 측정
④ 단백질 농도 측정

Integrity Test
- 기포점 · 압력 유지 여부 검증
- 사용 필터가 무결한지 확인
- 무균성 보증의 핵심 절차

136
GMP 품질 감사에서 가장 중점적으로 확인하는 사항은?
① 기록 · 추적성 · 일관성
② 장비 디자인
③ 연구자 연령
④ 실험실 위치

감사 중점
- 모든 기록 · 추적성 확보
- 일관성 · 재현성 유지 여부
- 불일치 발견 시 시정 조치 요구

137
분리 · 정제 준비 단계에서 발생하는 가장 큰 품질 리스크는?
① 시약 색상　　② 오염 · 변성 · 불균일
③ 장비 가격　　④ 연구자 취향

품질 리스크
- 오염 · 변성 · 불균일은 품질 불합격 원인
- 무균 조작 · 조건 관리 · 문서화로 예방
- QC 검사로 사전 차단

정답 135 ②　136 ①　137 ②

06 품질시험

1 기초 이화학분석

① 분석시료의 물리 · 화학적 특성

　㉠ 물리적 특성의 이해
- 물리적 특성은 시료의 상태, 구조, 에너지 변화와 관련된 성질임.
- 품질시험에서 물리적 특성 평가는 원료 · 중간산물 · 완제품의 일관성과 안정성을 확인하는 기준이 됨.
- 대표적 물리적 특성

> ▸ 비중 · 밀도 : 질량/부피로 정의되며, 원료 배치 균일성 확인에 사용됨.
> ▸ 점도(Viscosity) : 유체의 흐름에 대한 저항 정도로, 배지와 발효액의 공정 관리에 중요함.
> ▸ 굴절률(Refractive index) : 광학적 성질로, 용액의 순도 · 농도 확인에 활용됨.
> ▸ 용해도(Solubility) : 특정 용매에서 용질이 용해되는 능력으로, 시약 조제 · 버퍼 제조에 중요함.
> ▸ 흡광도/투광도 : 분광광도계로 측정되며, 단백질 · 핵산 · 대사산물 정량에 활용됨.
> ▸ 열적 특성 : 발열량, 융점, 끓는점 등으로, 물질의 안정성 시험 지표가 됨.

　㉡ 화학적 특성의 이해
- 화학적 특성은 분자가 반응하거나 결합하는 성질로, 안정성 · 순도 · 유효성 평가의 핵심임.
- 대표적 화학적 특성

> ▸ 산도(pH) : 용액의 수소 이온 농도로 정의되며, 효소 활성과 단백질 안정성에 직접적으로 영향함.
> ▸ 산화 · 환원성 : 물질이 전자를 잃거나 얻는 성질로, 산화환원 적정을 통해 측정 가능함.
> ▸ 화학적 안정성 : 빛, 열, 산소, 습도에 따른 분해 여부로, 저장 · 취급 조건 관리와 직결됨.
> ▸ 반응성 : 특정 시약(산, 염기, 침전제)과의 반응 성질로, 정성분석에 활용됨.
> ▸ 화학 결합 특성 : 공유 결합, 이온 결합, 수소 결합 여부 등으로, 분리 · 정제 공정 설계 시 참고됨.

　㉢ 분석 방법과 기초 원리
- 중량법 · 부피법 : 원소량 · 이온량을 측정하는 정량분석 기초.
- 산-염기 적정 : pH 변화 지점을 이용한 정량 방법.
- 산화-환원 적정 : 산화 · 환원 전위 변화를 이용한 분석.
- 침전 적정 · 킬레이트 적정 : 특정 이온과 반응하여 성분을 정량하는 방법.

- 분광학적 방법 : UV-Vis, IR, NMR, 원자흡광(AAS) 등으로 분자의 구조·함량 분석.
- 분리분석법 : 크로마토그래피(HPLC, GC)로 복합 시료의 성분을 분리·확인.

ⓔ 분석시료 특성 평가 시 주의사항
- 시료 전처리(여과·희석·건조) 과정에서 성분 손실을 최소화해야 함.
- 온도·습도·광선에 민감한 시료는 적절한 조건에서 보관 후 분석해야 함.
- 측정 기기의 교정(Calibration) 상태를 반드시 확인해야 함.
- 분석 데이터는 SOP에 따라 기록·보관되어야 하며, 배치별 추적이 가능해야 함.

ⓜ GMP 및 산업적 의의
- GMP 기준에서는 원료·중간체·완제품의 물리·화학적 특성이 규격에 적합해야 출하가 가능함.
- 품질시험은 생산 공정 관리와 최종 제품 품질 보증(QA)의 근간이 됨.

② 분석화학 기초

㉠ 분석화학의 의의
- 분석화학은 물질의 조성, 구조, 양, 특성을 규명하는 학문임.
- 품질시험에서 분석화학은 원료·중간산물·완제품의 규격 적합성을 평가하는 핵심 분야임.
- 분석화학은 정성분석(qualitative analysis)과 정량분석(quantitative analysis)으로 구분됨.

㉡ 정성분석의 기초
- 목적 : 시료에 어떤 성분이나 이온이 존재하는지 확인함.
- 방법 : 반응성, 침전 생성, 색 변화, 분광학적 신호 등을 이용함.
- 예시
  → 염화이온(Cl^-) → $AgNO_3$ 용액 첨가 시 흰색 침전(AgCl) 생성.
  → 단백질 → Biuret 반응 시 보라색 착색.
- 의의 : 불순물 확인, 오염 검출, 시료의 정체성(identity) 검증에 활용됨.

㉢ 정량분석의 기초
- 목적 : 특정 성분의 양을 수치로 측정함.
- 방법
  ▸ 중량법 : 침전을 생성시킨 뒤 그 무게를 측정함.
  ▸ 부피법(적정) : 반응 종말점을 이용하여 농도를 계산함.
  ▸ 분광분석 : 흡광도·형광·원자흡광을 측정하여 정량함.
  ▸ 전기분석법 : 전위차·전류량을 이용한 정량 방법.

- 예시

  ‣ 산-염기 적정 → NaOH 용액으로 HCl 농도 측정.
  ‣ UV-Vis 흡광도 측정 → 단백질 농도 계산(BCA, Lowry, Bradford 방법).

@ 적정 분석의 기초
- **산-염기 적정** : 지시약 색 변화(pH 종말점)를 이용하여 농도를 구함.
- **산화-환원 적정** : 전자 이동 반응에 따른 전위 변화를 이용함.
- **침전 적정** : 불용성 염이 침전되는 종말점을 관찰하여 정량함.
- **킬레이트 적정** : 금속 이온과 킬레이트제(EDTA)의 결합을 이용함.

㉭ 기기분석의 기초
- **분광광도법**(UV-Vis, IR, NMR) : 물질의 흡광, 진동, 스핀 특성을 분석함.
- **원자흡광광도법**(AAS) : 특정 원소의 농도를 측정함.
- **크로마토그래피**(HPLC, GC) : 혼합물 성분을 분리 · 정량함.
- **전기영동**(Electrophoresis) : 단백질 · 핵산을 전하와 분자량에 따라 분리함.

㉱ 분석화학 기초의 의의
- 분석화학은 품질시험에서 정체성, 순도, 함량, 안정성 평가를 가능하게 함.
- GMP 기준에서는 분석 방법의 밸리데이션(validation)이 요구되며, 이는 시험의 신뢰성과 재현성을 확보하기 위한 필수 절차임.

③ 사용물질 관리

㉠ 사용물질 관리의 의의
- 품질시험에 사용하는 물질(시약, 표준물질, 용매, 완충액 등)은 분석의 정확성과 신뢰성을 좌우함.
- 사용물질의 보관, 취급, 라벨링, 사용 이력 관리는 재현성 확보 · 오염 방지 · GMP 적합성에 필수임.

㉡ 시약 및 용매 관리
- 구입 및 검수

  ‣ 신뢰할 수 있는 공급업체에서 구입해야 함.
  ‣ 입고 시 CoA(Certificate of Analysis, 성적서)와 라벨 정보를 반드시 확인함.

- 보관 조건

  ‣ 휘발성 용매(에탄올, 메탄올) → 밀봉 후 냉암소 보관.
  ‣ 빛 · 열에 민감한 시약(비타민, 항생제) → 냉장 · 차광 보관.
  ‣ 강산 · 강염기 → 내식성 용기에 별도 보관, 다른 시약과 분리 필요.

- 취급
  - ▸ 작업자는 PPE(보호안경, 장갑, 실험복)를 착용해야 함.
  - ▸ 위험물은 물질안전보건자료(MSDS)를 확인 후 취급해야 함.

ⓒ 표준물질 관리
- 역할 : 분석 정확도를 검증하고, 측정값을 보정하는 기준이 됨.
- 종류
  - ▸ 1차 표준물질(순도 99% 이상, 국제·국가 표준에 따른 인증).
  - ▸ 2차 표준물질(실험실 내 기준에 따라 조제·검증).
- 관리 방법
  - ▸ 로트 번호, 유효기간, 보관 조건을 기록.
  - ▸ 사용량과 사용일지를 문서화하여 추적성을 확보.
  - ▸ 변질·오염이 발생하면 즉시 폐기.

ⓓ 완충용액 및 시험용 배지 관리
- 조제 시 정밀 저울·정밀 피펫을 사용하여 정확한 농도로 제조해야 함.
- pH, 이온 강도 등 특성이 일정하게 유지되어야 함.
- 사용 전 멸균·여과 처리 후 라벨링(제조일자, 유효기간)을 실시해야 함.
- 장기간 보관 시 변질을 방지하기 위해 냉장 또는 동결 보관이 필요함.

ⓔ 폐기물 및 환경 관리
- 산·염기성 폐액은 중화 처리 후 폐기해야 함.
- 유기용매 폐액은 종류별로 분리 수거해야 함.
- 중금속·독성 물질은 지정폐기물 절차에 따라 처리해야 함.
- 시험실 배출물은 환경 규제 기준(COD, BOD, SS 등)에 적합해야 함.

ⓕ GMP 및 산업적 의의
- GMP 환경에서는 시약·표준물질 관리 기록이 필수임.
- 사용물질 관리가 부적절할 경우 시험 데이터가 무효 처리되고, 품질 부적합 판정을 받을 수 있음.

④ 분석장비 작동방법(분광광도계, pH meter, 저울 등)

ⓐ 분석장비 작동의 의의
- 분석장비는 실험 데이터의 정확성과 재현성을 보장하는 핵심 도구임.
- 장비별 올바른 사용법 숙지와 정기적인 교정(calibration)은 GMP 적합성과 품질시험의 신뢰성을 확보하는 기본 요건임.

ⓒ 분광광도계(UV-Vis Spectrophotometer)
- 원리 : 시료에 특정 파장의 빛을 투과·흡수시켜 흡광도(Absorbance)를 측정함.
- 사용 목적 : 단백질, 핵산, 색소 등의 농도를 분석함.
- 작동 절차

  ▸ 장비를 예열하고 측정 파장을 선택함.
  ▸ 블랭크(blank) 용액으로 영점(Zero)을 조정함.
  ▸ 시료를 큐벳(cuvette)에 담아 삽입 후 흡광도를 측정함.
  ▸ 흡광도(A) 값으로 농도를 계산(Beer-Lambert 법칙: $A=\varepsilon cl$).

- 주의사항

  ▸ 큐벳 표면은 지문·먼지가 없어야 하며, 빛의 경로가 막히지 않도록 관리해야 함.
  ▸ 분석물질의 최대 흡수파장(λmax)을 선택해야 함.
  ▸ 사용 후 장비는 소독·청소 후 보관해야 함.

ⓒ pH meter
- 원리 : 유리 전극과 기준 전극의 전위차를 측정하여 용액의 H^+ 농도를 계산함.
- 사용 목적 : 배지, 완충액, 시약의 산도(pH)를 확인함.
- 작동 절차

  ▸ 표준 완충용액(pH 4.00, 7.00, 10.00)으로 2점 또는 3점 교정을 수행함.
  ▸ 시료 용액을 균질화한 뒤 전극을 삽입함.
  ▸ 안정화된 값을 기록하고 분석 결과에 반영함.
  ▸ 측정 후 전극은 증류수로 세척하고 보관액에 담가 보관함.

- 주의사항

  ▸ 전극이 건조되면 감도가 저하되므로 항상 습윤 상태를 유지해야 함.
  ▸ 고농도 염 용액 측정 후에는 반드시 세척해야 함.

ⓒ 전자저울(Electronic balance)
- 원리 : 전자식 로드셀(load cell)의 변형을 전기신호로 변환하여 질량을 측정함.
- 사용 목적 : 시약, 원료, 표준물질 등을 정밀 계량함.
- 작동 절차

  ▸ 저울의 수평을 맞추고 영점(Zero)을 조정함.
  ▸ 시료 용기를 올려 무게를 확인한 후 영점(Tare) 기능을 설정함.
  ▸ 시료를 첨가하여 원하는 질량까지 계량함.

- 주의사항

  ▸ 풍동, 진동, 습기 등 환경 요인이 측정 정확도에 영향을 줌.
  ▸ 사용 전후 반드시 내부 · 외부 교정을 수행해야 함.
  ▸ 분진 · 액체의 유입을 방지해야 함.

ⓜ GMP 및 산업적 의의
- GMP 환경에서는 장비 사용 기록지에 장비명, 시료명, 교정 상태, 사용 일자, 작업자를 기록해야 함.
- 장비별 적격성 평가(IQ/OQ/PQ) 및 정기 교정은 품질시험 신뢰성을 보장하는 핵심 절차임.

⑤ 이상 발생 등 표준작업 절차

㉠ 표준작업절차(SOP)의 의의
- SOP(Standard Operating Procedure)는 작업 표준화, 재현성 확보, 오류 최소화를 위한 필수 문서임.
- 분석 과정 중 이상 발생 시 SOP에 따른 대응 절차를 준수해야 결과의 신뢰성과 GMP 적합성이 보장됨.

㉡ 이상 발생의 주요 사례
- 장비 이상 : 전원 불안정, 교정 오차, 측정값 불안정 등.
- 시료 이상 : 혼입, 변질, 오염, 농도 불일치 등.
- 작업자 오류 : 시약 첨가 실수, 기록 누락, 측정 순서 오류 등.
- 환경 이상 : 온도 · 습도 변화, 먼지 · 진동 · 전기 간섭 등.

㉢ 이상 발생 시 표준 대응 절차
- 즉각 조치

  ▸ 이상 발견 즉시 작업을 중단해야 함.
  ▸ 시험 데이터와 장비 상태를 기록해야 함.

- 원인 분석

  ▸ 장비 교정 상태, 환경 조건, 시료 상태를 점검함.
  ▸ 동일 조건에서 재시험 수행 가능 여부를 판단함.

- 보고 체계

  ▸ 작업자는 이상 사항을 상급자 · 품질관리부(QC)에 즉시 보고해야 함.
  ▸ 필요 시 CAPA(Corrective and Preventive Action)로 문서화함.

- 재시험 · 보정

  > ▸ 허용 범위 내 조정이 가능한 경우 → 재시험을 수행함.
  > ▸ 허용 불가능한 경우 → 해당 데이터는 무효 처리함.

  ㉣ SOP 문서화 원칙
  - SOP는 절차, 책임자, 이상 발생 대응, 보고 체계를 명확히 규정해야 함.
  - 모든 기록은 날짜, 작업자, 검증자 서명을 포함해야 함.
  - 변경 발생 시, 변경 이력(change control)을 관리해야 함.

  ㉤ GMP 및 산업적 의의
  - GMP 환경에서는 이상 발생 대응 절차가 데이터 무결성(data integrity) 확보의 일환으로 관리됨.
  - SOP 미준수는 품질관리 부적합 판정 및 제품 불합격으로 이어질 수 있음.

⑥ 이화학 · 기기분석시험 관련 물질안전보건자료

  ㉠ MSDS(Material Safety Data Sheet, 물질안전보건자료)의 의의
  - MSDS는 화학물질의 위험성 · 유해성 · 취급 방법 · 응급조치 등을 제공하는 공식 문서임.
  - 품질시험 과정에서 사용하는 시약 · 용매 · 표준물질은 MSDS를 근거로 안전하게 관리해야 함.
  - 법적으로 모든 화학물질은 MSDS를 비치하고, 작업자가 이를 숙지해야 함.

  ㉡ MSDS 주요 항목
  - 화학물질과 회사 정보 : 제품명, 제조사, 공급자 연락처.
  - 위험성 · 유해성 : 물리적 위험(가연성, 폭발성), 건강 위해(독성, 부식성).
  - 구성 성분 정보 : 화학명, 분자식, CAS 번호, 함량.
  - 응급조치 요령 : 흡입 · 피부 접촉 · 눈 접촉 · 섭취 시 대처법.
  - 폭발 · 화재 시 조치 : 소화 방법, 보호 장비.
  - 누출 사고 시 조치 : 누출 억제, 개인 보호구 착용.
  - 취급 및 저장 방법 : 온도 · 습도 조건, 밀폐 · 차광 여부.
  - 노출 방지 및 보호구 : PPE(보호안경, 장갑, 실험복, 호흡 보호구).
  - 물리 · 화학적 특성 : 비중, 끓는점, 인화점, 용해도 등.
  - 안정성 및 반응성 : 분해 조건, 반응 금지 물질.
  - 독성 정보 : LD_{50}, 만성 독성, 발암성 여부.
  - 환경 영향 : 수질 · 대기 오염 가능성, 분해성.
  - 폐기 시 주의사항 : 지정폐기물 처리 절차.

ⓒ 품질시험에서의 적용
- **이화학 분석** : 산·염기, 산화·환원제 취급 시 MSDS 준수.
- **기기분석** : 유기용매(HPLC용 메탄올, 아세토니트릴 등) 사용 시 인화점·휘발성 관리 필요.
- **환경분석** : 중금속 표준용액, COD·BOD 분석 시 독성 시약 관리 필요.
- **정량·정성분석** : $AgNO_3$, $KMnO_4$, EDTA 등 강산화제·착화제의 독성·환경영향 항목 확인.

ⓔ MSDS 관리 절차
- 모든 시약·용매는 입고 시 MSDS 확보 후 비치 및 전산 관리해야 함.
- 작업자는 사용 전 MSDS를 숙지하고, 관련 안전 교육을 이수해야 함.
- 작업 중 사고 발생 시 MSDS 항목에 따라 응급조치를 수행해야 함.
- 폐기 단계까지 MSDS 지침을 준수해야 함.

ⓜ GMP 및 산업적 의의
- GMP 환경에서는 MSDS를 품질문서(QA 문서)로 분류하여 관리함.
- 작업자 안전 확보와 환경 규제 준수의 핵심 자료임.

2 기초 생화학시험

① 단백질 특성

㉠ 단백질의 일반적 특성
- 단백질은 아미노산이 펩타이드 결합으로 연결된 고분자 화합물임.
- 생체 내에서 효소, 구조 단백질, 운반체, 수용체, 호르몬 등 다양한 기능을 수행함.
- 단백질의 구조적·화학적 특성은 품질시험에서 순도·안정성·활성 평가의 기준이 됨.

㉡ 구조적 특성
- **1차 구조** : 아미노산 서열로 이루어지며, 유전정보에 의해 결정됨.
- **2차 구조** : α-나선, β-병풍 구조가 수소결합으로 안정화됨.
- **3차 구조** : 단일 폴리펩타이드 사슬의 3차원 접힘 구조로, 소수성 결합·이온 결합·이황화 결합 등에 의해 유지됨.
- **4차 구조** : 두 개 이상의 폴리펩타이드 사슬이 결합한 단백질 복합체 구조임(예: 헤모글로빈).

㉢ 물리·화학적 특성
- **분자량** : 수천~수백만 Da 범위로, SDS-PAGE로 확인 가능함.

- 등전점(pI) : 단백질의 순전하가 0이 되는 pH 값으로, 이온 교환 크로마토그래피 분리에 활용됨.
- 용해도 : pH, 염 농도, 온도에 따라 달라짐.
- 흡광 특성 : 방향족 아미노산(Trp, Tyr, Phe)에 의해 280 nm 파장에서 흡광을 나타냄.
- 안정성 : 열, 산·염기, 산화·환원 조건에 민감하게 변성됨.

ⓔ 기능적 특성
- 효소 활성 : 특정 기질에 대한 촉매 작용 수행.
- 결합 특이성 : 항체-항원, 수용체-리간드처럼 선택적으로 결합.
- 구조 유지 : 세포 골격 형성, 근육 수축 단백질(액틴·미오신) 구성.
- 운반 기능 : 헤모글로빈에 의한 산소 운반, 알부민에 의한 지방산 운반.

ⓜ 단백질 특성 평가 방법
- 전기영동(SDS-PAGE, IEF) : 분자량 및 등전점 확인.
- 분광광도계(UV-Vis) : 280 nm에서 단백질 농도 측정.
- 정량법 : Lowry, Bradford, BCA 방법으로 단백질 정량.
- 크로마토그래피 : 이온 교환, 겔 여과, 친화 크로마토그래피를 통한 분리·정제.
- 질량분석(MS) : 아미노산 서열 확인 및 분자량 정확 측정.

ⓗ GMP 및 산업적 의의
- 의약 단백질(항체, 효소제제) 품질시험에서 분자량·순도·안정성 확인은 필수임.
- 단백질 특성 분석은 생산 로트 간 일관성을 보장하고, 변성 단백질·집합체 등의 불순물 검출에 기여함.

② 분석장비 작동방법(전기영동 장치 등)

㉠ 전기영동(Electrophoresis)의 의의
- 전기영동은 전기장을 이용하여 단백질·핵산 등 분자를 전하, 분자량, 구조 차이에 따라 분리하는 방법임.
- 생화학 시험에서 단백질 순도 확인, 핵산 분석, 분자량 추정 등에 필수적으로 사용됨.

㉡ 전기영동 장치의 기본 구조
- 전원 공급 장치(Power supply) : 일정 전압·전류를 안정적으로 제공함.
- 겔 시스템(Gel system) : 아가로스 겔(핵산 분석용), 폴리아크릴아미드 겔(SDS-PAGE, 단백질 분석용).
- 완충용액(Buffer system) : 전류 전달 및 pH 유지 역할.
- 샘플 로딩 장치 및 웰(well) : 시료를 주입하는 공간.
- 검출 장치 : 염색(Coomassie, Silver stain) 또는 UV 검출(EtBr, SYBR Green).

ⓒ 전기영동 장치의 작동 절차
- 겔 준비
  - ▸ 핵산 분석 : 아가로스 분말 + 완충용액(1× TAE/TBE)을 가열 · 용해 후 틀에 부어 겔 제작.
  - ▸ 단백질 분석 : 아크릴아마이드 용액을 중합하여 겔 제작(SDS, APS, TEMED 첨가).
- 시료 준비
  - ▸ 핵산 : 로딩 버퍼와 혼합하여 주입.
  - ▸ 단백질 : SDS 및 환원제로 처리 후 가열하여 변성시킴.
- 전기영동 실행
  - ▸ 완충용액으로 전기영동 챔버를 채움.
  - ▸ 시료를 웰에 주입 후 전류를 인가함.
  - ▸ 분자는 전하와 크기에 따라 이동하며, 작은 분자가 더 빠르게 이동함.
- 검출 및 분석
  - ▸ 핵산 : EtBr, SYBR Green으로 염색 후 UV 조사로 밴드 확인.
  - ▸ 단백질 : Coomassie blue 또는 Silver stain으로 단백질 밴드를 검출.

ⓔ 전기영동 시 주의사항
- 전압이 과도하면 겔이 과열 · 변형될 수 있음.
- 샘플을 과량 주입하면 밴드가 확산되어 해석이 어려움.
- 완충용액 고갈 시 전류가 불안정해지므로 항상 신선한 완충액을 사용해야 함.
- EtBr은 발암성 물질이므로 반드시 보호장비(PPE)를 착용해야 함.

ⓜ 기타 분석장비 작동방법
- **블롯팅 장치** : 서던(핵산), 노던(RNA), 웨스턴(단백질) 블롯 → 전기영동 후 전이 및 특이적 검출에 사용.
- **등전점 전기영동(IEF)** : 단백질의 등전점(pI)을 확인함.
- **2차원 전기영동(2-DE)** : 단백질을 등전점과 분자량 기준으로 고해상도로 분리함.

ⓗ GMP 및 산업적 의의
- 전기영동은 단백질 의약품(항체, 효소 등)의 순도 · 분해 산물 · 집합체 여부 확인에 필수적임.
- 사용 장비는 SOP에 따라 교정 · 점검해야 하며, 전기 안전 · UV 안전수칙을 반드시 준수해야 함.

③ 생화학 시험 기초(분자량, 등전점 등)
  ㉠ 생화학 시험 기초의 의의
    • 단백질·핵산 등 생체분자의 기본 성질은 품질시험에서 순도, 정체성, 안정성을 평가하는 기준이 됨.
    • 특히 분자량, 등전점, 전하, 구조는 정제법 선택과 분석 기법 적용의 핵심 지표임.
  ㉡ 분자량(Molecular weight)
    • 단백질 : 일반적으로 수천~수백만 Da 범위.
    • 핵산 : 수만~수백만 Da 범위.
    • 측정 방법
      ▸ SDS-PAGE : 이동 거리와 표준 단백질 비교.
      ▸ 겔 여과 크로마토그래피 : 분리 패턴으로 추정.
      ▸ 질량분석(MS) : 정확한 분자량 산출.
    • 의의 : 단백질 정체성(identity) 확인, 분리·정제 조건 설계 기준으로 활용됨.
  ㉢ 등전점(Isoelectric point, pI)
    • 단백질의 순전하가 0이 되는 pH 값.
    • pH < pI → 양전하(+), pH > pI → 음전하(-).
    • 측정 방법
      ▸ 등전점 전기영동(IEF) : pH 구배에서 이동 정지점 확인.
      ▸ 타이틀 곡선 분석 : 아미노산 조성 기반 계산.
    • 의의 : 단백질의 용해도, 이온 교환 크로마토그래피 조건 설정에 활용됨.
  ㉣ 용해도(Solubility)
    • 단백질 용해도는 pH, 이온 강도, 온도, 소수성 상호작용에 의해 달라짐.
    • "salting in/salting out" 현상 : 저농도 염에서 용해도 증가, 고농도 염에서 침전 발생.
    • 의의 : 단백질 안정화 조건 및 침전법·HIC(소수성 상호작용 크로마토그래피) 선택 기준.
  ㉤ 전하(Charge property)
    • 단백질 전하는 아미노산 산성기·염기성 잔기에 의해 결정됨.
    • pH 변화에 따라 전하 상태가 달라지며, 용해도와 구조 안정성에 직접적 영향.
    • 분석법 : 전기영동, IEF, 전하 기반 분리 기법.
  ㉥ 구조 안정성(Structural stability)
    • 단백질은 열, pH, 산화·환원 조건에서 쉽게 변성될 수 있음.

- 변성 방지를 위해 완충액, 글리세롤·설탕 등 안정화제를 첨가함.
- 평가 방법 : DSC(차등주사열량법), CD(원형이색성분광법).

Ⓐ 핵산(Nucleic acids) 관련 기초 특성
- 분자량 : 염기 서열 길이에 따라 결정됨.
- 전하 : 인산기에 의해 음전하를 띠며, 전기영동으로 확인 가능.
- 안정성 : pH, 온도, DNase·RNase 오염에 민감함.
- 품질시험 : 농도(UV 260 nm), 순도(260/280 비율), 무결성(아가로스 겔 전기영동)으로 평가.

Ⓞ GMP 및 산업적 의의
- GMP 환경에서는 분자량, 등전점, 용해도, 전하, 안정성 데이터가 QC/QM 문서에 반영됨.
- 단백질 의약품·핵산 치료제 등은 이러한 기초 특성이 규격 시험에 포함됨.

④ 표준품·분석 시료

㉠ 표준품(Standard material)의 의의
- 표준품은 분석 결과의 정확성·재현성·신뢰성을 보장하는 기준 물질임.
- 시료의 정체성 확인, 함량 측정, 순도 평가 시 필수적으로 사용됨.
- 국제 표준품(WHO, NIST 등) 또는 GMP 적합 공인 표준품 사용이 요구됨.

㉡ 표준품의 종류와 관리
- 1차 표준품(Primary standard)

  ▸ 순도 99% 이상, 화학량론적으로 확정된 조성.
  ▸ 예 : NaCl(순도 보증), KHP(프탈산수소칼륨, 산-염기 적정용).

- 2차 표준품(Secondary standard)

  ▸ 1차 표준품에 대해 보정된 물질.
  ▸ 예 : 표준화된 NaOH 용액.

- 관리 원칙

  ▸ <u>로트 번호, 제조일자, 유효기간 기록.</u>
  ▸ 냉암소·밀봉·차광 조건에서 보관.
  ▸ 사용 이력 문서화 및 주기적 검증 필요.

㉢ 분석 시료(Sample)의 의의
- 분석 시료는 원료, 중간 산물, 최종 제품 등 시험 대상 물질임.
- 시료 특성(단백질, 핵산, 대사산물 등)에 따라 전처리·보관 방법이 달라짐.

- 정확한 시료 준비는 분석 결과 신뢰성 확보의 핵심임.

ⓔ 분석 시료 준비 및 관리
- 시료 채취 : 무작위 · 대표성 확보 원칙 준수, 채취 과정은 SOP에 따라 기록.
- 전처리 : 원심분리, 여과, 희석, 추출 등 시료 특성에 맞는 방법 적용.

> ▸ 단백질 : 완충액 처리, 안정화제 첨가.
> ▸ 핵산 : RNase-free/DNase-free 조건에서 취급.

- 보관 조건

> ▸ 단기 → 냉장(2~8℃).
> ▸ 장기 → 동결(-20~-80℃).
> ▸ 민감 시료는 차광, 질소 치환 등 특수 조건 필요.

ⓜ 표준품과 분석 시료의 비교
- 표준품 : 기준 제공 → 검증 · 교정용.
- 분석 시료 : 시험 대상 → 품질 적합성 평가용.
- 두 자료를 비교하여 정량화 및 합격 여부 판정.

ⓗ GMP 및 산업적 의의
- GMP 환경에서는 표준품 · 분석 시료 관리 SOP를 반드시 보유해야 함.
- 표준품 관리 부적절 시 시험 데이터 무효, 시료 관리 불량 시 품질 불합격으로 직결됨.

⑤ 이상 발생 등 표준작업 절차

㉠ SOP의 의의
- SOP(Standard Operating Procedure)는 생화학 시험 과정에서 발생 가능한 이상 상황에 대한 대응 지침을 포함해야 함.
- 이상 대응 절차 준수는 데이터 무결성, GMP 적합성, 안전성 확보의 핵심임.

㉡ 이상 발생의 주요 유형
- 시료 관련 이상

> ▸ 단백질 : 변성, 침전, 농도 불일치.
> ▸ 핵산 : 분해(RNase/DNase 오염), 농도 손실.

- 장비 이상

> ▸ 전기영동 : 전류 불안정, 밴드 번짐.
> ▸ 분광광도계 : 영점 불안정, 파장 오류.
> ▸ pH meter : 전극 감도 저하, 보정 실패.

- 시험 환경 이상 : 온도, 습도, 무균 조건 불일치.

- 작업자 오류 : 시약 첨가량 잘못 기록, 분석 순서 누락, 데이터 입력 오류.

ⓒ SOP에 따른 이상 대응 절차
- 즉각 조치 : 이상 징후 발견 시 즉시 실험을 중단하고 발생 시간·작업 조건·담당자를 기록해야 함.
- 원인 확인 : 시료 보관 조건, 장비 교정 상태, 시약·완충액 제조 이력을 확인해야 함.
- 보고 체계 : 작업자는 이상 발생 사실을 상급자 및 QC 부서에 보고하고, CAPA(Corrective and Preventive Action)를 문서화해야 함.
- 재시험 여부 판단 : 허용 범위 내 조정 가능 시 재시험, 불가능할 경우 데이터는 무효 처리 후 원인을 제거해야 함.

ⓔ 기록 관리 원칙
- 이상 발생 내용과 조치 결과는 시험 기록지에 반드시 남겨야 함.
- SOP 문서에 발생 유형·조치·책임자·검증자를 기재해야 함.
- 재발 방지를 위해 변경 관리(change control)를 문서화해야 함.

ⓜ GMP 및 산업적 의의
- GMP 기준에서는 이상 발생 대응 기록이 감사·심사 시 주요 점검 항목이 됨.
- SOP 미준수는 시험 무효·제품 불합격으로 이어질 수 있음.

⑥ 생화학시험 관련 물질안전보건자료

㉠ MSDS(Material Safety Data Sheet)의 의의
- MSDS는 화학물질의 위험성·유해성·취급법·응급조치 요령을 제공하는 공식 문서임.
- 단백질 정량, 전기영동, 효소 반응 등 생화학 시험에서 사용하는 시약·염료·완충액은 반드시 MSDS 기준에 따라 관리해야 함.

㉡ 생화학 시험에서 자주 사용하는 위험 물질
- 단백질 정량 시약
  ▸ Bradford 시약(Coomassie brilliant blue) : 피부·눈 자극 가능, 유기용매 포함.
  ▸ Lowry 시약(Folin-Ciocalteu) : 강산·산화제 포함, 부식성.
- 전기영동 관련 시약
  ▸ 아크릴아마이드(Acrylamide) : 신경독성·발암 가능 물질, 분말 흡입 주의.
  ▸ TEMED, APS : 산화·환원제, 피부·호흡기 자극.
  ▸ EtBr(에티듐 브로마이드) : 강한 돌연변이 유발 물질, UV 검출용.

- 핵산 분석 시약

  ▸ 페놀 · 클로로포름 : 강한 부식성 · 독성, 반드시 흄후드에서 취급.
  ▸ 아이소프로판올 · 에탄올 : 휘발성, 인화성.

- 효소 · 완충액

  ▸ Tris, SDS, β-머캅토에탄올 : 자극성 · 독성, 강한 냄새.

ⓒ MSDS 주요 항목과 적용
- 위험 · 유해성 : 발암성, 돌연변이 유발성, 자극성 여부.
- 응급조치 요령

  ▸ 피부 접촉 : 흐르는 물로 15분 이상 세척.
  ▸ 흡입 : 신선한 공기 확보, 필요 시 산소 공급.
  ▸ 섭취 : 즉시 의료기관 이송.

- 보관 · 취급 방법

  ▸ 아크릴아마이드 : 저온 · 차광 보관.
  ▸ EtBr : 전용 폐기통에 관리, 비오염 장갑 착용.

- 폐기 절차

  ▸ EtBr : 활성탄 · 산화제 처리 후 지정폐기물로 배출.
  ▸ 유기용매 : 종류별로 분리 폐기.

ⓔ 안전관리 실무
- 시약 사용 전 MSDS 확인 및 교육 이수를 해야 함.
- 개인 보호구(PPE : 장갑, 실험복, 보호안경, 흄후드)를 착용해야 함.
- 모든 용기에는 물질명 · 위험표시 · 사용기한 라벨을 부착해야 함.
- 응급 상황 대비 비상 샤워기 · 세안기, 흡착제를 비치해야 함.

ⓜ GMP 및 산업적 의의
- GMP 환경에서는 생화학 시험용 시약의 MSDS를 품질문서로 분류하고, 사용 이력 관리해야 함.
- 시험실 안전 관리와 더불어 환경 규제(COD, 중금속 배출 기준 등)도 준수해야 함.

3 기초 미생물실험

① 미생물 관리 규정

　㉠ 미생물 관리 규정의 의의
　　• 미생물 관리 규정은 실험실에서 취급되는 세균·곰팡이·바이러스 등 미생물이 안전하게 보관·사용·폐기되도록 정한 기준임.
　　• 목적은 작업자 안전 확보, 환경 오염 방지, 실험 데이터 신뢰성 확보에 있음.
　　• GMP 및 생물안전 규정(Biosafety regulation)에 따라 관리 체계가 수립되어야 함.

　㉡ 미생물 등급 분류(Biosafety level, BSL)
　　• BSL-1 : 무해성, 위험 낮음(예 : 일반 대장균 K-12).
　　• BSL-2 : 인체에 중등도 위험, 실험실 안전장치 필요(예 : 병원성 대장균 일부, 효모).
　　• BSL-3 : 공기 전파 가능, 중증 감염 유발(예 : 결핵균).
　　• BSL-4 : 치명적이며 치료법 없음(예 : 에볼라바이러스).
　　• 바이오공정기능사 수준에서는 주로 BSL-1~2 미생물이 다루어짐.

　㉢ 미생물 보관·사용 규정
　　• 보관 : 균주는 전용 보관고(-70℃ 초저온, 액체질소 탱크 등)에 보관해야 함.
　　• 이력 관리 : 로트 번호, 계대 배양 기록, 사용 이력을 문서화해야 함.
　　• 사용 : 무균 작업대(BSC) 내에서 취급하고, 교차오염 방지를 위해 전용 도구를 사용해야 함.
　　• 실험 후 : 사용 기구는 반드시 멸균 처리(오토클레이브).
　　• 반출 : 균주 반출 시 기관 윤리위원회(IRB) 또는 생물안전위원회 승인을 거쳐야 함.

　㉣ 안전 관리
　　• 작업자는 반드시 보호구(PPE : 실험복, 장갑, 보호안경)를 착용해야 함.
　　• 감염 위험이 있는 작업은 반드시 BSC 내에서 수행해야 함.
　　• 사고 발생 시 즉시 보고하고, 노출자는 응급조치를 받으며, 오염 구역은 소독해야 함.
　　• MSDS 및 미생물 안전지침을 비치하고 정기 교육을 실시해야 함.

　㉤ 폐기물 관리
　　• 오염된 배지·기구·폐액은 반드시 오토클레이브 멸균 후 폐기해야 함.
　　• EtBr, 아크릴아마이드 등 위험 화학물질과 혼합 폐기해서는 안 됨.
　　• 폐기 절차는 SOP와 환경안전 기준을 따라야 함.

　㉥ GMP 및 산업적 의의
　　• GMP 현장에서는 원료 미생물, 생산 균주, 오염균을 철저히 구분·관리해야 함.

- 미생물 관리 부적절 시 오염 · 제품 불량 · 안전사고로 직결됨.

② 사용물질 관리

㉠ 사용물질 관리의 의의
- 미생물 실험에서 사용하는 물질(배지, 시약, 멸균제, 완충액 등)의 관리 수준은 실험의 재현성 · 안전성 · 무균성 확보와 직결됨.
- 관리 부적절 시 오염, 부정확한 데이터, 안전사고로 이어질 수 있음.

㉡ 배지 및 배양액 관리
- **구입 · 보관** : 상업용 배지 분말은 밀봉 · 차광 · 건조 보관해야 함. 액체 배지는 냉장 보관하며, 장기 보관 시 멸균 후 분주 · 보관함.
- **조제** : 정밀 저울과 피펫을 사용하고 SOP에 따라 제조해야 함. pH 조정 후 고압멸균 (121℃, 15분) 실시.
- **라벨링** : 제조일자, 배치번호, 유효기간을 명확히 기재해야 함.
- **사용** : 오염이 의심되면 폐기하며, 재사용은 금지됨.

㉢ 시약 및 멸균제 관리
- **주요 시약** : NaOH, HCl, 알코올(70% EtOH), 그람염색 시약, EtBr.
- **주요 멸균제** : 차아염소산나트륨, 포르말린, 과산화수소.
- **보관** : 밀봉 · 차광 상태로 냉암소 또는 냉장 조건 유지.
- **취급** : PPE 착용, 휘발성 · 독성 시약은 반드시 흄후드에서 취급.
- **MSDS** : 유해성, 응급조치, 폐기 절차를 반드시 준수해야 함.

㉣ 표준물질 및 대조균 관리
- **표준균주(Reference strain)** : 공인기관(KCCM, ATCC)에서 분양받아 사용하며, 균주번호 · 분양일 · 계대배양 횟수를 기록해야 함.
- **대조균(Control strain)** : 실험 검증용으로 양성/음성 대조군을 설정함. 사용 후에는 오염 방지를 위해 철저히 멸균 폐기해야 함.

㉤ 폐기물 관리
- **고체 폐기물** : 사용한 배지 · 피펫 · 루프 등은 오토클레이브 멸균 후 지정폐기.
- **액체 폐액** : 차아염소산 처리 후 폐기.
- **유해물질** : EtBr, 아크릴아마이드는 전용 폐기통에 분리 보관 후 지정폐기.
- **환경 안전** : COD, BOD, SS 등 환경 규제를 준수해야 함.

㉥ GMP 및 산업적 의의
- GMP 환경에서는 배지 · 시약 · 표준균주 관리 SOP가 필수임.

- 모든 사용물질은 입고 → 검수 → 보관 → 사용 → 폐기 전 과정이 문서화·추적 가능해야 함.

③ 미생물 시험 기초

　㉠ 미생물 시험 기초의 의의
　　- 미생물 시험은 균의 생장, 형태, 생리·대사 특성을 기반으로 안전성과 품질을 확인하는 절차임.
　　- 품질시험에서는 원료, 중간 산물, 최종 제품의 오염 여부, 무균성, 규격 적합성을 판정하는 기본 시험으로 활용됨.

　㉡ 미생물의 기본 특성
　　- 형태학적 특성 : 구균, 간균, 나선균 등 형태 구분.
　　- 생리학적 특성 : 호기성/혐기성, 최적 성장 온도(저온성·중온성·고온성), pH 요구성.
　　- 대사 특성 : 발효형·호흡형, 특정 기질 분해 능력.
　　- 생장 곡선 : 지연기 → 대수기 → 정지기 → 사멸기로 구분됨.

　㉢ 기본 배양 조건
　　- 온도 : 일반적으로 25~37℃, 균종에 따라 다름.
　　- pH : 중성(6.5~7.5) 범위가 많으나 산성·알칼리성 조건을 요구하는 균도 있음.
　　- 영양원 : 탄소원(포도당), 질소원(펩톤, 아미노산), 무기염류, 비타민.
　　- 산소 조건 : 호기성, 혐기성, 통성혐기성.
　　- 배지 종류 : 고형배지(평판배지), 액체배지(배양액), 선택배지, 감별배지.

　㉣ 미생물 기초 시험법
　　- 현미경 관찰 : 세포 형태 및 염색 특성 확인(그람염색, 아시드 패스트 염색).
　　- 배양 시험 : 평판 도말·획선 배양으로 콜로니 분리.
　　- 생리·생화학적 시험 : 카탈라아제, 옥시다아제 반응 등으로 균종 식별.
　　- 성장 측정 : 탁도 측정(OD600), 평판계수법(CFU/mL).
　　- 멸균·무균 시험 : 오염 여부 확인 및 무균 배양 유지.

　㉤ 안전 및 관리 사항
　　- 모든 시험은 무균 조작법에 따라 수행해야 함.
　　- 사용 균주는 관리대장에 기록하며, 계대 배양 횟수는 제한해야 함.
　　- 오염된 배지·기구는 오토클레이브 처리 후 폐기해야 함.
　　- MSDS 및 미생물 안전관리 지침을 준수해야 함.

ⓑ GMP 및 산업적 의의
  - 미생물 시험은 의약품, 식품, 바이오제품의 품질 보증(QA)에 핵심임.
  - 무균 시험, 미생물 한도 시험, 특정 병원균 부재 시험은 생산 승인에 반드시 포함됨.

④ 이상 발생 등 표준작업 절차
  ㉠ SOP의 의의
    - 미생물 시험에서 SOP(Standard Operating Procedure)는 오염 방지 · 작업자 안전 · 데이터 신뢰성 확보를 위한 핵심 문서임.
    - 이상 상황 발생 시 SOP를 준수하면 신속하고 일관된 대응이 가능하며, GMP 및 생물안전규정 준수가 보장됨.
  ㉡ 이상 발생의 주요 유형
    - 시료 관련 : 배지 오염, 균주 혼입, 시료 농도 불일치.
    - 장비 관련 : 인큐베이터 온도 이상, 오토클레이브 멸균 실패, BSC 작동 불량.
    - 환경 관련 : 무균실 차압 불량, 공기 중 세균수 초과, 작업대 청정도 불량.
    - 작업자 관련 : 무균 조작 미흡, 시약 취급 오류, 기록 누락.
  ㉢ SOP 대응 절차
    - 즉각 조치 : 이상 발견 즉시 실험을 중단하고, 오염된 시료 · 배지는 폐기하며, 장비 사용을 중지해야 함.
    - 원인 분석 : 균주 관리대장, 장비 교정 이력, 환경 모니터링 기록을 확인해야 함.
    - 보고 체계 : 담당자 → 실험 책임자 → QC/QA 부서 순으로 보고하고, CAPA(Corrective and Preventive Action)로 문서화해야 함.
    - 재시험 여부 : 허용 범위 내 보정 가능 시 재시험, 불가능할 경우 데이터 무효 처리 후 원인 제거 후 재수행해야 함.
  ㉣ 기록 관리
    - 이상 발생 일시, 상황, 조치 내역을 기록하고, 담당자 · 검증자의 서명을 포함해야 함.
    - 변경 사항은 변경 관리(Change control) 문서에 반영해야 함.
    - 기록은 GMP 보존 기간 동안 관리해야 함.
  ㉤ 안전 관리 및 예방
    - 작업자는 반드시 PPE(실험복, 장갑, 보호안경)를 착용해야 함.
    - 오염 발생 시 즉시 70% 에탄올, 차아염소산 등으로 소독해야 함.
    - 정기적인 무균 작업 교육과 모의 훈련을 수행해야 함.

ⓗ GMP 및 산업적 의의
- GMP 환경에서는 미생물 시험 이상 발생 대응 기록이 품질 심사·감사의 주요 항목이 됨.
- SOP 미준수는 시험 무효, 제품 불합격, 생산 지연으로 이어질 수 있음.

⑤ 미생물시험 관련 물질안전보건자료

㉠ MSDS(Material Safety Data Sheet)의 의의
- MSDS는 미생물 시험에서 사용하는 시약·배지·염색제·멸균제의 위험성과 안전한 취급 방법을 제공하는 문서임.
- 작업자는 실험 시작 전 해당 시약의 MSDS를 확인해야 하며, 모든 시약은 라벨 부착과 보관 조건을 준수해야 함.

㉡ 미생물 시험 관련 주요 위험 물질
- **배지 관련**: 펩톤, 효모 추출물은 일반적 위험은 낮으나 장기간 보관 시 오염 위험이 있음. 한천(Agar)은 분진 흡입 시 호흡기를 자극할 수 있음.
- **염색 시약**: 크리스탈 바이올렛·사프라닌은 피부·눈 자극 가능성이 있으며 발암 가능성도 보고됨. 메틸렌 블루는 섭취 시 독성이 나타남. EtBr(에티듐 브로마이드)은 강력한 돌연변이 유발 물질로 전용 폐기가 필요함.
- **멸균·소독제**: 차아염소산나트륨은 강한 산화제로 피부·호흡기를 자극할 수 있음. 포르말린은 발암성과 독성이 강해 반드시 흄후드에서만 취급해야 함. 70% 에탄올은 인화성이 강하여 화기 근처에서 사용 금지됨.
- **특수 시약**: 아크릴아마이드(겔 제조용)는 신경독성과 발암 가능성이 있으며, β-머캅토에탄올은 휘발성이 강하고 자극성 냄새로 호흡기를 자극함.

㉢ MSDS 주요 항목 적용
- 위험·유해성 : 발암성, 독성, 인화성, 부식성 여부를 명시해야 함.
- 응급조치 요령

  > ▸ 피부 접촉 시 다량의 물로 15분 이상 세척해야 함.
  > ▸ 눈 접촉 시 생리식염수로 세척 후 즉시 의료기관으로 이송해야 함.
  > ▸ 흡입 시 신선한 공기를 공급하며, 심각한 경우 산소를 제공해야 함.

- 취급·보관 방법 : 밀폐 용기 사용, 차광·저온 보관 필요 시 반드시 준수해야 함. 인화성 물질은 화기를 피해야 함.
- 폐기 방법 : 오토클레이브 멸균 후 지정폐기를 원칙으로 하며, 발암성·돌연변이 유발 시약(EtBr, 아크릴아마이드)은 전용 폐기통을 사용해야 함.

② 실험실 안전 관리
- 작업자는 PPE(실험복, 장갑, 보호안경)를 반드시 착용해야 함.
- 독성 시약은 흄후드 내에서만 조제·취급해야 함.
- MSDS 사본은 실험실에 비치하고 전산으로도 관리해야 함.
- 신입 연구원 및 수험자는 정기적으로 MSDS 교육을 이수해야 함.

⑩ GMP 및 산업적 의의
- GMP 환경에서는 미생물 시험용 시약·배지의 MSDS 확보 및 사용 기록 관리가 필수임.
- 위험물질 관리 미흡은 시험 무효, 안전사고, 규제 위반으로 이어질 수 있음.

핵심유형익히기

01
비중(또는 밀도)의 정의로 가장 알맞은 것은?
① 질량×부피
② 질량/부피
③ 부피/질량
④ 온도/압력

> 비중·밀도
> • 밀도는 질량/부피로 정의
> • 원료 배치 균일성과 농도 검증에 활용
> • 온도에 따라 달라지므로 조건 기재 필수

02
발효액 공정 관리에서 점도가 높아질 때 일반적으로 우려되는 문제는?
① 기포 형성 감소
② 산소 전달 저하
③ 열전달 향상
④ 교반 에너지 감소

> 점도 관리
> • 점도↑ → 산소전달·물질전달 저해
> • 교반 에너지↑, 거품↑ 가능
> • 배양 성능과 스케일업에 직접 영향

03
굴절률 측정의 주된 활용으로 가장 적절한 것은?
① 금속 원소 정량
② 용액의 순도·농도 확인
③ 미생물 생장 속도 측정
④ 단백질의 pI 측정

> 굴절률
> • 광학적 성질로 순도·농도 판단
> • 당류 용액, 용매 혼합물 확인에 유용
> • 온도 보정 및 교정 필수

04
용해도의 정의로 옳은 것은?
① 용질의 끓는점
② 특정 용매에서 용질이 녹을 수 있는 최대량
③ 용액의 색 변화
④ 용매의 점도

> 용해도
> • 조제·버퍼 설계의 핵심 지표
> • 온도·pH·이온강도·공용매에 의존
> • 불용 시 가열·교반·pH 조정 고려

05
UV-Vis로 '흡광도 A'가 의미하는 것은?
① 산성도
② 투광도
③ 시료의 빛 흡수량(로그 스케일)
④ 회절각

> 흡광도 개념
> • Beer-Lambert: $A=\varepsilon cl$
> • 농도 정량·순도 평가에 필수
> • 블랭크 보정·λmax 선택이 핵심

06
pH가 효소 활성에 미치는 영향으로 옳은 것은?
① 언제나 활성 증가
② 특정 최적 범위를 벗어나면 활성 저하
③ pH와 무관
④ pH 1에서만 최대

> pH-활성
> • 효소·단백질은 최적 pH 보유
> • 완충계 선택이 시험 재현성 좌우
> • 측정 전 pH meter 교정 필수

정답 01 ② 02 ② 03 ② 04 ② 05 ③ 06 ②

07
산화 · 환원성 평가에 일반적으로 사용되는 분석은?
① 적외선 분광
② 산화환원 적정
③ 중량법
④ 원심분리

산화 · 환원 적정
- 전위 변화 · 지시약으로 종말점 확인
- 예: $KMnO_4$, I_2/$Na_2S_2O_3$
- 표준화 · 블랭크 관리가 정확도 좌우

08
화학적 안정성 평가에 포함되지 않는 것은?
① 빛 · 열 노출 시험
② 산소 · 습도 영향 시험
③ 용해도 스크리닝
④ 가속 안정성 시험

화학적 안정성
- 광 · 열 · 산소 · 습도 스트레스 테스트
- 가속/장기 보관 조건 비교
- 변질 방지 포장 · 보관 조건 도출

09
중량법 · 부피법의 공통 핵심은?
① 고가 장비 의존
② 반응의 완결성과 정밀 계량
③ 시각적 판독 배제
④ 시료 전처리 불필요

고전 정량법
- 완결 반응 · 정확한 질량/부피 필수
- 건조 · 여과 · 표준화 등 전처리 중요
- 시스템적 오차 최소화가 관건

10
산–염기 적정에서 종말점 판단 오차를 줄이는 방법은?
① 임의 희석
② 지시약 선택 · pH 미터 병행
③ 교반 중단
④ 표준화 생략

종말점 정밀화
- 지시약 pH범위와 적정 곡선 일치
- 전위/자동적정기 활용 시 재현성 ↑
- 표준화 · 블랭크 필수

11
침전 · 킬레이트 적정의 주요 타깃은?
① 비전하 분자　② 금속 이온
③ 비극성 용매　④ 고분자 전해질

금속 이온 정량
- AgCl 침전, EDTA 킬레이트 대표
- 완충 · 지시약(EBT, Calmagite) 사용
- pH · 이온강도 제어가 핵심

12
분광학적 방법 중 '구조의 진동 모드'에 직접 관련된 기법은?
① UV-Vis　② NMR
③ IR　④ AAS

IR 분광
- 결합 진동으로 작용기 동정
- 정체성 · 불순물 스크리닝에 유용
- 샘플 준비(KBr, ATR) 주의

13
복합 시료의 성분 분리에 최적화된 조합은?
① UV-Vis + pH meter
② HPLC/GC
③ AAS + 전자저울
④ 전기영동 + 굴절률

정답　07 ②　08 ③　09 ②　10 ②　11 ②　12 ③　13 ②

크로마토그래피
- 정성 · 정량 동시 가능
- 컬럼 · 이동상 · 검출기 최적화 필요
- 시료 전처리가 결과 좌우

14
시료 전처리 시 가장 우선 고려할 사항은?
① 전처리 시간 단축
② 성분 손실 최소화와 안정성 유지
③ 장비 최신성
④ 시약 소모 최소화

전처리 원칙
- 여과 · 희석 · 건조 중 손실 방지
- 민감 시료는 차광 · 저온 · 산소 차단
- 전처리 로트 · 조건 문서화

15
기기 교정(Calibration)을 수행하는 주된 목적은?
① 장비 수명 단축
② 데이터 정확성 · 추적성 확보
③ 시험 시간 증가
④ 표준품 사용량 절감

교정의 의미
- 정확도 · 정밀도 · 직선성 보증
- 트레이서블 표준과 비교 필수
- GMP 문서화 · 주기 준수

16
GMP에서 물리 · 화학적 규격 부적합 시 기본 조치는?
① 출하 강행
② 기록 생략
③ 임의 재가공
④ 원인 조사 · CAPA 후 재평가

규격 불합격 대응
- 원인 규명→시정 · 예방조치
- 재시험 · 재평가 절차 준수
- 변경관리는 사전 승인

17
정성분석의 올바른 설명은?
① 항상 정량 결과를 제공
② 존재 여부 · 정체성 파악 목적
③ 표준품 불필요
④ 수치화가 필수

정성분석
- 존재/부재, 신원 확인
- 색 · 침전 · 스펙트럼 근거
- 대개 표준품 · 대조군 필요

18
정량분석에서 내부표준법을 쓰는 주된 이유는?
① 주입량 · 매트릭스 변동 보정
② 장비 가격 절감
③ 표준품 불필요
④ 시료 준비 생략

내부표준법
- 회수율 · 주입 변동 보정
- HPLC/GC에서 널리 사용
- 내부표준 선택 · 분리도 확보가 관건

19
Beer-Lambert 법칙에서 ε(엡실론)의 의미는?
① 경로 길이　　② 몰 흡광 계수
③ 농도　　　　④ 투광도

몰 흡광 계수
- 물질 고유의 흡수 강도
- 단위: $L \cdot mol^{-1} \cdot cm^{-1}$
- λ, 용매, pH에 의존 가능

정답　14 ②　15 ②　16 ④　17 ②　18 ①　19 ②

20
분석 데이터 기록에서 "ALCOA+" 원칙에 해당하지 않는 것은?

① Attributable(책임소재 명확)
② Legible(식별 가능)
③ Controllable(임의 수정 가능)
④ Original(원본성)

데이터 무결성
- ALCOA+: Attributable, Legible, Contemporaneous, Original, Accurate(+Complete, Consistent, Enduring, Available)
- 임의 수정은 금지, 변경 이력 관리
- GMP 감사 핵심 항목

21
정성분석의 대표적 예시는?

① UV-Vis로 농도 계산
② $AgNO_3$로 Cl^- 침전 확인
③ HPLC 면적정량
④ 전기영동 밴드 강도 정량

정성분석 기초
- 존재 여부·정체성 확인이 목적
- AgCl 흰색 침전은 Cl^- 존재 근거
- 정량은 별도 절차로 수행

22
부피분석(적정)에서 표준용액의 가장 중요한 요건은?

① 고가 시약 사용
② 강한 색
③ 정확한 농도와 추적성
④ 점도 높음

적정 표준용액
- 정확 농도·표준화 기록 필수
- 1차 표준으로 검증(또는 역표준화)
- 유효기간·보관조건 관리

23
산-염기 적정에서 완충능이 큰 구간은?

① 당량점
② 지시약 전환점
③ pKa 부근
④ 고이온강도 구간

pKa와 완충
- pH ≈ pKa에서 완충능 최대
- 적정 곡선 평탄 구간 형성
- 지시약 선택에도 참고

24
산화-환원 적정에서 전위차 측정의 장점은?

① 지시약 불필요, 종말점 명확
② 시료 전처리 불필요
③ 모든 반응 속도 빨라짐
④ 표준화 불필요

전위차 적정
- 전극으로 종말점 검출
- 착색 어려운 시료에 유리
- 표준화·전극 상태 점검 필수

25
크로마토그래피 분리성(Resolution, Rs)을 높이는 방법으로 거리가 가장 먼 것은?

① 컬럼 길이 증가
② 피크 확산 감소
③ 선택성(α) 향상
④ 시료 주입량 과다

분리성 향상
- L↑, α↑, N↑로 Rs 개선
- 과량 주입은 밴드 확산↑
- 전처리·주입량 최적화 필요

정답 20 ③ 21 ② 22 ③ 23 ③ 24 ① 25 ④

26
시약 입고 시 반드시 확인해야 할 항목은?
① 색상만 확인
② CoA와 라벨 정보
③ 제조사 로고 유무
④ 가격표

시약 검수
- CoA, 로트, 유효기간 확인
- 수령·검수 기록으로 추적성 확보
- 보관 조건 즉시 반영

27
휘발성 용매(메탄올, 아세토니트릴) 보관 원칙은?
① 개방병 상온 방치
② 냉암소 밀봉, 이차용기
③ 고온에서 보관
④ 빛 노출 증가

용매 관리
- 밀봉·차광·저온 권장
- 인화성 대비 분리 보관
- 누출·증발·혼입 방지

28
표준물질 관리에서 '1차 표준'의 요건은?
① 혼합물
② 수분 함량 불명
③ 고순도·안정·정확 조성
④ 현장 조제

1차 표준
- 순도 ≥ 99%, 건조·안정
- 화학량론적 조성 명확
- 추적 가능한 인증서 보유

29
완충용액 제조 시 가장 중요한 실무 포인트는?
① 감으로 pH 맞춤
② 정밀 저울·피펫 사용과 pH 검증
③ 교반 생략
④ 멸균 생략

버퍼 조제
- 정밀 계량 → pH meter로 확인
- 여과·멸균·라벨링(제조일/유효기간)
- 이온강도 일관성 유지

30
폐액 관리에서 틀린 것은?
① 산·염기는 중화 후 폐기
② 유기용매는 종류별 분리
③ 중금속은 일반 하수로 배출
④ 지정폐기 기준 준수

폐기물 관리
- 중금속/독성은 지정폐기 대상
- 혼합 금지, 전용 용기 사용
- 환경 규제치 준수

31
UV-Vis 측정 시 가장 먼저 수행할 작업은?
① 최대 흡수파장 추정
② 블랭크로 Zero 맞춤
③ 시료 농축
④ 셀 길이 변경

블랭크 보정
- 용매/버퍼로 0점 설정
- 광학경로 청결·기포 제거
- λ_{max} 설정은 그다음

정답 26 ② 27 ② 28 ③ 29 ② 30 ③ 31 ②

32
Beer-Lambert 법칙에서 직선성이 흔들릴 때 우선 고려할 조치는?
① 시료 농도 높이기
② 셀 오염 방치
③ 희석하여 A 범위(0.1~1) 맞추기
④ 파장 임의 변경

직선성 유지
- 흡광 범위 내로 희석
- 광산란 · 기포 · 불순물 제거
- 셀 · 기기 상태 점검

33
pH meter 사용 후 전극 관리로 옳은 것은?
① 전극 보관액에 보관
② 건조 보관
③ 증류수 장기 침적
④ 종이타월로 강하게 문지름

pH 전극 케어
- 건조 금지, 보관액 유지
- 측정 후 세척→보관액
- 정기 교정(2~3점) 필수

34
전자저울 사용 시 틀린 것은?
① 수평 맞춤
② 내부/외부 교정
③ 진동 많은 곳 배치
④ Tare 활용

저울 정확도
- 진동 · 바람 차단, 온도 안정
- 교정 · 영점 · Tare 필수
- 시약 · 용기 청결 유지

35
UV-Vis 큐벳 사용 시 주의점으로 가장 적절한 것은?
① 지문 묻은 면이 광로
② 기포 제거 후 삽입
③ 스크래치 허용
④ 용매 잔류 무시

큐벳 핸들링
- 광로면 청결 · 무흠집
- 기포 · 침전 제거
- 동일 셀 반복 사용으로 편차 ↓

36
분석 중 이상 징후 발견 시 첫 조치는?
① 결과만 보고
② 즉시 중단 · 현상 기록
③ 임의 보정
④ 재시도 후 보고

이상 대응
- 중단 → 시간 · 조건 · 장비상태 기록
- 원인 분석 · 보고 체계 가동
- CAPA 문서화

37
재시험이 허용되는 기본 전제는?
① 원인 미확인
② 변경관리 생략
③ 허용 범위 내 보정 가능 · SOP 준수
④ 임의 조건 변경

재시험 원칙
- 사유 명확, 사전 승인
- 동일 조건 · 동일 방법 유지
- 모든 기록 추적 가능

정답 32 ③ 33 ① 34 ③ 35 ② 36 ② 37 ③

38
데이터 무결성(ALCOA+)에서 "Contempora- neous" 의미는?
① 미리 작성
② 사후 일괄 기입
③ 시점 동시 기록(즉시성)
④ 타인 대리 서명

즉시성
- 실시간 기록, 백데이트 금지
- 원본성·정확성과 함께 핵심
- 감사 대응의 기본

39
EtBr(에티듐 브로마이드) 취급의 올바른 조합은?
① 맨손 사용, 일반 쓰레기 폐기
② PPE 착용, 전용 폐기통 분리
③ 식품용 보관용기 사용
④ 통풍 불필요

EtBr 안전
- 강한 돌연변이 유발 물질
- 흄후드·PPE·전용 폐기 필수
- 오염 관리·누출 대비 필요

40
아크릴아마이드(겔 제조용) 안전 수칙으로 틀린 것은?
① 분말 흡입 주의
② 흄후드 사용
③ 일반 하수로 폐기
④ PPE 착용

아크릴아마이드 MSDS
- 신경독성·발암 가능성
- 조제·폐기는 지정 절차 준수
- 노출 시 응급 세척·보고

41
단백질 1차 구조를 정의하는 요소는?
① 아미노산 서열
② 수소 결합 배열
③ 소수성 상호작용
④ 다중 단백질 복합체

단백질 구조
- 1차 구조 = 아미노산 서열
- 유전자 정보에 의해 결정
- 고차 구조 안정성의 기반

42
단백질 2차 구조의 주요 형태는?
① α-나선, β-병풍 구조
② 헤모글로빈 4차 구조
③ 무작위 코일
④ 단백질 복합체

2차 구조
- 수소결합 안정화
- α-helix, β-sheet 기본 패턴
- CD 분광법으로 확인 가능

43
단백질 3차 구조를 안정화하는 힘이 아닌 것은?
① 이황화 결합
② 소수성 결합
③ 공유 결합 전체
④ 이온 결합

3차 구조 안정화
- 주로 비공유 결합 + S-S 결합
- 공유결합 전체는 아님
- 환경(pH·온도) 변화에 민감

정답 38 ③ 39 ② 40 ③ 41 ① 42 ① 43 ③

44
단백질 4차 구조의 대표 예는?
① 미오글로빈 ② 리보솜 RNA
③ 헤모글로빈 ④ α-나선

4차 구조
- 2개 이상 폴리펩타이드 결합
- 헤모글로빈은 4개 소단위체
- 단백질 복합체 기능 핵심

45
단백질의 등전점(pI) 정의는?
① 최대 흡수 파장
② 순전하가 0이 되는 pH
③ 최대 안정성 온도
④ 소수성 증가 구간

pI 특성
- pH=pI → 용해도 최소
- 이온 교환 분리 조건 결정
- 단백질 정체성 확인 지표

46
단백질의 280 nm 흡광 특성을 주로 담당하는 아미노산은?
① Gly, Ala ② Trp, Tyr, Phe
③ Asp, Glu ④ Lys, Arg

UV 흡수
- 방향족 아미노산 특성
- 280 nm → 단백질 정량
- 순도 평가(260/280 비율)

47
효소 활성 측정에서 보통 사용되는 단위는?
① mol/L ② U(unit, μmol/min)
③ OD600 ④ CFU/mL

효소 활성 단위
- 1 U = 1분당 1 μmol 기질 변환
- 특정 조건(pH, T, 기질)
- QC 기준에 명시됨

48
단백질 순도 확인에 가장 널리 쓰이는 방법은?
① 전자저울 ② UV-Vis
③ SDS-PAGE ④ HPLC

순도 확인
- SDS-PAGE로 분자량 · 순도 관찰
- 단일 밴드 여부 확인
- QC 시험에 필수

49
단백질 농도 정량 방법이 아닌 것은?
① Lowry ② Bradford
③ BCA ④ Gram 염색

단백질 정량법
- 색 변화 기반 (Lowry, Bradford, BCA)
- UV280 직접 측정도 활용
- Gram 염색은 세균 염색법

50
Lowry 방법의 핵심 원리는?
① Cu^{2+} 환원 · Folin 반응
② 단백질 전하 이동
③ pH 변화 감지
④ 기체 발생 반응

Lowry 원리
- Cu^{2+} → Cu^+ 환원
- Folin-Ciocalteu와 반응 → 청색
- 흡광도 750 nm 측정

정답 44 ③ 45 ② 46 ② 47 ② 48 ③ 49 ④ 50 ①

51
Bradford 방법에서 사용되는 염료는?
① Silver stain
② Coomassie Brilliant Blue
③ SYBR Green
④ Crystal Violet

Bradford
- 염료 단백질 결합 → λmax 이동
- 595 nm에서 측정
- 간단 · 빠르지만 단백질 종류별 감도 차 존재

52
단백질의 안정성을 평가하는 열분석 기법은?
① NMR
② IR
③ 전자현미경
④ DSC(차등주사열량법)

단백질 열안정성
- DSC로 변성 온도(Tm) 측정
- 구조 안정성 평가
- QC/제형화 지표

53
전기영동에서 단백질 이동 속도를 좌우하는 인자가 아닌 것은?
① 전하　　② 분자량
③ 전압　　④ 용매 비점

전기영동 원리
- 전하 · 크기 · 전압 영향
- 용매 끓는점과 무관
- 완충액 조건도 중요

54
아가로스 겔 전기영동은 주로 어떤 물질에 사용되는가?
① 단백질
② 핵산(DNA, RNA)
③ 지질
④ 금속 이온

아가로스 겔
- 큰 분자량 핵산 분석에 최적
- EtBr, SYBR Green으로 검출
- 밴드 크기로 길이 추정

55
SDS-PAGE의 SDS 역할은?
① 단백질 접힘 안정화
② 단백질에 음전하 부여 · 변성
③ 핵산 절단
④ 금속 이온 제거

SDS 기능
- 공통 음전하 부여 → 질량/전하 비율 일정
- 변성 상태에서 분리
- 분자량 기준 밴드 패턴

56
전기영동에서 EtBr 사용 시 주의사항은?
① 독성 낮음
② 발암성 · 돌연변이 유발
③ 무취 무해
④ 멸균제 대체 가능

EtBr 안전
- 강력한 발암 · 돌연변이 물질
- PPE 착용, 전용 폐기 필수
- SYBR Green 대체 가능

정답 51 ② 52 ④ 53 ④ 54 ② 55 ② 56 ②

57
등전점 전기영동(IEF)의 주 목적은?
① 분자량 기준 분리
② 등전점(pI) 측정
③ 지질 분리
④ 무기염 분석

IEF 원리
- pH 구배 내 이동 → pI에서 정지
- 단백질 전하 특성 평가
- 품질시험 표준법

58
2차원 전기영동(2-DE)의 장점은?
① 시료 전처리 불필요
② 금속이온 분석
③ 핵산 염기서열 확인
④ 단백질을 pI · 분자량 기준 고해상도 분리

2-DE 특성
- 1차: IEF, 2차: SDS-PAGE
- 복잡 단백질 혼합물 분리 우수
- 프로테오믹스 연구 핵심

59
단백질 정량 시 260/280 비율이 1.8에 가까울수록 의미는?
① 단백질 오염   ② 핵산 순도 양호
③ 지질 혼입   ④ 금속이온 과다

260/280 비율
- 1.8~2.0 = 핵산 순도 지표
- <1.8 → 단백질 혼입
- >2.0 → 오염 또는 불순물 가능

60
단백질 정량법 중 금속 단백질 분석에 적합한 기법은?
① AAS(원자흡광광도법)
② Lowry
③ Bradford
④ 전기영동

금속 단백질
- AAS로 금속 원자 농도 직접 측정
- 금속 함량→단백질 특성 추정
- 다른 색반응법과 병행 가능

61
효소의 K_m 값이 의미하는 것은?
① 최대 반응 속도
② 반응속도가 V_{max}의 1/2이 되는 기질 농도
③ 효소 농도
④ 활성화 에너지

K_m 의미
- 효소-기질 친화도의 지표
- K_m↓ → 친화도↑
- Michaelis–Menten 식 핵심

62
Lineweaver-Burk plot에서 기울기는 무엇을 나타내는가?
① V_{max} ② K_m
③ K_m/V_{max} ④ $1/V_{max}$

쌍곡선 직선화
- $1/v$ vs $1/[S]$ 직선 방정식
- 기울기 = K_m/V_{max}
- y절편 = $1/V_{max}$

정답 57 ② 58 ④ 59 ② 60 ① 61 ② 62 ③

63
비경쟁적 억제제의 특징은?

① Km 증가, Vmax 불변
② Km 불변, Vmax 감소
③ Km, Vmax 모두 증가
④ Km, Vmax 모두 불변

> **비경쟁 억제**
> - 효소 활성 부위 외 결합
> - 기질 친화도 영향 없음
> - Vmax 낮춤 → 반응률 감소

64
경쟁적 억제제의 특징은?

① Km 증가, Vmax 불변
② Km 불변, Vmax 감소
③ Km, Vmax 모두 감소
④ Km, Vmax 모두 증가

> **경쟁 억제**
> - 기질과 활성 부위 경쟁
> - 친화도 감소 → Km↑
> - 포화 시 Vmax 동일

65
효소 단위(U)를 정의하는 기준은?

① 1시간당 1 mol 변환
② 1분당 1 μmol 기질 변환
③ 1초당 1 g 단백질 변환
④ 1일당 1 mmol 변환

> **효소 단위**
> - 1분에 1 μmol 기질 반응
> - 특정 조건(pH, T)에서 측정
> - QC 시험 표준

66
특정 효소의 특이활성(specific activity) 단위는?

① U/g
② U/mg 단백질
③ mg/mL
④ mol/L

> **특이활성**
> - 단백질 1 mg당 효소 활성(U)
> - 정제 정도 평가 지표
> - 순도↑ → 특이활성↑

67
핵산 정량에서 260 nm 흡광도의 의미는?

① DNA/RNA 흡광
② 단백질 정량
③ 금속 분석
④ 지질 정량

> **260 nm**
> - 핵산 염기 흡광 극대
> - OD260 = 50 μg/mL (dsDNA)
> - 순도 평가에 활용

68
RNA 안정성을 보장하기 위한 필수 조치는?

① 고온 보관
② RNase-free 조건 유지
③ UV 직사광 노출
④ 건조 방치

> **RNA 취급**
> - RNase 오염 방지 중요
> - 전용 팁·시약·보관 조건
> - 저온·차광·무균 환경 필요

69
핵산 전기영동에서 브로마이드 염료 대신 사용되는 대체 염료는?

① SYBR Green
② Crystal Violet
③ Coomassie Blue
④ Silver nitrate

대체 염료
- EtBr보다 독성 ↓
- UV/청색광에서 검출
- 민감도 · 안전성 개선

70
DNA 순도 평가에서 260/280 비율이 낮을 경우 의미는?
① 단백질 오염
② 핵산 순도 우수
③ 금속 오염
④ 지질 오염

순도 지표
- 260/280=18~20 정상
- <18 = 단백질 혼입
- >20 = RNA 또는 용매 오염

71
PCR 증폭 산물 확인에 가장 흔히 사용되는 방법은?
① HPLC
② 아가로스 겔 전기영동
③ NMR
④ IR

PCR 산물 검출
- 아가로스 겔 + 염료 염색
- 밴드 크기 비교로 확인
- DNA ladder와 함께 사용

72
qPCR(real-time PCR)의 장점은?
① 핵산 농도를 정성만 가능
② 증폭 곡선으로 정량 가능
③ 분리 불필요
④ PCR 속도 감소

qPCR 특성
- 형광 시그널 실시간 측정
- 정성+정량 동시 가능
- CT 값으로 분석

73
NGS(next-generation sequencing)의 특징은?
① 단일 유전자 전용
② 대량 병렬 분석 · 고속 처리
③ 저비용 · 단순 장치
④ 짧은 서열 불가능

NGS 특성
- 수백만 서열 동시 해독
- 빠른 속도 · 빅데이터 생성
- 임상 · 연구 모두 활용

74
단백질의 구조 동정을 위해 가장 많이 활용되는 분광학 기법은?
① IR
② NMR
③ AAS
④ UV-Vis

NMR
- 단백질 3차 구조 규명
- 수용액 상태에서 가능
- X-ray와 보완적

75
단백질 결정 구조를 규명하는 방법은?
① X-ray 결정학
② IR
③ qPCR
④ ELISA

X-ray 결정학
- 결정화된 단백질의 3차원 구조 확인
- 고해상도 원자 단위 구조
- 시간 · 노력 · 조건 최적화 필요

76
항원-항체 반응을 기반으로 단백질 확인에 쓰는 방법은?
① ELISA
② 전기영동
③ UV-Vis
④ NMR

정답 70 ① 71 ② 72 ② 73 ② 74 ② 75 ① 76 ①

ELISA
- 항체 특이성 기반 검출
- 정성 · 정량 모두 가능
- 진단 · QC에서 광범위 사용

77
Western blot의 주 목적은?
① DNA 길이 측정
② 특정 단백질 검출 · 정량
③ 지질 분리
④ 효소 활성 측정

Western blot
- 단백질 전기영동 후 항체 탐지
- 특정 단백질 존재 · 양 확인
- 높은 특이성 · 민감도

78
Northern blot이 탐지하는 것은?
① DNA   ② RNA
③ 단백질   ④ 지질

Northern blot
- RNA 전용 탐지법
- 전기영동 → 막 전이 → 프로브 탐지
- 발현 분석 · 전사체 연구

79
Southern blot의 주 목적은?
① DNA 탐지   ② RNA 탐지
③ 단백질 탐지   ④ 지질 분석

Southern blot
- DNA 전용 탐지법
- 제한효소 절단 DNA → 막 전이
- 프로브와 결합으로 검출

80
ELISA에서 샌드위치 방식의 특징은?
① 항체 하나만 사용
② 항원 양이 많을수록 시그널 ↑
③ 정성만 가능
④ 항체 불필요

샌드위치 ELISA
- Capture Ab + Detection Ab
- 항원 양과 신호 비례
- 민감도 높아 진단에 활용

81
Bradford 단백질 정량법의 원리는?
① 단백질의 280 nm 흡광도 측정
② Coomassie Brilliant Blue 염색 강도 변화
③ 은염 착색 반응
④ 단백질 결정화 패턴

Bradford 원리
- 염료가 단백질에 결합 시 흡광 스펙트럼 변화
- 595 nm에서 강한 흡광
- 간단 · 빠르지만 단백질 종류에 따라 민감도 차이 존재

82
Lowry 단백질 정량법의 특징은?
① 가장 단순한 방법
② 구리 이온과 폴린 시약 반응 기반
③ 질량분석 기반
④ 비색법 사용 불가

Lowry 법
- Cu^{2+} → 단백질 결합 후 환원
- 폴린 시약 반응으로 청색 발색
- 감도 높지만 간섭 물질 영향 받음

정답 77 ② 78 ② 79 ① 80 ② 81 ② 82 ②

83
BCA 단백질 정량법의 장점은?
① 민감도 낮음
② 비특이적 반응 많음
③ 단백질 농도에 비례하는 안정된 보라색 발색
④ 정량 불가

> **BCA 법**
> - Cu^{2+} 환원 + BCA 착염 형성
> - 562 nm에서 안정된 색
> - Lowry보다 내구성↑, 재현성↑

84
SDS-PAGE에서 SDS의 역할은?
① 단백질 2차 구조 안정화
② 단백질에 음전하 부여·선형화
③ 단백질 결합 촉진
④ 전위차 감소

> **SDS 작용**
> - 단백질 변성 및 전하 균일화
> - 분자량에 따라 이동 분리
> - PAGE 핵심 전처리

85
Western blotting에서 1차 항체의 역할은?
① 단백질 전하 유지
② 목표 단백질 특이적 결합
③ 발색 반응 매개
④ 막 전이 촉진

> **1차 항체**
> - 타겟 단백질 직접 인식
> - 특이성 제공
> - 2차 항체가 발색·형광 검출 담당

86
단백질의 등전점 전기영동(IEF)의 특징은?
① 단백질 분자량 분리
② pI 값에 따라 분리
③ 지질 분리
④ 핵산 분리

> **IEF 원리**
> - pH 구배 내 단백질 이동
> - 순전하=0 되는 지점에서 정지
> - 고해상도 분리 가능

87
2차원 전기영동(2-DE)의 장점은?
① 단일 기준 분리
② 단백질을 pI + 분자량 기준으로 고해상도 분리
③ 지질 전용
④ 핵산 전용

> **2-DE**
> - 1차 : IEF(pI 기준)
> - 2차 : SDS-PAGE(분자량 기준)
> - 단백질 프로테옴 분석 핵심

88
HPLC의 주 원리는?
① 기체 확산
② 전하 기반 전기영동
③ 흡광도 직접 측정
④ 액체 이동상과 고정상 상호작용에 의한 분리

> **HPLC**
> - 이동상(용매)과 고정상(컬럼) 친화도 차이 이용
> - 혼합물 성분 고해상도 분리
> - QC, 제약분석 필수

정답 83 ③ 84 ② 85 ② 86 ② 87 ② 88 ④

89
GC(가스크로마토그래피)의 주요 적용 대상은?
① 고분자 단백질
② 무기염
③ 핵산
④ 휘발성 · 열안정성 화합물

GC 특징
- 휘발성 · 저분자 화합물 분석
- FID, MS 검출기와 연결
- 농약, 잔류용매, VOC 분석에 적합

90
질량분석(MS)의 주요 기능은?
① pH 측정
② 분자량 및 구조 확인
③ DNA 염기서열 해독
④ 단백질 발현량 분석

질량분석
- 분자 이온화 → 질량/전하비(m/z) 측정
- 정밀 분자량 산출
- 펩타이드 서열 규명 가능

91
원자흡광광도계(AAS)의 측정 대상은?
① 단백질
② 무기 원소 농도
③ 핵산
④ 지질

AAS
- 원자화된 원소가 특정 파장 빛 흡수
- ppm~ppb 수준 검출
- 중금속 분석에 필수

92
IR 분광법에서 분자의 진동수 측정은 무엇을 의미하는가?
① 화학 결합 특성 규명
② 분자량 측정
③ 농도 측정
④ 전위차 측정

IR 원리
- 결합 진동에 따른 흡수
- 작용기 분석 · 구조 규명
- Fingerprint 영역($1500\ cm^{-1}$ 이하) 활용

93
NMR 스펙트럼에서 화학적 이동(δ)은 무엇을 의미하는가?
① 분자의 전하
② 원자핵 주변 전자 환경
③ 단백질 크기
④ 온도 영향

화학적 이동
- 전자밀도 변화 → 공명 주파수 이동
- δ 단위(ppm)로 표시
- 분자 구조 규명 핵심

94
UV-Vis에서 Beer-Lambert 법칙의 관계식은?
① $A = c/\varepsilon l$
② $A = \varepsilon cl$
③ $A = \varepsilon/c$
④ $A = cl/\varepsilon$

Beer-Lambert
- $A=\varepsilon cl$ (흡광도=몰흡광계수×농도×광로 길이)
- 농도 정량 분석의 기본 법칙
- 직선적 관계 유지 범위 확인 필수

정답 89 ④ 90 ② 91 ② 92 ① 93 ② 94 ②

95
분광광도계에서 블랭크(blank)의 역할은?

① 배경 흡광 제거 ② 분석 시료 대조
③ 기기 오차 증가 ④ 분자량 측정

블랭크
- 용매/버퍼만 넣어 영점 설정
- 시료 용액의 순수 흡광만 반영
- 실험 정확성 확보

96
pH meter에서 전극 보관 용액으로 가장 적절한 것은?

① 증류수 ② KCl 용액
③ NaOH 용액 ④ HCl 용액

전극 관리
- 보관 시 전극 건조 방지
- KCl 용액 유지 → 성능 안정
- 증류수 보관 금지

97
전기영동에서 DNA의 이동 속도를 결정하는 주요 요인은?

① GC 함량 ② 길이(분자량)
③ 염기 서열 ④ 단백질 결합 여부

DNA 이동
- 전하량 비례하지만 길이에 따라 이동 속도 차이
- 짧을수록 빠르게 이동
- 아가로스 겔에서 크기 분리 가능

98
단백질 샘플에 환원제를 첨가하는 목적은?

① 이온 결합 강화
② 발색 증가
③ 질량 증가
④ 이황화 결합 절단 → 선형화

환원제
- β-머캅토에탄올, DTT 등 사용
- S-S 결합 끊어 변성
- SDS-PAGE 전처리에 필수

99
ELISA에서 2차 항체에 붙는 효소의 역할은?

① 항원 결합 ② 신호 증폭(발색/형광)
③ 단백질 분리 ④ pH 조정

2차 항체
- HRP, AP 등 효소 결합
- 발색 기질 반응으로 신호 생성
- 민감도↑, 검출 효율↑

100
전기영동에서 로딩 버퍼의 역할은?

① 단백질 발현 촉진
② 전하 제거
③ 농도 희석
④ 샘플 밀도 증가 · 색소 첨가

로딩 버퍼
- 글리세롤 등 → 밀도↑
- 브로모페놀블루 등 → 이동 확인
- 샘플 안정적 주입 보장

101
미생물 안전 등급 BSL-1의 특징은?

① 치명적 병원체 취급
② 일반 무해 미생물 취급
③ 공기 전파 위험
④ 치료법 없음

BSL-1
- 일반 대장균 K-12 등 무해성 균
- 기본 위생 조치만 필요
- 생물안전 최소 수준

정답 95 ① 96 ② 97 ② 98 ④ 99 ② 100 ④ 101 ②

102
미생물 안전 등급 BSL-2에서 요구되는 조건은?
① 음압 시설, 전신 보호복
② 일반 실험실 수준
③ 생물안전캐비닛(BSC) 사용
④ 액체질소 보관

BSL-2
- 중등도 위험 미생물 (병원성 대장균 등)
- BSC 사용 필수
- PPE 착용 · 출입 제한 요구

103
BSL-3 수준의 대표적 병원체는?
① 효모
② 결핵균
③ 대장균 K-12
④ 일반 곰팡이

BSL-3
- 공기 전파, 중증 감염 유발
- 결핵균 · 황열바이러스 포함
- 음압 실험실 필요

104
BSL-4 병원체의 특징은?
① 치료 가능
② 인체 치명률 높고 치료법 없음
③ 무해성
④ 산업균 전용

BSL-4
- 에볼라, 마버그 바이러스 등
- 전신 보호복 · 격리 필수
- 최고 위험 수준

105
미생물 균주 보관 방식 중 초저온(-70℃) 보관의 장점은?
① 변이율 증가
② 장기 안정성 확보
③ 균주 사멸 촉진
④ 오염 증가

초저온 보관
- 대사 거의 정지 → 안정성↑
- 액체질소 저장 병행
- 연구용 표준

106
액체질소 탱크(-196℃)에서 균주 보관 시 주의사항은?
① 멸균 불필요
② PPE 착용 필수
③ 항상 상온 유지
④ 산성 용액 첨가

액체질소 안전
- 피부 · 안구 동상 위험
- 보호장비 필수
- 누출 · 환기 주의

107
무균 작업대(BSC)의 주 기능은?
① 실험자 보호 + 시료 오염 방지
② 시약 건조
③ pH 측정
④ 증류수 공급

BSC 기능
- HEPA 필터 → 미생물 차단
- 실험자 · 시료 · 환경 보호
- BSL-2 이상에서 필수

정답 102 ③ 103 ② 104 ② 105 ② 106 ② 107 ①

108
오토클레이브 멸균의 표준 조건은?

① 80℃, 5분   ② 100℃, 30분
③ 121℃, 15분   ④ 150℃, 60분

오토클레이브
- 121℃, 15분, 1기압 초과
- 포화 증기로 멸균
- 실험실 표준 SOP

109
평판 배양법의 목적은?

① 단백질 정량   ② 단일 콜로니 분리
③ DNA 증폭   ④ 효소 활성 측정

평판 배양
- 도말 → 단일 세포 기원 콜로니 형성
- 순수 배양 확보
- 균주 동정·보존에 필수

110
미생물 성장 곡선에서 지연기(lag phase)의 특징은?

① 세포 수 급격히 증가
② 영양 고갈
③ 대사 조절·적응 단계
④ 세포 사멸

지연기
- 대사 준비 단계
- 유전자 발현 조절
- 증식 시작 전 안정화

111
미생물 성장 곡선의 대수기(log phase) 특징은?

① 성장 정지
② 세포 분열 활발·지수적 증가
③ 영양 부족
④ 사멸 단계

대수기
- 세포 분열 최고 속도
- 생리·생화학적 시험 최적 시기
- 배양 조건 영향 큼

112
무균 조작에서 알코올 램프 사용 목적은?

① 산도 조절   ② 멸균 구역 형성
③ 시료 가열   ④ 냉각 촉진

알코올 램프
- 화염 주변 공기 상승 → 무균 구역
- 도구 멸균·공기 흐름 확보
- 무균 배양 핵심

113
현미경 그람염색법에서 그람양성균은 어떤 색으로 나타나는가?

① 붉은색   ② 보라색
③ 무색   ④ 녹색

그람염색
- Gram+ : 두꺼운 펩티도글리칸 → Crystal violet 유지 → 보라색
- Gram- : 탈색 후 safranin → 붉은색

114
미생물 시험에서 CFU/mL 측정의 목적은?

① 생균수 정량
② 단백질 농도 확인
③ DNA 서열 해독
④ 효소 활성 확인

CFU 측정
- Colony Forming Unit
- 배지에서 형성된 콜로니 수 기반
- 생균 농도 추정

정답 108 ③ 109 ② 110 ③ 111 ② 112 ② 113 ② 114 ①

115
멸균 실패 시 가장 먼저 확인할 요소는?
① 전극 감도
② 증기 압력 · 온도 · 시간 조건
③ DNA 순도
④ 단백질 농도

멸균 실패 대응
- 조건 미달이 원인 다수
- 121℃, 15분 유지 필수
- SOP 점검 필요

116
EtBr(에티듐 브로마이드) 취급 시 필수 조치는?
① 차광 필요 없음
② 무해 물질로 일반 폐기 가능
③ 발암성 · 돌연변이 유발 → 전용 폐기통 사용
④ 상온 노출 권장

EtBr
- 강력한 돌연변이 유발
- 차광 · 전용 폐기 필수
- 대체 염료(SYBR Green) 권장

117
아크릴아마이드(Acrylamide)의 주요 위험성은?
① 독성 없음
② 신경독성 · 발암 가능성
③ 단백질 안정화
④ 멸균 촉진

아크릴아마이드
- 겔 제조용 시약
- 신경독성 · 발암 가능
- 조제 · 취급 시 흄후드 필수

118
MSDS(Material Safety Data Sheet)의 주요 목적은?
① 물질의 화학적 순도 기록
② 전기영동 조건 설정
③ 분석 시료 준비
④ 물질의 유해성 · 취급 · 응급조치 제공

MSDS
- 위험성 · 응급조치 안내
- 보관 · 폐기 지침 포함
- GMP 필수 문서

119
GMP 환경에서 미생물시험 데이터 무결성 확보의 핵심은?
① 기기 오차 허용
② SOP 미준수 허용
③ 기록 · 추적성 관리
④ 시료 폐기 무기록

데이터 무결성
- SOP 기반 기록 · 검증
- 배치별 추적성 확보
- 규제기관 감사 핵심 항목

정답 115 ② 116 ③ 117 ② 118 ④ 119 ③

07 제조용수·가스 시험

1 제조용수 시험

① 제조용수 기초

㉠ 제조용수는 의약품 및 바이오제품 생산 공정 전반에 사용하는 물로 정의
- 세포 배양, 배지 조제, 발효 공정, 원료 희석, 세척, 멸균 등 전 과정에 활용
- 제조용수는 단순한 부자재가 아니라 최종 제품의 품질과 안전성을 결정하는 핵심 요소

㉡ 제조용수의 종류는 GMP 및 약전 기준에 따라 구분
- 음용수(Potable Water) : 일반 상수도로, 전처리 후 제조용수 생산에 사용
- 정제수(Purified Water, PW) : 역삼투(RO), 이온 교환, 증류 등으로 정제된 물로 주로 세척, 배양, 분석용으로 사용
- 주사용수(Water for Injection, WFI) : 다단 증류 또는 멤브레인 기술(역삼투+전기탈이온, EDI)을 통해 제조되며, 무균 제제·주사제 제조에 사용
- 기타 특수용수 : 초순수(UPW), 순환수(Loop Water) 등으로 연구·생산 현장에서 별도로 관리

㉢ 제조용수의 품질은 각국 약전(한국약전 KP, 미국약전 USP, 유럽약전 EP)에 따라 충족
- 미생물 기준 : 정제수 ≤ 100 CFU/mL, WFI 무균 상태
- 엔도톡신 기준 : WFI ≤ 0.25 EU/mL
- TOC 기준 : ≤ 500 ppb
- 전도도 기준 : 25℃에서 ≤ 1.3 μS/cm
- 금속 불순물 : 납, 구리, 아연, 철 등 중금속은 불검출 기준

▸ 제조용수는 생산 현장에서 배관 시스템을 통해 순환 사용
▸ 품질 이상 시 배치 전체의 품질 문제가 발생하므로 철저히 관리

② 제조용수 검체 채취 기초

㉠ 검체 채취는 대표성을 확보하도록 계획된 지점에서 수행
- 원수 저장조, 정제수 저장조, 순환 배관, 말단 사용 지점, 주요 밸브 등
- 채취 지점은 밸리데이션 시 설정되며, 위험도 기반 접근(Risk-Based Approach)으

로 주기 결정

 ⓛ 검체 채취 과정은 무균 조작법으로 오염을 방지
- 멸균 용기를 사용하고, 채취 전 배관은 일정 시간 배수 후 샘플링
- 멸균 장갑·마스크 착용, 채취구 불꽃 멸균 또는 알코올 소독 후 채취

 ⓒ 채취 절차는 표준화된 문서에 따라 기록
- 채취 지점, 시간, 담당자, 채취 방법, 운반 경로, 도착 시간 모두 기록
- 운반은 냉장(2~8℃) 또는 상온에서 안정성 검증 후 관리
- 채취 후 4시간 이내 시험 시작 원칙 → 지연 시 검체 무효 처리
- 대량 배치에서는 채취 빈도를 높이고, 중요 지점(루프 말단)은 매일 검사
- 채취 기록은 GMP 문서 관리 절차에 따라 최소 5년 이상 보관

> ▸ 검체 채취 오류는 시험 결과의 신뢰성을 저하시켜 품질보증 실패로 연결

③ 제조용수의 미생물 시험 기초

 ㉠ 미생물 시험은 집락 형성 단위(CFU/mL)로 오염도를 평가
- **멤브레인 여과법** : 대량 시료(100 mL 이상)를 여과 후 배지에서 배양 → 미량 오염 검출에 적합
- **평판 배양법** : 일정량을 평판 배지에 도말하여 배양 → 일반적 정성·정량 검사에 사용
- **MPN법**(가장 가능성이 높은 수법) : 희석 계열을 통해 미생물 오염 정도 추정

 ⓛ 배양 조건은 시험 목적에 따라 구분
- 세균 : 30~35℃, 48~72시간
- 곰팡이·효모 : 20~25℃, 5~7일
- 호기성/혐기성 조건을 설정하여 광범위 미생물 탐지

 ⓒ 허용 기준은 용도별로 규정
- 정제수 : ≤ 100 CFU/mL
- 주사용수 : 무균 상태 충족 + 엔도톡신 ≤ 0.25 EU/mL
- 배양 후 생성된 집락은 형태학적 관찰과 추가 동정 시험으로 확인
- 결과는 시험일지 및 전산 시스템에 보관 → 추적 가능성 확보

> ▸ 허용 기준 초과 시 즉시 원인 조사, 배관·저장조 세정, 재검증 수행

④ 제조용수의 이화학 시험 기초

 ㉠ 이화학 시험 항목은 물의 화학적·물리적 안정성을 확인
- pH : 5.0~7.0 유지 → 세포 배양 및 반응 안정성 확보

- 전도도 : 25℃에서 ≤ 1.3 μS/cm → 이온 농도 지표
- TOC : ≤ 500 ppb → 유기물 오염 여부 확인
- 무기 이온 : Na^+, K^+, Ca^{2+}, Cl^- 등 불순물 확인
- 중금속 : 납, 철, 구리, 아연 등 불검출 수준

ⓒ 시험 방법은 온라인 · 오프라인으로 구분
- 온라인 : 전도도계, TOC 센서, 유량계 → 실시간 모니터링
- 오프라인 : ICP-MS, 이온 크로마토그래피, HPLC 등 분석 장비 활용

ⓒ 품질 기준은 약전 및 GMP 규정에 따라 적용
- KP(대한민국 약전), USP(미국 약전), EP(유럽 약전) 모두 공통적 기준 적용
- 시험 결과는 전자 기록 시스템에 저장 → 변경 · 삭제 불가

▸ 기준 초과 시 CAPA(Corrective and Preventive Action)를 즉시 시행

⑤ 이상 발생 등 표준작업 절차

㉠ 이상 발생 시 시험자는 즉시 상위 부서와 품질보증(QA)에 보고 : 시험자는 단독으로 판단하지 않고, QA 승인 하에 조치 진행

ⓒ 이상 발생 지점 · 항목 · 수치를 GMP 문서 양식에 따라 기록 : 배관 · 저장조 청소 기록, 장비 로그, 샘플링 일지 모두 대조 확인

ⓒ 조치 절차는 SOP에 따라 단계적으로 수행
- 미생물 오염 : 배관 CIP · SIP 세정, 고온 증기 멸균 → 재시험
- 전도도 · TOC 이상 : RO막, 이온 교환수지 교체, 전처리 공정 강화
- 엔도톡신 검출 : 원수 전처리 · 필터 교체, 살균 장치 검증

▸ 조치 완료 후 재시험으로 정상 복귀 여부 확인
▸ 이상 관리 기록은 최소 5년 이상 보관하여 GMP 심사 시 제시
▸ 재발 방지를 위해 CAPA 계획 수립 및 교육 강화 시행

2 가스 시험

① 질소, 산소, 공기, 이산화탄소 가스라인의 구별

㉠ 질소(N_2)는 불활성 가스로 세포 배양기 · 멸균기 · 저장탱크의 산소 제거에 사용
- 무색 · 무취로 산화 반응을 억제하고 제품 산화를 방지
- 산소 농도 감소로 미생물 성장 억제 효과 확보

ⓒ 산소(O_2)는 세포 배양, 호기성 발효 공정에서 세포 호흡을 지원하도록 사용
- 산소 농도는 용존 산소(DO) 센서로 실시간 제어
- 과도한 산소 공급은 세포 독성을 유발할 수 있으므로 제어가 필요

ⓒ 압축 공기(Air)는 발효조 교반, 멸균 공정, 공압 밸브 구동에 사용
- 공급 전 필터링 및 제습 과정을 거쳐 입자·수분 제거
- 무균 공정에서는 0.22 μm 멤브레인 필터로 여과하여 멸균 공기 공급

ⓔ 이산화탄소(CO_2)는 배양기의 pH 조절 및 세포 대사 균형 유지에 사용
- 이산화탄소(CO_2) 농도는 보통 5% 전후로 유지
- 세포 배양액 내 중탄산이온(HCO_3^-)과 이산화탄소(CO_2) 평형을 통해 완충 작용

▶ 각 가스는 배관 색상, 라벨링, 밸브 표식으로 명확히 구별
▶ 잘못 연결 시 발효 실패·세포사멸 등 심각한 문제로 직결

② 가스 라인의 압력 확인 및 밸브 작동

㉠ 가스 라인의 압력은 안정적 공급을 위해 확인
- 질소·산소·공기 라인은 일반적으로 2~6 bar 범위 유지
- CO_2 라인은 배양기·공정기기 기준에 맞춰 0.5~1 bar 범위 유지

㉡ 압력계와 안전밸브는 정기적으로 검교정하여 정확도를 확보
- 압력 이상 시 알람 발생, 자동 차단 기능 탑재
- 압력 불안정 시 가스 유량·공정 조건에 직접 영향

㉢ 밸브 작동은 SOP에 따라 단계적으로 수행
- 개폐 방향, 개방 속도, 체결 상태를 확인
- 응급 상황 시 즉시 폐쇄할 수 있는 긴급 차단 밸브 설치 : 밸브 조작 오류는 가스 누출·압력 급상승으로 안전사고 유발

③ 가스 관리 규정

㉠ GMP 및 안전 규정에 따라 가스의 취급·저장을 관리
- 고압가스안전관리법, 산업안전보건법에 따른 규정 준수
- 가스 실린더는 전도 방지 체인으로 고정, 직사광선·열원 차단

㉡ 가스 사용 구역은 환기 설비를 갖추어 관리
- 산소 농도계 설치, CO_2 누출 시 환기 팬 자동 작동
- 폭발성 혼합 방지를 위한 통풍구 확보

ⓒ 취급자 교육을 정기적으로 실시
- 밸브 개폐 요령, 압력계 확인법, 누출 대처 절차 숙지
- 비상시 보호구 착용, 소화기 사용법 교육 : 규정 미준수는 폭발·질식·오염 등 위험으로 이어짐

④ 가스 검체 채취

㉠ 가스 검체는 멸균된 전용 용기(가스 백·샘플링 실린더)를 사용해 채취
- 채취 전 라인 플러싱으로 잔류 가스를 제거
- 샘플 용기 내부 압력과 라인 압력 균형 후 채취

㉡ 채취 시 대표성을 확보하도록 여러 지점에서 수행
- 공급원(실린더·저장조), 배관 중간 지점, 말단 사용 지점
- 밸리데이션 결과에 따라 채취 주기 결정

㉢ 채취 후 검체는 즉시 밀봉·라벨링하여 기록
- 채취자, 일시, 지점, 압력 조건, 용기 번호 기록
- 시험 지연 시 검체 품질 저하 방지를 위해 보관 조건 준수

⑤ 가스의 이화학 시험 기초

㉠ 가스 이화학 시험은 순도·압축 특성·불순물 여부를 확인
- 산소 : 순도 ≥ 99.5%, 불순물(일산화탄소, 질소 산화물) 불검출
- 질소 : 순도 ≥ 99.9%, 산소 ≤ 10 ppm 이하
- CO_2 : 순도 ≥ 99.0%, 수분·일산화탄소·황화합물 불검출
- 압축 공기 : 입자, 수분, 오일, 미생물 시험 모두 적합

㉡ 시험 방법은 가스크로마토그래피(GC), FT-IR, 질량분석기로 수행
- 산소·질소 : GC-TCD 검출기 활용
- CO_2 : 적외선 흡수법
- 압축 공기 : 입자계수기, 수분 분석기, 오일 미스트 검출기 활용, 기준 초과 시 공급원 점검·필터 교체·배관 세정 실시

⑥ 가스의 미생물 시험 기초

㉠ 멸균 공정용 가스는 무균 상태임을 시험으로 확인
- 압축 공기·질소·산소 등은 0.22 μm 필터 통과 후 멸균 상태 유지
- CO_2는 멸균 필터와 살균 장치를 통해 공급

㉡ 미생물 시험은 공기포집기·막여과법으로 수행
- 일정량의 가스를 멸균 배지에 포집·여과 후 배양

- 세균 : 30~35℃, 48~72시간 / 곰팡이 · 효모: 20~25℃, 5~7일

ⓒ 허용 기준은 "검출되지 않음"으로 적용
- 무균 공정 가스에서 CFU 검출 시 즉시 이상 처리
- 미생물 검출은 배관 오염 · 필터 파손 · 공급원 오염을 의미

⑦ 가스 누출 등 이상 발생 시 표준작업 절차

㉠ 이상 발생 시 감지 · 알람 시스템을 통해 즉시 보고
- CO_2 · 산소 농도계, 압력 센서, 유량 센서로 이상 탐지
- 알람 발생 시 자동 밸브 차단

㉡ 이상 발생 시 기록 사항을 문서화하여 기록 : 발생 지점, 시간, 압력 조건, 시험 항목, 대응 조치

㉢ 조치 절차는 SOP에 따라 단계적으로 수행
- **가스 누출** : 밸브 폐쇄, 환기 설비 가동, 작업자 대피
- **압력 이상** : 압력 조정 밸브 점검, 실린더 교체
- **미생물 검출** : 배관 세정 · 필터 교체, 재시험

▸ 조치 후 재시험으로 정상 복귀 여부 확인
▸ 이상 관리 기록은 5년 이상 보존하여 GMP 심사 시 제시
▸ 동일 이상 재발 방지를 위한 CAPA 수립 · 교육 시행

핵심유형익히기

01
제조용수의 정의로 가장 알맞은 것은?
① 단순 세척수
② 연구실에서만 쓰이는 물
③ 의약품·바이오제품 생산 전반에 사용하는 물
④ 산업폐수 처리용 물

제조용수 정의
- 세포 배양, 발효, 희석, 세척, 멸균 등 전 과정에 사용
- 최종 제품 품질·안전성에 직접적 영향
- 부자재가 아닌 핵심 품질 요소

02
정제수(Purified Water, PW)의 제조 방법으로 옳은 것은?
① 자연 증발
② 역삼투(RO), 이온교환, 증류
③ 단순 여과
④ 해수 증발

정제수 제조
- RO, 이온교환, 증류법 등으로 정제
- 주로 세척, 배양, 분석용으로 사용
- 미생물 기준 ≤100 CFU/mL

03
WFI의 엔도톡신 허용 기준은?
① ≤ 1.0 EU/mL   ② ≤ 0.5 EU/mL
③ ≤ 0.25 EU/mL   ④ 없음

엔도톡신 기준
- 발열성 독소 → 주사제 안전성 핵심
- WFI ≤025 EU/mL
- LAL 시험으로 확인

04
주사용수(WFI)의 특징으로 옳은 것은?
① 일반 상수도 수준
② 세척 전용
③ 다단 증류·EDI 등으로 제조, 무균 제제용
④ 음용수와 동일

WFI
- 무균 제제·주사제 필수
- 엔도톡신 ≤025 EU/mL
- 고도 정제공정 필요

05
제조용수 중 음용수(Potable Water)의 주요 활용은?
① 직접 주사제 제조
② 배관 CIP 전용
③ 정제수·주사용수 생산 전처리
④ 멸균 공정 전용

음용수
- 일반 상수도 사용
- 정제수/WFI 생산의 원수
- 직접 고위험 제품엔 사용 불가

06
제조용수의 TOC 허용 기준은?
① ≤ 50 ppm   ② ≤ 500 ppb
③ ≤ 5%   ④ ≤ 0.25 EU/mL

TOC 기준
- 유기물 오염 지표
- 약전 기준 ≤500 ppb
- 이상 시 오염원 추적·CIP 필요

정답 01 ③ 02 ② 03 ③ 04 ③ 05 ③ 06 ②

07
제조용수 전도도의 허용 기준(25℃)은?
① ≤ 1.3 μS/cm   ② ≤ 13 μS/cm
③ ≤ 0.13 μS/cm   ④ ≤ 10 μS/cm

전도도 기준
- 이온 농도 지표
- 25℃에서 ≤13 μS/cm
- 약전 · GMP 공통 기준

08
제조용수 관리에서 중금속 허용 기준은?
① 철 · 구리 검출 허용
② 납 · 구리 · 아연 모두 불검출
③ 기준 없음
④ 소량 검출 허용

중금속 관리
- 납 · 구리 · 아연 · 철 등 불검출 기준
- 제품 안정성 · 안전성 확보 목적
- ICP-MS 등으로 분석

09
제조용수가 생산 현장에서 공급되는 방식은?
① 일회성 운반   ② 개별 병 포장
③ 배관 시스템 순환   ④ 탱크로리 배송

공급 방식
- Loop system 통해 순환
- 온도 · 압력 · 속도 일정 유지
- Dead leg 방지 설계 필요

10
제조용수 이상 발생 시 가장 큰 위험은?
① 장비 부식
② 배치 전체 품질 문제
③ 생산 속도 지연
④ 비용 증가

이상 발생 위험
- 배치 단위 전량 불합격
- 제품 안전성 위협
- CAPA 즉각 시행 필수

11
검체 채취 지점 선정 기준은?
① 담당자 임의
② 밸리데이션 · 위험도 기반
③ 생산자 판단
④ 하루 단위 변경

채취 지점
- 원수 저장조, 정제수 탱크, 루프 말단 등
- Risk-based 접근 필수
- 밸리데이션으로 확정

12
검체 채취 전 배관 관리 절차는?
① 즉시 채취
② 일정 시간 배수 후 채취
③ 채취구 소독 불필요
④ 비멸균 용기 사용

채취 전처리
- 일정 시간 플러싱
- 멸균 용기 사용
- 채취구 불꽃 멸균 · 소독 후 수행

13
제조용수 채취 시 권장되는 운반 조건은?
① 상온 무제한
② 고온 유지
③ 냉동 필수
④ 2~8℃ 냉장 또는 검증된 조건

정답 07 ①   08 ②   09 ③   10 ②   11 ②   12 ②   13 ④

운반 조건
- 안정성 검증된 온도 유지
- 일반적으로 2~8℃
- 지연 시 검체 무효

14
채취 후 시험 시작까지의 권장 시간은?
① 24시간　　② 12시간
③ 4시간 이내　④ 48시간

분석 시작 시간
- 채취 후 4시간 내 시작
- 지연 시 오염 · 변질 위험
- SOP 위반 시 데이터 무효

15
채취 기록에 포함되지 않는 항목은?
① 채취 지점　② 채취 시간
③ 담당자 혈액형　④ 운반 경로

기록 관리
- 지점 · 시간 · 담당자 · 운반 조건 모두 기록
- QA 문서 관리에 보관 ≥5년
- 추적성 확보 핵심

16
검체 채취 오류의 주요 결과는?
① 시험 결과 신뢰성 저하
② 물 절약
③ 세포 배양 촉진
④ 생산속도 향상

오류 결과
- 데이터 무효 처리
- 품질보증 실패 연결
- CAPA 재발 방지 필요

17
제조용수 채취 시 작업자가 착용해야 하는 보호구는?
① PPE 불필요　② 멸균 장갑 · 마스크
③ 방진복만　　④ 신발 덮개만

보호구
- 멸균 장갑 · 마스크 착용 필수
- 오염 방지 목적
- QA 감사 항목

18
제조용수 채취 지점 중 가장 중요한 곳은?
① 루프 말단　② 저장조 상단
③ 실험실 수도꼭지　④ 냉장고 내부

루프 말단
- 오염 위험 가장 높은 지점
- 매일 검사 대상
- 시스템 위생 확인

19
제조용수 검체 채취 문서 보관 기간은?
① 1년　　② 2년
③ 3년　　④ 최소 5년

문서 관리
- GMP 규정상 ≥5년 보관
- QA · 규제기관 감사 근거
- 데이터 무결성 핵심

20
대량 배치에서 검체 채취 빈도 관리 원칙은?
① 일정 주기 유지
② 배치 규모 커질수록 채취 빈도↑
③ 소량만 채취
④ 필요시만 채취

정답　14 ③　15 ③　16 ①　17 ②　18 ①　19 ④　20 ②

채취 빈도
- 대량일수록 위험도 ↑
- 채취 빈도 강화 필요
- CAPA · QA 기록에 반영

21
제조용수 미생물 시험에서 가장 많이 쓰이는 단위는?

① ppm
② EU/mL
③ CFU/mL
④ μS/cm

CFU 단위
- 집락 형성 단위
- 시료 내 생균수 정량 지표
- QC · QA 표준

22
멤브레인 여과법의 장점은?

① 소량 시료만 가능
② 대량 시료 여과 → 미량 오염 검출 유리
③ 단순 정성시험 전용
④ 배양 불필요

멤브레인 여과
- 100 mL 이상 시료 처리 가능
- 소량 오염도 검출 민감도 ↑
- 제조용수 시험에 표준

23
평판 배양법의 특징은?

① 대량 여과 필요
② 시료 직접 도말 · 배양
③ 무균성 확인 불가
④ 비용 매우 높음

평판 배양
- 시료 일정량 도말 후 배양
- 정성 · 정량 시험에 활용
- 형태학적 관찰 용이

24
MPN법의 특징은?

① 정밀 농도 측정법
② 확률 기반 오염 추정
③ 배양 불필요
④ 즉시 결과 제공

MPN법
- Most Probable Number
- 희석 계열 기반 확률적 정량
- 환경 · 용수 시험에 활용

25
세균 검출용 배양 조건은?

① 10℃, 24시간
② 30~35℃, 48~72시간
③ 50℃, 10시간
④ 4℃, 7일

세균 배양
- 중온성 세균 검출 기준
- 48~72시간 관찰
- 정제수 · WFI 시험 적용

26
곰팡이 · 효모 배양 조건은?

① 37℃, 24시간
② 10℃, 3일
③ 4℃, 1일
④ 20~25℃, 5~7일

곰팡이 · 효모
- 저온 · 장기 배양 필요
- 환경성 미생물 검출 적합
- WFI 검사 시 중요

정답 21 ③ 22 ② 23 ② 24 ② 25 ② 26 ④

27
정제수의 미생물 허용 기준은?

① ≤ 10 CFU/mL ② ≤ 100 CFU/mL
③ 무균 상태 ④ 제한 없음

정제수 기준
- ≤100 CFU/mL
- 배치별 시험 필수
- GMP 표준 규정

28
주사용수(WFI)의 미생물 기준은?

① ≤100 CFU/mL ② 1.3 μS/cm
③ ≤500 CFU/mL ④ 무균 상태 충족

WFI 기준
- 무균 상태 유지
- 엔도톡신 ≤025 EU/mL 병행
- 주사제 안전성 핵심

29
미생물 시험 결과가 허용 기준 초과 시 즉시 수행할 조치는?

① 시험 반복
② 원인 조사 및 배관 세정 · 재검증
③ 무시
④ 기준 완화

초과 대응
- 배관 · 저장조 CIP/SIP
- 원인 조사 · CAPA 시행
- 재시험으로 복귀 여부 확인

30
미생물 시험 결과는 어디에 보관해야 하는가?

① 개인 노트
② 시험일지 및 전산 시스템
③ 담당자 휴대폰
④ 현장 게시판

결과 관리
- 문서 · 전자 기록 병행
- 삭제 · 변경 불가
- 추적 가능성 확보 필수

31
제조용수의 pH 허용 범위는?

① 4.0~6.0 ② 5.0~7.0
③ 6.5~8.0 ④ 7.5~9.0

pH 관리
- 세포 배양 안정성 확보
- 50~70 유지
- 편차 발생 시 공정 영향

32
제조용수 전도도 측정 목적은?

① 단백질 농도 확인
② 산도 측정
③ 이온 농도 지표
④ 미생물 정량

전도도 측정
- 이온 농도 · 순도 확인
- 25℃ ≤13 μS/cm
- 품질 지표 표준

33
TOC 시험의 목적은?

① 유기물 오염 확인 ② 미생물 확인
③ 무기염 분석 ④ 산도 측정

TOC 관리
- Total Organic Carbon
- ≤500 ppb 기준
- 유기물 오염 여부 판단

정답 27 ② 28 ④ 29 ② 30 ② 31 ② 32 ③ 33 ①

34
금속 불순물 검출 시 사용하는 분석법은?

① IR ② ICP-MS
③ HPLC ④ 전기영동

ICP-MS
- 중금속 극미량 검출
- 납, 구리, 철 등 관리
- 약전 규정 충족 필요

35
제조용수 이온 분석에 적합한 기법은?

① 가스크로마토그래피
② 이온 크로마토그래피
③ NMR
④ FT-IR

이온 크로마토그래피
- Na^+, K^+, Ca^{2+}, Cl^- 등 분석
- 정량 정확성 높음
- 용수 관리 필수 도구

36
온라인 시험 항목에 해당하지 않는 것은?

① 전도도 ② TOC
③ 유량 ④ ICP-MS

온라인 vs 오프라인
- 온라인: 전도도, TOC, 유량
- 오프라인: ICP-MS, HPLC
- 실시간 모니터링 차이

37
WFI의 전도도 허용 기준은?

① ≤1.3 μS/cm ② ≤13 μS/cm
③ ≤0.13 μS/cm ④ ≤10 μS/cm

전도도 기준
- 25°C ≤13 μS/cm
- 정제수 · WFI 동일 기준
- 전도도 센서로 실시간 모니터링

38
제조용수의 이화학 시험 결과 기록 요건은?

① 삭제 가능
② 전자 기록 · 변경 불가
③ 담당자 개인 기록만
④ 1년 보관 후 폐기

기록 관리
- 전자기록 · SOP 준수
- 변경 · 삭제 불가
- 데이터 무결성 보장

39
제조용수 품질 기준은 어디에 규정되어 있는가?

① GMP 및 약전(KP · USP · EP)
② 개별 회사 기준
③ 연구자 판단
④ 담당자 임의

기준 근거
- 대한민국약전(KP), USP, EP
- GMP 규정과 연계
- 국제적 통일성 유지

40
이화학 시험에서 기준 초과 시 조치는?

① 기록만 남김 ② CAPA 즉시 시행
③ 기준 완화 ④ 시험 생략

초과 대응
- CAPA → 원인 분석 · 수정
- 재시험 · 밸리데이션 수행
- QA 승인 후 정상 복귀

정답 34 ② 35 ② 36 ④ 37 ① 38 ② 39 ① 40 ②

41
제조용수 시험 이상 발생 시 최초 보고 대상은?
① 시험자 본인 기록만
② 상위 부서 및 품질보증(QA)
③ 연구원 동료
④ 생산팀 관리자

보고 체계
- 시험자는 단독 판단 불가
- QA 승인 하에 조치 진행
- GMP 문서 관리 기준

44
TOC · 전도도 이상 발생 시 주요 조치는?
① 시료 폐기
② RO막 · 이온 교환수지 교체
③ 분석 기기 교체
④ 기준 완화

TOC · 전도도 대응
- RO막, 이온 교환수지 점검 · 교체
- 전처리 공정 강화
- 정상 복귀 시 재시험

42
이상 발생 시 반드시 기록해야 하는 사항이 아닌 것은?
① 발생 지점   ② 수치 · 항목
③ 담당자 혈액형 ④ 조치 결과

기록 관리
- 지점, 수치, 시간, 담당자 모두 기록
- 불필요 정보 기록 금지
- 추적성 확보 필수

45
엔도톡신 검출 시 우선 확인할 사항은?
① 시료 보관 온도
② 원수 전처리 및 필터 상태
③ 시험자 이름
④ pH 값

엔도톡신 대응
- 원수 전처리 · 필터 교체 검토
- 살균 장치 검증 필수
- 재검증으로 확인

43
미생물 오염 발생 시 대표적인 조치는?
① 증류수 추가
② 배관 CIP · SIP 세정 후 재시험
③ 결과 무시
④ 기준 완화

미생물 대응
- 세정 · 멸균으로 재발 방지
- 재시험 필수
- CAPA 문서화 필요

46
제조용수 이상 처리 기록의 보관 기간은?
① 1년   ② 2년
③ 3년   ④ 최소 5년

기록 보관
- GMP 규정상 ≥5년 보관
- QA · 규제기관 감사 대상
- 재발 방지 자료로 활용

정답 41 ② 42 ③ 43 ② 44 ② 45 ② 46 ④

47
이상 발생 후 조치 정상 복귀 확인 방법은?
① 담당자 구두 보고　② 재시험 수행
③ 기준 완화　　　　④ 기록 생략

> 정상 확인
> • CAPA 후 반드시 재시험
> • 데이터 적합성 검증
> • 문서화 필수

48
재발 방지를 위한 핵심 관리 절차는?
① CAPA 계획 수립 · 교육 강화
② 결과 은폐
③ 생산량 증가
④ 기준 완화

> 재발 방지
> • 시정 · 예방 조치 계획 수립
> • 작업자 교육 강화
> • QA 승인 후 시행

49
이상 발생 시 작업자가 독단적으로 판단하면 안 되는 이유는?
① 업무 부담 증가
② QA 승인 없이 조치 시 GMP 위반
③ 보고가 번거로움
④ 결과가 빨라짐

> 독단 판단 위험
> • QA 승인 없는 조치 → 규제 위반
> • 데이터 무효 · 심사 불합격
> • 품질보증 절차 필수

50
제조용수 이상 대응 시 우선 원칙은?
① 즉시 조치 · 기록 · 보고
② 결과 은폐
③ 시험 지연
④ 기준 완화

> 우선 원칙
> • 이상 발견 즉시 작업 중단
> • 기록 · 보고 · 조치 단계적 수행
> • GMP 데이터 무결성 확보

51
질소(N_2)의 주요 용도는?
① 산소 공급　　　② 불활성 환경 조성
③ 세포 배양 촉진　④ 발효 교반

> 질소 활용
> • 불활성 환경 유지
> • 제품 산화 방지
> • 산소 제거 · 저장 안정성 확보

52
산소(O_2)의 주요 활용은?
① 무균 작업대 소독
② 호기성 발효 공정 지원
③ 세포 독성 억제
④ 멸균기 가열

> 산소 활용
> • 세포 호흡 필수
> • DO 센서로 제어
> • 과잉 공급 시 세포 독성 유발

정답 47 ②　48 ①　49 ②　50 ①　51 ②　52 ②

53
압축 공기(Air)의 대표적 활용은?
① 배양기 pH 조절
② 발효조 교반 · 멸균 공정 · 밸브 구동
③ 무균 공정 차단
④ 냉각수 대체

압축 공기
- 발효조 교반 · 멸균 · 밸브 구동
- 필터링 · 제습 후 사용
- 무균 공정에선 022 μm 여과

54
CO_2의 주요 역할은?
① 세포 배양 pH 조절
② 발효조 교반
③ 단백질 정량
④ 엔도톡신 제거

CO_2 기능
- pH 완충 작용(HCO_3^-/CO_2 평형)
- 보통 5% 전후 유지
- 세포 대사 균형 유지

55
가스 배관 색상 · 라벨링 · 밸브 표식이 중요한 이유는?
① 미적 효과
② 발효 실패 · 세포사멸 방지
③ 세포 배양 속도 증가
④ 공기 질 향상

라벨 관리
- 가스 오연결 시 발효 실패
- 세포 사멸 · 품질 문제 직결
- 표식 · 라벨링 필수

56
잘못 연결된 가스라인의 위험은?
① 공정 효율 증가
② 발효 실패 · 세포 사멸
③ 무균성 개선
④ 산화 방지

연결 오류
- O_2/CO_2 공급 오류 → 세포 사멸
- 공정 실패 · 배치 불합격
- SOP 점검 필수

57
가스 공급 시 반드시 필요한 전처리는?
① 단순 개방
② 필터링 · 제습 처리
③ 고온 멸균
④ 산도 조정

전처리
- 입자 · 수분 제거 필수
- 압축 공기 022 μm 여과
- 무균 공정 안정성 확보

58
멸균 공정용 공기 공급 시 필수 필터는?
① 1 μm ② 0.45 μm
③ 0.22 μm ④ 5 μm

무균 필터
- 022 μm 멤브레인
- 세균 · 진균 차단
- 멸균 공정 표준

정답 53 ② 54 ① 55 ② 56 ② 57 ② 58 ③

59
CO_2 농도 제어가 중요한 이유는?
① 단백질 합성 촉진　② 배양액 pH 안정화
③ 세포 독성 유발　　④ 전도도 감소

CO_2 제어
- 보통 5% 전후 유지
- HCO_3^-와 평형 → 완충 효과
- 세포 대사 · 배양 안정성 확보

60
질소 공급의 주요 효과는?
① 산소 농도 증가　② 산화 반응 억제
③ 세포 호흡 촉진　④ pH 조절

질소 효과
- 산소 제거로 산화 억제
- 미생물 성장 억제 효과
- 제품 안정성 보장

61
일반적인 질소 · 산소 · 공기 라인의 압력 범위는?
① 0.1~0.5 bar　② 1~2 bar
③ 2~6 bar　　　④ 10 bar 이상

압력 기준
- 일반 라인: 2~6 bar 유지
- 안정적 공급 필수
- 압력 이상 시 알람 · 차단

62
CO_2 라인의 일반 압력 범위는?
① 0.1~0.3 bar　② 0.5~1 bar
③ 2~6 bar　　　④ 10 bar 이상

CO_2 압력
- 배양기 · 공정 기준 맞춤
- 05~1 bar 범위
- 압력 불안정 → pH 변동

63
압력계 · 안전밸브의 관리 기준은?
① 교정 불필요
② 정기적 검교정 필수
③ 사용 전 점검 불필요
④ 고정 설치만 하면 됨

검교정
- 정확도 확보 목적
- 정기적 점검 · 교정 필요
- GMP · 안전 규정 준수

64
밸브 조작 시 SOP 준수가 중요한 이유는?
① 시간 절약
② 누출 · 사고 예방
③ 공기 질 개선
④ 비용 절감

SOP 준수
- 밸브 개폐 절차 지침화
- 누출 · 압력 급상승 방지
- 작업자 안전 확보

65
긴급 상황 시 반드시 필요한 장치는?
① 수동 조작 밸브
② 자동 급속 냉각 장치
③ 긴급 차단 밸브
④ 압력 상승 장치

긴급 차단
- 사고 시 즉시 폐쇄 가능
- 가스 누출 · 압력 이상 대응
- 안전 관리 핵심

정답　59 ②　60 ②　61 ③　62 ②　63 ②　64 ②　65 ③

66
고압가스 실린더 보관 시 올바른 방법은?
① 바닥에 눕혀 보관
② 직사광선 노출
③ 전도 방지 체인 고정
④ 냉동실 보관

보관 규정
- 체인 고정 · 세워서 보관
- 열원 · 직사광선 차단
- 고압가스 안전관리법 준수

67
가스 사용 구역의 필수 설비는?
① 냉장고
② 산소 농도계 및 환기 설비
③ 고온 오븐
④ 진공 펌프

안전 설비
- 산소 농도계 · 환기 팬 설치
- 누출 시 자동 환기 작동
- 폭발성 혼합 방지 목적

68
가스 취급자 교육의 주요 내용은?
① 비용 절감 방법
② 밸브 개폐 · 누출 대처 절차
③ 생산량 증가법
④ 단순 운반 요령

교육 항목
- 밸브 조작 · 압력계 확인법
- 누출 · 압력 이상 대처
- 비상 시 보호구 사용법 포함

69
규정 미준수의 주요 위험은?
① 생산성 향상
② 폭발 · 질식 · 오염
③ 비용 절감
④ 무균성 강화

규정 위반 위험
- 폭발 · 질식사고 가능
- 공정 오염 · 배치 불합격
- 법적 책임 발생

70
가스 실린더 저장 시 차단해야 하는 환경은?
① 저온　　② 직사광선 · 열원
③ 통풍　　④ 체인 고정

보관 환경
- 직사광선 · 열원 차단 필수
- 고온 환경 → 압력 상승
- 폭발 위험 방지

71
가스 검체 채취에 사용하는 용기는?
① 멸균 플라스틱 백
② 일반 병
③ 유리컵
④ 가스 백 · 샘플링 실린더

채취 용기
- 멸균된 전용 용기 사용
- 가스 백 · 실린더 표준
- 대표성 확보 필수

정답　66 ③　67 ②　68 ②　69 ②　70 ②　71 ④

72
채취 전 필요한 절차는?
① 용기 냉각
② 라인 플러싱으로 잔류 가스 제거
③ 압력 상승 유지
④ 무처리 채취

플러싱
- 라인 잔류 가스 제거
- 대표성 있는 샘플 확보
- 검체 신뢰성 확보

73
가스 검체 채취 시 대표성 확보 방법은?
① 단일 지점 채취
② 여러 지점(공급원·중간·말단) 채취
③ 채취 생략
④ 연구원 임의

대표성 확보
- 공급원, 배관, 말단 포함
- 밸리데이션 기준
- 주기적 점검 필요

74
채취 후 필수 기록 사항은?
① 채취자 · 일시 · 지점 · 압력 조건 · 용기 번호
② 연구원 나이
③ 생산량
④ 시험자 취향

기록 관리
- 지점 · 시간 · 조건 · 용기번호 기록
- QA 문서화 · 추적성 보장
- 규제기관 감사 항목

75
가스 검체 지연 시 위험은?
① 오염 무관
② 검체 품질 저하
③ 시험 정확성 향상
④ 비용 절감

지연 위험
- 검체 품질 저하
- 시험 신뢰성 저하
- 보관 조건 준수 필수

76
산소(O_2) 순도의 기준은?
① ≥ 95%   ② ≥ 99.5%
③ ≥ 90%   ④ ≥ 80%

산소 기준
- ≥99.5% 순도 유지
- NO_x · CO 등 불순물 불검출
- 호기성 배양 안정성 확보

77
질소(N_2) 순도의 기준은?
① ≥ 95%   ② ≥ 97%
③ ≥ 99.9%   ④ ≥ 90%

질소 기준
- ≥99.9% 순도
- 산소 ≤10 ppm 이하
- 불활성 환경 유지

78
CO_2 순도의 기준은?
① ≥ 90%   ② ≥ 95%
③ ≥ 99.0%   ④ ≥ 80%

정답 72 ② 73 ② 74 ① 75 ② 76 ② 77 ③ 78 ③

CO_2 기준
- ≥990% 순도
- 수분 · 황화합물 불검출
- pH 안정성 확보 목적

79
압축 공기 품질 시험 항목은?
① 입자, 수분, 오일, 미생물
② 단백질, 효소, DNA, RNA
③ TOC, 전도도, 엔도톡신
④ 산도, 중금속, pH, CFU

압축 공기 시험
- 입자 · 수분 · 오일 · 미생물 확인
- 입자계수기, 수분 · 오일 검출기 활용
- 무균 공정 필수 항목

80
멸균 공정용 가스의 미생물 허용 기준은?
① ≤ 10 CFU/m³
② ≤ 100 CFU/m³
③ 검출되지 않음
④ 제한 없음

무균 가스 기준
- 허용 기준: "검출되지 않음"
- CFU 검출 시 이상 처리
- 배관 · 필터 점검 · 재시험 필수

정답 79 ① 80 ③

08 환경 모니터링 시험

1 작업장 청정도 시험

① 부유입자 시험

  ㉠ 부유입자는 작업장 공기 중에 떠다니는 미세 입자를 의미
   - 입자는 미생물 운반체 역할을 하며, 청정도 등급 판정 기준으로 활용
   - 특히 Class 100~100,000 구역에서 관리 기준이 엄격히 적용

  ㉡ 시험 방법은 입자계수기를 사용하여 측정
   - 광산란 방식 입자계수기 : 공기 중 입자를 광원으로 조사 후 산란광을 검출
   - 입자 크기별(≥0.5 μm, ≥5.0 μm) 개수를 자동 기록

  ㉢ 청정도 기준은 ISO 14644 및 GMP 규정에 따라 적용
   - 예 : ISO Class 5 → 0.5 μm 입자 ≤ 3,520개/m³, 5 μm 입자 ≤ 29개/m³
   - 국내 GMP 청정구역은 Class 10,000 수준 이상 유지 요구

    ▸ 측정 결과는 전산 시스템에 기록되어 추적 가능
    ▸ 기준 초과 시 즉시 원인 조사 및 청정 구역 관리 강화

② 부유균 시험

  ㉠ 부유균은 공기 중을 떠다니는 미생물을 의미
   - 사람, 원료, 장비 이동에 의해 발생
   - 무균 작업소 · 클린룸에서 중요한 오염 지표

  ㉡ 시험 방법은 공기포집기를 사용하여 수행
   - 임팩터 방식 : 일정량 공기를 배지 표면에 충돌시켜 집락 형성
   - 액체 포집기 방식 : 액체 배지에 포집 후 여과 · 배양

  ㉢ 배양 조건은 세균과 곰팡이 · 효모로 구분
   - 세균 : 30~35℃, 48~72시간 배양
   - 곰팡이 · 효모 : 20~25℃, 5~7일 배양

> ▸ 허용 기준은 작업 구역 등급별로 "CFU 수 제한"으로 규정
> ▸ 기준 초과 시 작업 중단, 원인 분석, 재멸균 조치

③ 낙하균 시험

  ㉠ 낙하균은 중력에 의해 떨어지는 공기 중 미생물을 의미
- 작업자 활동, 공기 흐름 교란 시 발생
- 청정구역 관리 상태를 파악하는 간단한 지표

  ㉡ 시험 방법은 개방된 배지를 작업장에 노출하여 수행
- 일반적으로 90 mm 평판 배지를 4시간 정도 개방
- 노출된 배지는 배양 후 집락 수(CFU)로 판정

  ㉢ 낙하균 시험은 정량성이 낮지만 현장 적합성 평가에 활용
- 허용 기준은 "배지당 집락 수"로 설정 (예: Class 100 구역 ≤ 1 CFU/4시간)

> ▸ 낙하균 수치 상승 시 작업자 동선·청정도 관리 미흡으로 판단

④ 표면균 시험

  ㉠ 표면균은 작업대·기구·복장 표면에 존재하는 미생물을 의미

> ▸ 작업자 손, 장비 표면, 포장재 표면에서 오염 가능성 발생

  ㉡ 시험 방법은 2가지로 구분
- 스왑법 : 멸균 면봉으로 일정 면적(25 cm^2 등)을 문질러 채취
- 접촉배지법 : 배지를 표면에 직접 접촉시켜 미생물 확보

  ㉢ 배양 조건은 부유균 시험과 동일하게 적용
- 세균 : 30~35℃, 48~72시간
- 곰팡이·효모 : 20~25℃, 5~7일

> ▸ 허용 기준은 표면별로 CFU/25 cm^2 단위로 규정
> ▸ 기준 초과 시 청소·멸균 절차 강화, 작업 절차 점검

⑤ 이상 발생 등 표준작업 절차

  ㉠ 이상 발생 시 모니터링 담당자는 즉시 품질보증(QA)에 보고
- 기준 초과 시 작업 중단 → 작업물 보류 → 원인 조사 지시

  ㉡ 이상 발생 항목은 GMP 문서 양식에 따라 기록
- 측정 지점, 시간, 시험 항목, 측정값, 담당자

- 당시 작업 조건(작업자 수, 장비 가동 상태) 병행 기록
ⓒ 조치 절차는 SOP에 따라 단계적으로 수행
- 부유입자 초과 : 공조기 점검, 필터 교체, 청소 강화
- 부유균·낙하균 검출 : HEPA 필터 재검증, 멸균 재처리, 작업자 교육
- 표면균 검출 : 청소·소독 절차 강화, 소모품 교체

> ▸ 조치 완료 후 재시험으로 정상 복귀 여부 확인
> ▸ 이상 관리 기록은 최소 5년 이상 보관하여 GMP 심사 시 제시
> ▸ 반복 발생 시 CAPA(시정·예방 조치) 수립·교육 강화 시행

2 환경 모니터링 실시

① 배지성능 시험

ⓐ 배지성능 시험은 사용 배지가 미생물 성장에 적합한지를 확인
- Growth Promotion Test(GPT)라고도 하며, 제조 배치별로 필수 수행
- 대표 균주 접종 후 집락 형성 여부를 관찰

ⓑ 시험 대상 균주는 표준 시험균으로 구성
- 세균 : 황색포도상구균(Staphylococcus aureus), 고초균(Bacillus subtilis)
- 곰팡이 : 흑곰팡이(Aspergillus niger), 캔디다균(Candida albicans)
- 무균 시험용 배지는 음성 대조(성장이 없는 조건)도 확인

ⓒ 판정 기준은 성장 유무와 집락 특성을 평가
- 시험균 접종군은 3일 이내 뚜렷한 성장 확인
- 음성 대조군은 집락이 없어야 적합 : 부적합 시 해당 배지 전량 폐기, 원인 조사 후 재검증

② 배지관리 규정

ⓐ 배지는 조제·멸균 후 사용 기한과 보관 조건을 관리
- 일반 배지는 2~4℃ 냉장 보관
- 특수 배지는 제조사 권장 조건에 따라 보관

ⓑ 배지별 라벨링은 필수 사항으로 관리
- 제조일자, 멸균일자, 사용기한, 배치 번호 표시
- 실험실·현장 모두 동일한 기준 적용

ⓒ 배지의 품질은 정기적으로 확인
- 변색, 혼탁, 건조, 균 오염 여부 확인
- 유효기간 경과 시 즉시 폐기 : 배지 관리 소홀은 미생물 시험의 신뢰도 저하로 연결

③ 부유입자계수기 사용방법

㉠ 부유입자계수기는 공기 중 부유입자를 광산란 방식으로 측정
- 0.3 μm, 0.5 μm, 5 μm 등 크기별로 카운트
- ISO 14644 · GMP 청정도 등급 판정에 활용

㉡ 사용 절차는 SOP에 따라 수행
- 장비 전원 점검 및 흡입구 멸균
- 샘플링 유량(예: 1 CFM = 28.3 L/min) 설정
- 일정 시간 동안 흡입 후 자동 기록

ⓒ 측정 결과는 전산 시스템에 즉시 저장
- 결과 값은 허용 기준과 비교 · 평가
- 초과 시 즉시 원인 조사 및 공조 시스템 점검

④ 공기포집기 사용방법

㉠ 공기포집기는 일정 부피의 공기를 배지에 직접 충돌시켜 미생물을 채취
- 대표 장비: 임팩터형, 액체포집형
- 일반적으로 1 m³ 공기를 포집

㉡ 사용 절차는 멸균 조작법에 따라 수행
- 장비 표면 소독 → 배지 장착 → 포집 시작
- 포집 후 배지는 밀봉하여 배양기로 이송

ⓒ 시험 결과는 배양 후 집락 수(CFU/m³)로 평가
- Class 100 구역 : ≤ 1 CFU/m³
- Class 10,000 구역 : ≤ 100 CFU/m³

▶ 부적합 시 HEPA 필터 성능 검증, 청소 강화, 작업 절차 점검

⑤ 미생물 시험, 배지 관리 기초

㉠ 미생물 시험은 공정 환경의 무균성을 평가
- 부유균, 낙하균, 표면균 시험을 종합적으로 활용
- 배양 조건 : 세균 30~35℃ 48~72시간, 진균 20~25℃ 5~7일

- ⓒ 배지 관리 기초는 시험의 신뢰성을 보장
  - 배지는 무균 조제·멸균 후 라벨 부착
  - 사용 전 배지성능 시험(GPT) 적합성 확인
- ⓓ 기록 관리는 GMP 기준에 따라 수행
  - 시험 일지, 배지 사용 기록, 결과 판정 기록 보관
  - 최소 5년 이상 문서 보존

⑥ 표준 균주 관리 기초

- ㉠ 표준 균주는 미생물 시험의 신뢰성을 보장하기 위해 관리
  - 공인 기관(ATCC, KCTC 등)에서 분양받은 균주 사용
  - 장기 보존은 동결 보관(-70℃ 이하) 또는 액체질소 보관
- ㉡ 균주의 세대 수를 제한하여 변이를 방지
  - 통상 5세대 이내의 계대 배양만 사용
  - 장기간 사용 시 주기적으로 새로운 stock에서 분양
- ㉢ 균주의 사용·보존 기록은 GMP 문서로 관리
  - 입수 일자, 보관 조건, 사용 횟수, 담당자 기록
  - 표준 균주 관리는 시험 결과의 재현성과 국제적 신뢰도를 확보

⑦ 분석 기기 관리 기초

- ㉠ 환경 모니터링 기기는 검교정 및 유지보수를 통해 성능을 확보
  - 부유입자계수기, 공기포집기, 배양기, 냉장고, 오토클레이브 포함
  - 기기별 검교정 주기는 SOP에 명시
- ㉡ 기기 관리 항목은 다음과 같이 구분
  - **정기 점검** : 센서, 펌프, 전원, 표시 장치 정상 확인
  - **예방 보전** : HEPA 필터 교체, 내부 소독, 소모품 교환
  - **교정 기록** : 교정 증명서, 교정 일자, 담당자
- ㉢ 이상 발생 시 기기를 즉시 사용 중지하고 QA에 보고 → 기기 관리 미흡은 데이터 신뢰도 저하로 직결

⑧ 이상 발생 등 표준작업 절차

- ㉠ 환경 모니터링에서 기준 초과나 이상 결과 발생 시 즉시 보고 : QA 부서가 원인 분석 및 영향 평가를 지시
- ㉡ 이상 발생 내역은 전산 시스템과 문서로 기록
  - 발생 시간, 지점, 항목, 측정값, 담당자

- 당시 환경 조건(온도, 습도, 작업자 수 등) 포함

ⓒ 조치는 SOP에 따라 단계적으로 수행
- **청정도 이상** : HVAC(공조 설비) 점검, 필터 교체
- **미생물 검출** : 작업장 재멸균, 작업자 위생 점검
- **기기 이상** : 장비 교정·수리, 예비 장비 사용

> ▸ 조치 후 재시험으로 정상 복귀 여부 확인
> ▸ 이상 기록은 최소 5년 이상 보존하여 GMP 심사 시 제시
> ▸ 동일 이상 재발 방지를 위한 CAPA(시정·예방조치) 시행

⑨ 안전 관리

ⓐ 환경 모니터링 작업자는 안전 수칙을 준수하여 관리
- 보호복, 멸균 장갑, 마스크, 고글 등 개인보호구(PPE) 착용
- 무균 구역 출입 시 에어샤워, 손 소독 절차 이행

ⓑ 화학물질·고압가스 사용 구역은 안전 지침에 따라 관리
- 알코올, 멸균 소독제, 배지 조제 시 화상·흡입 위험 예방
- 가스 사용 구역은 환기, 가스 검지기, 비상 차단 장치 설치

ⓒ 비상 상황 발생 시 즉각 대응 절차를 시행
- **화재** : 전원 차단, 소화기 사용, 대피
- **가스 누출** : 작업자 대피, 환기, 긴급 밸브 차단
- **감염 사고** : 노출 부위 세척, 응급 처치, QA 및 안전부서 보고
- 안전 관리는 품질 관리와 동일 수준으로 GMP 핵심 요소로 간주

핵심유형익히기

01
부유입자의 정의로 옳은 것은?
① 작업자 손 표면 세균
② 공기 중 미세 입자
③ 장비 표면 먼지
④ 배양액 내 불순물

부유입자 정의
- 공기 중을 떠다니는 미세 입자
- 미생물 운반체 역할
- 청정도 등급 판정 기준으로 활용

02
부유입자 시험에 사용하는 장비는?
① 현미경　　② 전도도계
③ 입자계수기　④ 오토클레이브

입자계수기
- 광산란 방식으로 입자 검출
- ≥05 μm, ≥50 μm 입자 자동 기록
- ISO · GMP 청정도 관리 필수

03
ISO Class 5 구역의 부유입자 기준(≥0.5 μm)은?
① ≤ 29개/m^3
② ≤ 3,520개/m^3
③ ≤ 352,000개/m^3
④ ≤ 29,000개/m^3

ISO 기준
- Class 5: 05 μm ≤ 3,520개/m^3
- 5 μm 입자 ≤ 29개/m^3
- 무균 작업소 필수 기준

04
국내 GMP 청정구역의 기본 유지 등급은?
① Class 100　　② Class 10,000
③ Class 100,000　④ Class 1,000,000

국내 GMP 기준
- Class 10,000 수준 이상 유지
- 청정도 · 미생물 관리 병행
- 무균제제 생산 핵심 요건

05
부유입자 시험 결과가 기준 초과일 때 조치는?
① 작업 계속
② 단순 기록
③ 기준 완화
④ 즉시 원인 조사 · 관리 강화

이상 대응
- 기준 초과 → 즉시 원인 조사
- 청정 구역 관리 강화
- 재시험 후 정상 복귀 확인

06
부유균의 정의로 알맞은 것은?
① 물 속 세균
② 공기 중 떠다니는 미생물
③ 토양 세균
④ 장비 부착 세균

부유균 정의
- 공기 중을 떠다니는 미생물
- 사람 · 장비 · 원료 이동으로 발생
- 무균 구역 오염 지표

정답 01 ② 02 ③ 03 ② 04 ② 05 ④ 06 ②

07
부유균 시험 장비는?
① 공기포집기 ② 입자계수기
③ 전기영동기 ④ IR 분석기

공기포집기
- 임팩터형 · 액체포집형 사용
- 공기 일정량 채취 후 배지 배양
- 무균 작업소 필수 시험

08
임팩터 방식 공기포집기의 원리는?
① 전자기 유도
② 공기를 배지 표면에 충돌시켜 집락 형성
③ 자외선 흡수
④ 전도도 변화

임팩터 방식
- 공기 중 입자를 배지에 직접 충돌
- 집락 형성 후 CFU 측정
- 정량적 오염 평가 가능

09
부유균 배양 조건(세균)은?
① 20~25℃, 5~7일
② 30~35℃, 48~72시간
③ 4℃, 24시간
④ 50℃, 2일

세균 배양
- 30~35℃에서 48~72시간
- 중온성 세균 탐지
- 국제 표준 조건

10
부유균 배양 조건(곰팡이 · 효모)은?
① 37℃, 1일
② 20~25℃, 5~7일
③ 30~35℃, 48시간
④ 10℃, 2주

곰팡이 · 효모
- 20~25℃에서 장기 배양
- 5~7일 관찰 필요
- 환경 오염 지표

11
낙하균 시험의 원리는?
① 공기 강제 포집
② 전자기적 흡착
③ 중력으로 떨어진 미생물 포집
④ 기체 확산

낙하균 시험
- 중력으로 낙하하는 미생물 확인
- 간단한 현장 지표
- 정량성 낮음

12
낙하균 시험 시 배지 노출 시간은?
① 1시간 ② 2시간
③ 4시간 ④ 24시간

노출 조건
- 90 mm 평판 배지 4시간 노출
- 노출 후 배양 → 집락 수 평가
- Class별 기준 적용

정답 07 ① 08 ② 09 ② 10 ② 11 ③ 12 ③

13
Class 100 구역 낙하균 허용 기준은?
① ≤ 1 CFU/4시간
② ≤ 10 CFU/4시간
③ ≤ 100 CFU/4시간
④ 제한 없음

허용 기준
- Class 100: ≤1 CFU/4시간
- 청정도 수준 확인
- 작업자 활동 영향 반영

14
낙하균 수치 상승의 주요 원인은?
① 온도 저하
② 작업자 동선 · 청정도 관리 미흡
③ 시험 시간 단축
④ 배양 시간 감소

원인 분석
- 작업자 활동 · 공기 흐름 교란
- 청정도 관리 소홀 시 증가
- 교육 · 동선 점검 필요

15
표면균 시험의 목적은?
① 공기 입자 측정
② 작업대 · 기구 · 복장 표면 미생물 확인
③ 장비 성능 시험
④ 세포 배양 촉진

표면균 시험
- 작업대 · 기구 · 복장 표면 오염 확인
- 제품 · 환경 오염 예방 목적
- CFU/25 cm² 기준 적용

16
표면균 시험 방법이 아닌 것은?
① 스왑법
② 접촉배지법
③ 공기포집법
④ 배양기 직접 접촉

시험 방법
- 스왑 · 접촉배지법 활용
- 멸균 면봉 또는 배지 직접 접촉
- 배양 후 CFU로 평가

17
스왑법의 특징은?
① 배지를 직접 표면에 접촉
② 멸균 면봉으로 일정 면적 문질러 채취
③ 공기 직접 포집
④ 단백질 측정

스왑법
- 멸균 면봉 사용
- 25 cm² 기준 면적 채취
- 표면 오염 확인

18
접촉배지법의 특징은?
① 공기 입자 측정
② 배지를 표면에 직접 접촉하여 오염 확인
③ 배양 불필요
④ 전도도 측정

접촉배지법
- 배지를 표면에 직접 접촉
- 배양 후 CFU 확인
- GMP 표준 시험법

정답 13 ① 14 ② 15 ② 16 ④ 17 ② 18 ②

19
표면균 허용 기준 단위는?
① CFU/1 m³ ② CFU/25 cm²
③ CFU/4시간 ④ CFU/L

기준 단위
- 표면균은 면적 기준
- CFU/25 cm²로 규정
- 기준 초과 시 즉시 청소·소독

20
표면균 기준 초과 시 주요 조치는?
① 무시
② 시험 중단 없이 계속
③ 허용 기준 상향
④ 청소·멸균 절차 강화 및 작업 절차 점검

초과 대응
- 청소·소독 절차 강화
- 작업자 교육·절차 점검
- 재시험으로 정상 복귀 확인

21
배지성능 시험(GPT)의 목적은?
① 배지의 멸균 여부 확인
② 배지가 미생물 성장에 적합한지 확인
③ 배지의 색상 변화 확인
④ 배양기의 온도 정확성 검증

GPT 목적
- 배치별 필수 시험
- 대표 균주 접종 → 성장 확인
- 부적합 시 배지 전량 폐기

22
GPT 시험에서 사용하는 대표 세균 균주는?
① 대장균, 살모넬라
② 황색포도상구균, 고초균
③ 녹농균, 폐렴균
④ 결핵균, 콜레라균

시험균주
- Staphylococcus aureus, Bacillus subtilis
- 곰팡이: Aspergillus niger
- 효모: Candida albicans

23
GPT 시험에서 음성 대조군의 역할은?
① 오염 여부 확인   ② 집락 수 측정
③ 배지 색상 변화   ④ 항생제 시험

음성 대조
- 성장이 없어야 적합
- 오염 없는 무균성 확인
- 대조군 부적합 시 시험 무효

24
GPT 시험에서 성장 확인 기간은?
① 1일   ② 3일 이내
③ 7일 이상   ④ 14일 이상

성장 판정
- 시험균 접종 후 3일 이내 성장
- 집락 특성 평가 병행
- 성장 지연 시 배지 부적합

25
GPT 시험이 부적합할 경우 조치는?
① 일부만 사용
② 사용 허용
③ 시험 생략
④ 배지 전량 폐기·원인 조사

정답 19 ② 20 ④ 21 ② 22 ② 23 ① 24 ② 25 ④

GPT 부적합 대응
- 부적합 배지 사용 불가
- 원인 조사 후 재검증
- 시험 신뢰성 확보

26
배지의 기본 보관 조건은?

① 25℃ 상온
② 2~4℃ 냉장
③ 37℃ 배양기
④ 영하 70℃ 냉동

배지 보관
- 일반 배지: 2~4℃ 냉장
- 특수 배지: 제조사 지침 준수
- 보관 상태는 정기 점검

27
배지 라벨링에 반드시 포함되어야 하는 정보는?

① 담당자 서명
② 제조일자 · 멸균일자 · 사용기한 · 배치번호
③ 배양기 온도
④ 실험실 주소

라벨링 관리
- 제조 · 멸균 · 유효기간 · 배치번호
- 현장 · 실험실 동일 기준 적용
- QA 감사 항목

28
배지의 품질 확인 항목이 아닌 것은?

① 변색 여부
② 혼탁 여부
③ 건조 · 균 오염 여부
④ 전도도 측정

품질 점검
- 색 · 혼탁 · 건조 · 오염 여부 확인
- 이상 발견 시 폐기
- 시험 신뢰성 확보

29
유효기간이 지난 배지는 어떻게 처리해야 하는가?

① 재검증 후 사용
② 즉시 폐기
③ 사용 기한 연장
④ 조건부 사용

유효기간 관리
- 기간 경과 배지 사용 불가
- 즉시 폐기 · 기록
- 시험 신뢰도 유지

30
배지 관리 소홀의 주요 결과는?

① 배양 속도 증가
② 시험 신뢰도 저하
③ 시험 비용 절감
④ 시험 결과 불변

관리 소홀 영향
- 시험 데이터 불신
- 오탐 · 재시험 증가
- GMP 불합격 위험

31
부유입자계수기의 측정 원리는?

① 전도도 변화
② 전자기 유도
③ 광산란 방식
④ 적외선 흡수

광산란 방식
- 공기 중 입자에 빛 조사
- 산란광 검출 → 입자 수 카운트
- ISO · GMP 기준 적용

32
부유입자계수기로 측정하는 주요 입자 크기는?

① 0.05 μm, 0.1 μm
② 0.3 μm, 0.5 μm, 5 μm
③ 10 μm, 20 μm
④ 50 μm 이상

정답 26 ② 27 ② 28 ④ 29 ② 30 ② 31 ③ 32 ②

측정 크기
- 03 µm, 05 µm, 5 µm
- 청정도 등급 판정 기준
- Class 5~100,000 구역 적용

33
부유입자계수기 사용 시 첫 단계는?
① 데이터 기록
② 배지 장착
③ 장비 전원 점검 및 흡입구 멸균
④ 공기포집 시작

사용 절차
- 전원 점검, 흡입구 멸균
- 샘플링 유량 설정
- SOP 준수 필수

34
부유입자계수기의 표준 샘플링 유량은?
① 0.5 L/min
② 28.3 L/min (1 CFM)
③ 100 L/min
④ 200 L/min

표준 유량
- 1 CFM = 283 L/min
- 국제 기준에 사용
- ISO 14644 시험 조건

35
측정 결과는 어떻게 관리되는가?
① 담당자 수기로만 기록
② 전산 시스템 즉시 저장
③ 출력물만 보관
④ 기록 불필요

결과 관리
- 전산 시스템에 자동 저장
- 변경·삭제 불가
- 추적성 확보 필수

36
부유입자계수기 결과가 기준 초과일 때 첫 조치는?
① 청정도 등급 상향
② 원인 조사 및 공조기 점검
③ 데이터 삭제
④ 무시하고 작업 지속

초과 대응
- HVAC 점검·필터 교체
- 작업 중단·재시험 필수
- CAPA 적용 필요

37
공기포집기의 주 원리는?
① 공기 중 입자를 전기 충전
② 일정 부피 공기를 배지에 충돌시켜 미생물 포집
③ 광산란 방식
④ 전도도 변화

원리
- 공기를 배지에 충돌 → 미생물 포집
- 집락 형성 후 CFU 측정
- 임팩터·액체포집형 활용

38
공기포집기의 일반적인 시험 공기량은?
① 100 mL
② 1 L
③ 1 m³
④ 10 m³

시험 공기량
- 1 m³ 공기 포집 표준
- 청정도 기준 평가 단위
- 무균 작업소 필수

정답 33 ③ 34 ② 35 ② 36 ② 37 ② 38 ③

39
공기포집기 사용 시 필수 절차는?

① 장비 소독 → 배지 장착 → 포집 시작
② 장비 가열 → 포집 시작
③ 공기 주입 → 멸균 불필요
④ 무처리 → 바로 배양

사용 절차
- 장비 소독 · 배지 장착
- 멸균 조작법 준수
- 시험 신뢰성 확보

40
공기포집기 시험 결과 단위는?

① CFU/25 cm²   ② CFU/4시간
③ CFU/m³   ④ ppm

결과 단위
- 공기포집 결과 → CFU/m³
- Class 100: ≤1 CFU/m³
- Class 10,000: ≤100 CFU/m³

41
환경 모니터링 미생물 시험의 주요 목적은?

① 배양 속도 확인
② 공정 환경 무균성 평가
③ 온도 측정
④ 장비 내구성 확인

시험 목적
- 부유균 · 낙하균 · 표면균 종합 활용
- 무균성 확보 여부 확인
- 제품 안전성 보장

42
세균 배양 표준 조건은?

① 20~25℃, 5~7일
② 30~35℃, 48~72시간
③ 4℃, 24시간
④ 50℃, 12시간

세균 배양
- 30~35℃, 48~72시간
- 중온성 세균 검출 기준
- GMP 시험 필수 조건

43
곰팡이 · 효모 배양 표준 조건은?

① 30~35℃, 48시간
② 20~25℃, 5~7일
③ 37℃, 24시간
④ 10℃, 2주

곰팡이 · 효모 배양
- 저온 · 장기간 배양
- 환경성 미생물 검출
- 시험 신뢰성 확보

44
배지 관리에서 사용 전 반드시 확인해야 하는 것은?

① 배양기 온도
② 담당자 이름
③ 현장 습도
④ 배지성능 시험(GPT) 적합성

GPT 확인
- 배치별 성장 적합성 시험
- 부적합 배지 사용 금지
- 시험 신뢰도 보장

정답 39 ① 40 ③ 41 ② 42 ② 43 ② 44 ④

45
배지 라벨링에 포함되지 않아도 되는 항목은?

① 제조일자 ② 배치번호
③ 사용기한 ④ 실험실 주소

> **라벨링 필수 항목**
> • 제조 · 멸균일자, 유효기간, 배치번호
> • 추적성 확보 목적
> • 주소 등 불필요

46
배지 관리 기록의 최소 보관 기간은?

① 1년 ② 2년
③ 3년 ④ 5년 이상

> **기록 보존**
> • GMP 기준: ≥5년
> • 심사 · 감사 시 제시 필요
> • 시험 신뢰성 근거

47
배지 관리 소홀의 결과는?

① 비용 절감 ② 시험 신뢰성 저하
③ 배양 속도 증가 ④ 온도 안정성 개선

> **관리 소홀 영향**
> • 데이터 불신
> • 시험 재현성 저하
> • 규제기관 불합격 위험

48
미생물 시험 기록에 반드시 포함해야 하는 것은?

① 담당자 나이
② 시험 일지 · 배지 사용 기록 · 판정 기록
③ 실험실 크기
④ 장비 가격

> **기록 관리**
> • 시험 일지, 사용 기록, 판정 결과
> • QA 문서 관리 필요
> • 추적성 확보

49
환경 모니터링에 사용하는 표준 균주는 어디에서 분양받아야 하는가?

① 임의 배양
② 공인 기관 (ATCC, KCTC 등)
③ 현장 환경균
④ 동료 연구원

> **표준 균주 출처**
> • ATCC, KCTC 등 공인 기관
> • 국제적 신뢰성 확보
> • 시험 재현성 보장

50
표준 균주 장기 보존 방법은?

① 상온 보관
② 냉장 보관
③ -70℃ 이하 동결 또는 액체질소
④ 37℃ 보관

> **장기 보존**
> • -70℃ 이하 동결 보존
> • 액체질소 저장 병행 가능
> • 변이 최소화

51
균주 사용 시 제한해야 하는 세대 수는?

① 제한 없음 ② 5세대 이내
③ 10세대 이내 ④ 20세대 이상

> **세대 제한**
> • 5세대 이내 사용 원칙
> • 변이 방지 목적
> • 장기간 시 stock 새로 분양

정답 45 ④ 46 ④ 47 ② 48 ② 49 ② 50 ③ 51 ②

52
균주 관리 기록에 포함되어야 하는 항목은?

① 입수 일자 · 보관 조건 · 사용 횟수 · 담당자
② 시험 일지 · 실험실 면적
③ 연구비용 · 장비 가격
④ 담당자 혈액형

기록 관리
- 입수일자, 보관조건, 사용횟수
- 담당자 포함
- GMP 문서 관리 필수

53
표준 균주 관리의 최종 목적은?

① 비용 절감
② 데이터 변동 최소화
③ 시험 결과 재현성과 국제 신뢰도 확보
④ 세포 배양 속도 증가

관리 목적
- 재현성 · 신뢰도 확보
- 국제 심사 대응 가능
- 시험 품질 보증

54
환경 모니터링 기기의 검교정 목적은?

① 시험 속도 향상
② 장비 성능 · 정확성 확보
③ 비용 절감
④ 데이터 삭제

검교정 목적
- 기기 성능 유지
- 데이터 정확성 확보
- GMP 심사 기준

55
환경 모니터링 기기에 포함되지 않는 것은?

① 부유입자계수기   ② 공기포집기
③ 배양기   ④ 전자현미경

모니터링 기기
- 부유입자계수기, 공기포집기, 배양기, 오토클레이브
- 전자현미경은 연구 장비
- 환경 시험 직접 관련 없음

56
기기 관리 항목에 해당하지 않는 것은?

① 정기 점검   ② 예방 보전
③ 교정 기록 관리 ④ 작업자 교육 폐지

기기 관리 항목
- 정기 점검 · 예방 보전 · 교정 기록
- 작업자 교육 폐지와 무관
- GMP 문서 관리 필수

57
예방 보전 활동에 포함되는 것은?

① 배지 멸균
② HEPA 필터 교체 · 내부 소독 · 소모품 교환
③ 시험 기록 삭제
④ 기기 임의 개조

예방 보전
- HEPA 필터 교체 · 내부 소독
- 소모품 교환
- 장비 성능 유지

58
교정 기록에 포함되어야 하는 것은?

① 교정 증명서 · 교정 일자 · 담당자
② 장비 가격
③ 연구비
④ 연구자 취향

정답 52 ① 53 ③ 54 ② 55 ④ 56 ④ 57 ② 58 ①

교정 기록
- 교정 증명서 · 일자 · 담당자
- QA 문서 관리
- 추적 가능성 확보

59
기기 이상 발생 시 올바른 조치는?
① 사용 계속
② 즉시 사용 중지 · QA 보고
③ 임의 수리
④ 시험 결과 무시

이상 발생 대응
- 즉시 사용 중지
- QA에 보고 후 조치
- 재시험으로 정상 복귀 확인

60
기기 관리 미흡의 주요 결과는?
① 시험 신뢰도 저하 ② 배양 속도 증가
③ 시험 비용 절감   ④ 품질 보장 강화

관리 미흡 영향
- 데이터 신뢰성 저하
- GMP 심사 불합격 위험
- CAPA 필요

61
환경 모니터링에서 기준 초과 발생 시 첫 번째 조치는?
① 무시하고 작업 지속
② 즉시 QA에 보고
③ 시험 생략
④ 작업자에게 구두 전달

첫 조치
- 기준 초과 시 즉시 QA 보고
- 작업 중단 · 보류 절차 필수
- GMP 데이터 무결성 유지

62
이상 발생 기록에 반드시 포함해야 할 사항이 아닌 것은?
① 발생 시간
② 발생 지점
③ 시험 항목 · 측정값
④ 작업자 취미

기록 관리
- 시간 · 지점 · 항목 · 값 · 담당자 기록
- 환경 조건(온도 · 습도 등) 병행
- 불필요 정보는 제외

63
부유입자 기준 초과 시 주 조치는?
① HVAC 점검 및 필터 교체
② 시험 반복만 수행
③ 무시
④ 작업자 수 줄임

부유입자 초과 대응
- 공조기 점검 · 필터 교체
- 청소 강화
- 재시험 후 정상 확인

64
부유균 · 낙하균 기준 초과 시 조치는?
① HEPA 필터 검증 및 재멸균
② 단순 청소
③ 무시
④ 시험 지연

미생물 초과 대응
- HEPA 필터 성능 확인
- 재멸균 · 작업자 위생 점검
- CAPA 수립 필요

정답 59 ② 60 ① 61 ② 62 ④ 63 ① 64 ①

65
표면균 기준 초과 시 가장 적절한 대응은?
① 표면 무시
② 청소·소독 절차 강화 및 소모품 교체
③ 시험 반복
④ 기준 완화

표면균 초과 대응
- 소독 절차 강화
- 소모품 교체
- 재시험 후 정상 복귀 확인

66
이상 발생 후 조치가 완료되었을 때 필수 절차는?
① QA 보고 생략
② 재시험 수행
③ 기록 삭제
④ 기준 완화

재시험 목적
- 조치 후 정상 복귀 확인
- 데이터 적합성 검증
- QA 승인 필수

67
이상 기록의 최소 보존 기간은?
① 1년
② 3년
③ 5년 이상
④ 보존 불필요

기록 보존
- ≥5년 이상 문서·전자 기록 보관
- 규제기관 심사 시 제시
- CAPA 자료로 활용

68
동일 이상이 반복 발생할 경우 필요한 조치는?
① 단순 재시험
② CAPA(시정·예방 조치) 수립·교육 강화
③ 무시
④ 임시 조치

반복 이상 대응
- CAPA 문서화
- 작업자 교육·예방 조치 강화
- 재발 방지 체계 구축

69
이상 발생 시 작업자 독단 대응이 금지되는 이유는?
① 업무량 증가
② 기록이 번거로움
③ QA 승인 없는 조치는 GMP 위반
④ 비용 증가

독단 대응 위험
- QA 승인 없는 조치 → 규정 위반
- 데이터 무효·감사 불합격
- 품질보증 절차 필수

70
이상 발생 관리의 핵심 목표는?
① 비용 절감
② 품질·안전성 보장
③ 시험 시간 단축
④ 기준 완화

관리 목표
- 제품 품질·환자 안전 보장
- 규제기관 적합성 유지
- 재발 방지 체계 강화

71
환경 모니터링 작업 시 기본적으로 착용해야 하는 것은?
① 일상복
② 방수복
③ 무균실 불필요
④ PPE(보호복·멸균 장갑·마스크·고글)

PPE 착용
- 보호복·장갑·마스크·고글 필수
- 무균 구역 오염 예방
- GMP 안전 규정 준수

정답 65 ② 66 ② 67 ③ 68 ② 69 ③ 70 ② 71 ④

72
무균 구역 출입 시 필수 절차는?
① 손 소독 · 에어샤워 ② 단순 출입
③ 장비 점검 ④ 기록 삭제

출입 절차
- 손 소독 · 에어샤워 이행
- 무균 구역 청정도 확보
- 작업자 위생 강화

73
배지 조제 시 사용되는 알코올 · 소독제 취급 시 위험은?
① 무해 ② 화상 · 흡입 위험
③ 품질 향상 ④ 무균성 강화

화학물질 위험
- 알코올 · 소독제 취급 시 화상 · 흡입 위험
- 환기 · PPE 필요
- 안전 지침 준수

74
가스 사용 구역 관리에 필요한 장치는?
① 냉장고
② 환기 · 가스 검지기 · 비상 차단 장치
③ 배양기
④ 전도도계

가스 구역 안전
- 환기 · 가스 검지기 설치
- 비상 시 자동 차단
- 질식 · 폭발 사고 예방

75
화재 발생 시 올바른 절차는?
① 기록 삭제 후 보고
② 전원 차단 · 소화기 사용 · 대피
③ 시험 지속
④ 기준 완화

화재 대응
- 전원 차단 · 소화기 사용
- 작업자 대피
- QA · 안전부서 보고

76
가스 누출 발생 시 첫 번째 조치는?
① 환기 · 작업자 대피 · 긴급 밸브 차단
② 기록 삭제
③ 시험 지속
④ 기준 완화

가스 누출 대응
- 즉시 환기 · 대피
- 밸브 차단으로 확산 방지
- QA 보고 필수

77
감염 사고 발생 시 대응 절차는?
① 노출 부위 세척 · 응급 처치 · QA 보고
② 시험 중단 불필요
③ 기록 삭제
④ 단순 방치

감염 대응
- 즉시 세척 · 응급 처치
- QA · 안전부서 보고
- 추가 사고 예방

78
안전 관리와 품질 관리의 관계는?
① 별개로 운영
② 동일 수준으로 GMP 핵심 요소
③ 안전은 부차적
④ 비용만 증가

정답 72 ① 73 ② 74 ② 75 ② 76 ① 77 ① 78 ②

안전 · 품질 관계
- 안전 관리 = 품질 관리 수준
- GMP 핵심 요소
- 규제기관 심사 공통 요구

79
안전 수칙 미준수 시 가장 큰 위험은?
① 비용 절감
② 화재 · 가스 폭발 · 감염 등 사고
③ 시험 시간 단축
④ 품질 향상

미준수 위험
- 화재 · 폭발 · 감염 사고 가능
- 작업자 생명 · 제품 안전 위협
- 법적 책임 발생

80
환경 모니터링에서 안전 관리의 최종 목적은?
① 시험 속도 향상
② 비용 절감
③ 작업자 · 제품 · 환경 모두의 안전 보장
④ 기준 완화

안전 관리 목적
- 작업자 · 제품 · 환경 안전 확보
- GMP 신뢰성 강화
- 품질 · 안전 동시 확보

정답 79 ② 80 ③

PART 02

바이오공정기능사 실기

01 생산·준비 및 멸균 관리

1 생산 세포 준비

① 생산 세포 준비하기

　㉠ 원재료 및 기기를 규정에 따라 준비 수행
　　• 참고 : 세포주는 무균성, 유전자 진위성, 오염 여부 확인 필수
　　※ 주의

> ▸ 세포주 출처 불명확 시 연구 · 생산 전체 무효 가능성 발생
> ▸ 배양 전 세포 인증 검사(Mycoplasma PCR, STR 분석 등) 누락 금지
> ▸ 세포 보관 · 이송 과정에서 온도 변동 발생 시 생존율 급감

　㉡ 생산 세포주 제조
　　• SOP에 따른 배양 조건 유지(온도, pH, CO_2, 습도)
　　• Seed Stock / Working Stock 관리
　　※ 주의

> ▸ 세포주 오염 시 전 배치 폐기 → 경제적 손실 큼
> ▸ 세대 수 증가 시 암세포화 · 유전자 변이 가능성 존재
> ▸ 동일 배양기에서 여러 세포 동시 배양 금지(교차오염 위험)

② 생산 세포 보관하기

　㉠ 보관 장비 사용법 숙지
　　• 액체질소탱크 또는 초저온 냉동고 사용
　　※ 주의

> ▸ 액체질소 부족 시 온도 급상승 → 세포 대량 손실
> ▸ 알람 시스템 무시 시 보관 실패 후 원인 규명 불가
> ▸ 전원 차단 대비 UPS 미비 시 위험

　㉡ 세포주 보관
　　• 동결보존액 조성, 냉각 속도, 해동 절차 관리

※ 주의

> ‣ 해동 시 과도한 시간 지연 → 세포 용해
> ‣ 재냉동 반복 금지 → 세포 대사 · 분열 불능 초래
> ‣ 라벨링 불명확 시 샘플 혼동 → 실험 · 생산 오류

2 세척·멸균

① 도구 세척하기

㉠ 세척 준비 및 점검

- 세척수는 반드시 정제수 이상 등급 사용

※ 주의

> ‣ 수돗물 직접 사용 시 무기염 · 미생물 잔류 가능성
> ‣ 세제 농도 과다 → 세포 독성 유발
> ‣ 헹굼 부족 → 잔류 세제가 정제 실패 원인

㉡ 배양도구 세척

- 유리, 스테인리스, 플라스틱 기구별 차별 세척

※ 주의

> ‣ 유리기구 급격한 온도 변화 → 파손
> ‣ 스테인리스 부식 방치 시 미량 금속 용출
> ‣ 플라스틱은 강산 · 강염기 사용 금지 → 변형 · 독성 유발

② 도구 멸균하기

㉠ 멸균 장비 준비

- 오토클레이브, 건열멸균기, 필터멸균

※ 주의

> ‣ 멸균 온도 · 압력 미달 → 불완전 멸균
> ‣ 과열 시 기구 손상 → 장비 교체 비용 발생
> ‣ 멸균 전 포장 불량 → 무균 유지 불가

㉡ 배양도구 멸균

- 라벨 관리, 멸균 지시계 확인

※ 주의

> ▸ 지시계 확인 누락 → 멸균 여부 입증 불가
> ▸ 멸균품 · 비멸균품 혼재 → 대량 오염 발생
> ▸ 멸균 후 보관 시 개봉 · 습기 노출 금지

③ 세척기 · 멸균기 점검하기

㉠ 세척기 점검

- 세척 사이클 · 온도 · 세제 주입 확인

※ 주의

> ▸ 노즐 막힘 · 펌프 고장 시 세척 불량 발생
> ▸ 점검 기록 미작성 → GMP 심사 시 부적합 판정

㉡ 멸균기 점검

- 압력 · 온도 곡선 기록, 생물학적 지시계 활용

※ 주의

> ▸ 검교정 불이행 시 멸균 데이터 불인정
> ▸ 전자 기록 손실 → 추적 불가
> ▸ SOP 미준수 시 배치 전량 폐기

02 배양·정제 및 품질·환경 관리

1 배양 기초

① 배지 준비하기

   ㉠ 원료 준비 : 분말 배지, 혈청, 시약 확인

      ※ 주의

- 습기 흡수된 분말 배지 → 침전 · 오염
- FBS 열처리 누락 → 바이러스 오염 위험
- 로트 혼용 시 재현성 확보 불가

   ㉡ 배지 조제 및 멸균 : pH 조정, 멸균법 선택

      ※ 주의

- 필터 막힘 → 멸균 불완전
- 멸균 후 침전물 발생 → 성분 불균형
- 배지 냉각 시 무균 작업대 외부 노출 금지

② 배양장비 준비하기 : 인큐베이터, HEPA 필터, 습도 관리

      ※ 주의

- 습도판 물 교체 미흡 → 곰팡이 오염
- 필터 교체 지연 → 부유균 · 입자 증가
- 장비 전원 차단 시 세포 배양 실패

③ 배양업무 · 회수업무 보조하기 : 무균 작업대 내 접종, 배양 관리

      ※ 주의

- 장갑 교체 소홀 → 교차오염 발생
- 배양실 출입 통제 미흡 → 외부 미생물 유입
- 배양 중 흔들림 · 진동 → 세포 부착력 저하

2 분리·정제 준비

① 정제버퍼 준비하기 : 완충액 조제, pH 관리

※ 주의

> ▸ pH 미세 차이(±0.1) → 단백질 용해도 급격히 변화
> ▸ 금속 이온 혼입 → 단백질 산화·변성
> ▸ 버퍼 조제 후 장기간 보관 → 세균 증식

② 정제장비 준비하기 : 크로마토그래피, 펌프 점검

※ 주의

> ▸ 컬럼 기포 잔류 → 분리 효율 급감
> ▸ 압력 과다 상승 → 장비 손상
> ▸ 컬럼 재사용 시 세척 불충분 → 잔류 단백질 오염

3 품질시험

① 기초 이화학 시험 : 전도도, TOC, pH, 이온 농도 확인

※ 주의

> ▸ 장비 교정 누락 → 측정값 불신
> ▸ 측정 온도 편차 → 전도도 오차 발생

② 기초 생화학 시험 : 단백질 정량, 효소 활성, 핵산 분석

※ 주의

> ▸ 표준곡선 작성 오류 → 결과 불일치
> ▸ 시약 오염·변질 → 데이터 왜곡

③ 기초 미생물 시험 : 배양법, 여과법, MPN법

※ 주의

> ▸ 배양기 온도 불안정 → 성장이상
> ▸ 배지 유효기간 경과 → 위양성/위음성

4 제조용수·가스 시험

① 제조용수 시험 : TOC, 전도도, pH, 엔도톡신 확인

※ 주의

> ▸ 샘플링 지연 → 미생물 수 증가
> ▸ 채취구 소독 불완전 → 외부 오염
> ▸ 운반 시 온도 이탈 → 시험 무효

② 가스 시험 : 질소, 산소, CO_2, 공기 순도 관리

※ 주의

> ▸ 가스 라인 혼동 → 세포 사멸
> ▸ 압력 이상 → 장비 손상
> ▸ CO_2 농도 불안정 → 배양액 pH 급격한 변화

5 환경 모니터링 시험

① 작업장 청정도 시험 : 입자 · 부유균 · 낙하균 · 표면균 시험

※ 주의

> ▸ 모니터링 누락 → GMP 불합격
> ▸ Class 기준 초과 시 작업 지속 금지
> ▸ 기록 누락 시 심사 불합격

② 환경 모니터링 실시하기 : 배지성능시험, 계수기, 포집기

※ 주의

> ▸ 배지 변질 시 시험 무효
> ▸ 계수기 교정 불량 → 허위 데이터
> ▸ 이상 발생 후 보고 지연 → 전 배치 품질 불인정

바이오 공정기능사 필기·실기 핵심정리 및 예상문제집

인쇄	2025년 11월 14일
발행	2025년 11월 21일
편저자	바이오교재연구회
펴낸이	노소영
펴낸곳	도서출판마지원
등록번호	제559-2016-000004
전화	031)855-7995
팩스	02)2602-7995
주소	서울 강서구 마곡중앙로 171

ISBN | 979-11-92534-92-3 (13570)

정가 28,000원

* 잘못된 책은 구입한 서점에서 교환해 드립니다.
* 이 책에 실린 모든 내용 및 편집구성의 저작권은 도서출판 마지원에 있습니다.
  저자와 출판사의 허락 없이 복제하거나 다른 매체에 옮겨 실을 수 없습니다.